中文版
AutoCAD 2014
建筑绘图基础与实例

Architectural Drawing Basis and Examples

曾 全 编著

125个工程文件 + 111个视频文件 + 6大综合应用 + 220个范例练习

● 基础讲解与典型范例相结合，轻松实现理实一体化教学

● 采用"知识性与技能性相结合"的模式，将繁杂的概念和理论贯穿范例设计中

● 案例教学与实际应用相结合，提高课堂效率，满足个性化需求、提供差异化服务

海洋出版社

2014年·北京

内 容 简 介

本书精选了220个典型实例，通过教、学、做、用的统一，全面、系统地介绍了计算机辅助设计软件AutoCAD 2014在建筑设计领域中的应用技巧。

本书共分为16章，第1～6章介绍了AutoCAD 2014的软件技能，包括AutoCAD 2014的基础操作、图形绘制与编辑、图层、块与图案填充、文字与标注、三维绘图等。第7～10章介绍了使用AutoCAD 2014绘制室内平面图块、立体图块、建筑图块和建筑模型的方法。第11～16章以典型案例详细介绍了AutoCAD 2014在家居装饰设计、茶楼装饰设计、室内水电设计、住宅楼建筑设计、办公楼建筑设计和小区绿化景观设计中的应用。

本书在内容编排上体现以下特点：1. 基础讲解与典型范例相结合，轻松实现理实一体化教学；2. 采用"知识性与技能性相结合"的模式，将繁杂的概念和理论贯穿范例设计中，体现了理论的适度性，实践的指导性，应用的完整性；3.案例教学与实际应用相结合，既可提高课堂效率，又能满足个性化需求、提供差异化服务。

本书可作为大中专院校AutoCAD制图、建筑与园林设计基础课教材，同时也可作为从事初、中级AutoCAD制图工作人员的自学指导书。

光盘内容：素材文件+案例文件+111个视频练习文件。

图书在版编目(CIP)数据

中文版 AutoCAD 2014 建筑绘图基础与实例/曾全编著－北京：海洋出版社，2014.2
ISBN 978-7-5027-8788-2

Ⅰ.①中⋯ Ⅱ.①曾⋯ Ⅲ.①建筑制图－计算机辅助设计－AutoCAD 软件 Ⅳ. ①TU204

中国版本图书馆 CIP 数据核字(2014)第 010805 号

总 策 划：刘斌		发 行 部：（010）62174379（传真）（010）62132549	
责 任 编 辑：刘斌		（010）62100075（邮购）（010）62173651	
责 任 校 对：肖新民	网	址：http://www.oceanpress.com.cn/	
责 任 印 制：赵麟苏	承	印：北京画中画印刷有限公司	
排 版：海洋计算机图书输出中心 晓阳	版	次：2014 年 2 月第 1 版	
出版发行：海洋出版社		2014 年 2 月第 1 次印刷	
	开	本：787mm×1092mm 1/16	
地 址：北京市海淀区大慧寺路 8 号（707 房间）	印	张：25.5	
100081	字	数：612 千字	
经 销：新华书店	印	数：1～4000 册	
技 术 支 持：010-62100059	定	价：49.00 元（1DVD）	

本书如有印、装质量问题可与发行部调换

前言
Preface

AutoCAD 是目前最流行的计算机辅助设计软件之一，其功能非常强大，使用方便。AutoCAD 凭借其智能化、直观生动的交互界面以及高速强大的图形处理能力，在建筑设计领域中应用极为广泛。

本书定位于 AutoCAD 的初、中级读者，通过合理安排知识点，运用简练流畅的语言，结合丰富实用的范例练习，由浅入深地介绍了 AutoCAD 2014 在室内装修、建筑和园林设计领域中的应用，使读者可以在最短的时间内学习到最有用的知识，轻松掌握 AutoCAD 2014 在建筑领域中的应用方法和技巧。

本书共 16 章，主要内容介绍如下：

第 1~6 章：介绍 AutoCAD 的软件技能，包括 AutoCAD 的基础操作、图形绘制与编辑、图层、块与图案填充、文字与标注、三维绘图等内容。

第 7~10 章：介绍 AutoCAD 在室内平面图块、立面图块、建筑图块和建筑模型的绘制方法。

第 11~16 章：以典型案例详细介绍 AutoCAD 在家居装饰设计、茶楼装饰设计、室内水电设计、住宅楼建筑设计、办公楼建筑设计和小区绿化景观设计中心的应用。

本书内容丰富、结构清晰、图文并茂、通俗易懂，适合以下读者学习使用：

（1）从事初、中级 AutoCAD 制图的工作人员。

（2）从事室内外装修、建筑和园林设计的工作人员。

（3）在电脑培训班中学习 AutoCAD 制图的学员。

（4）大中专院校相关专业的学生。

本书由曾全编写，参与本书编写与整理的工作人员有尹小港、林玲、刘彦君、李英、赵璐、李瑶、何玲、刘丽娜、刘燕、丁丽欣、高镜、刘远东、张喜欣、马昌松、田维会、颜磊、袁杰、郝秀杰、黄飞、崔现伟、杨健、孙晓梅、林建忠、曾庆安、孙立春、罗锦、何丽、廖学开等，在此表示感谢。对于本书中的疏漏之处，敬请读者批评指正。

编者

目 录
Contents

第3章 绘制二维图形

第 4 章 编辑二维图形

第 5 章 注释、标注与表格

第6章 三维图形的绘制与编辑

第 7 章　绘制室内平面图块

第 8 章　绘制室内立面图块

第 9 章　绘制建筑图块

第10章　绘制三维建筑模型

第11章　家居装饰设计

第12章　茶楼装饰设计

第13章　室内水电设计

第14章 住宅楼建筑设计

第15章 办公楼建筑设计

第16章 小区绿化景观设计

课后习题答案

第 1 章　建筑绘图基础知识

随着房地产业的大力发展，建筑设计便成了一种热门行业，为许多想从事这种行业的人提供了机会。电脑制图出现之前，在建筑设计的过程中，长期使用的是手工绘图的方式。现在，运用电脑制图的方式使工作变得越来越方便，绘图越来越准确，编辑技术的水平同样在不断地快速进步，给建筑设计提供了强大的支持。

本章要点：

➢ 建筑设计概述

➢ 建筑图基本知识

➢ 建筑制图的要求与标准

➢ 室内设计基本知识

1.1　建筑设计概述

在学习如何运用电脑进行建筑设计图的绘制操作之前，将先介绍一些建筑设计的基础知识，从而使读者可以了解建筑设计的相关知识，并掌握建筑设计的基本要求。

1.1.1　认识建筑设计

建筑设计包括两个层面的内容：一方面是指设计师根据目标建筑的类型、功能、风格特点等要求，通过绘图操作，将建筑整体外观的预期目标效果表现出来；另一方面是指建筑物在建造之前，设计师按照建设任务，把施工过程和使用过程中所存在的或可能发生的问题，事先作好通盘的设想，拟定好解决这些问题的办法、方案，用图纸和文件表达出来。作为备料、施工组织工作和各工种在制作、建造工作中互相配合协作的共同依据。

广义的建筑设计是指设计一个建筑物或建筑群所要做的全部工作。由于科学技术的发展，在建筑上利用各种科学技术的成果越来越广泛深入，设计工作常涉及建筑学、结构学以及给水、排水、供暖、空气调节、电气、燃气、消防、防火、自动化控制管理、建筑声学、建筑光学、建筑热工学、工程估算、园林绿化等方面的知识，需要各种科学技术人员的密切协作。

但通常所说的建筑设计，是指"建筑学"范围内的工作。它所要解决的问题，包括建筑物内部各种使用功能和使用空间的合理安排，建筑物与周围环境、与各种外部条件的协调配合，内部和外表的艺术效果，各个细部的构造方式，建筑与结构、建筑与各种设备等相关技术的综合协调，以及如何以更少的材料、更少的劳动力、更少的投资、更少的时间来实现上述各种要求。其最终目的是使建筑物做到适用、经济、坚固、美观。随着时代的进步，运用电脑进行辅助设计已经是必然之路。现在，许多设计软件已成为设计人员必不可少的工具，它们不仅能提高工作效率，同时也为设计人员减轻了负担。不仅使用电脑能绘制出十分精确的建筑设计图，还能够绘制出十分逼真的效果图，如图 1-1 所示。

图1-1　电脑效果图

1.1.2　建筑设计流程

建筑设计流程包括方案设计、初步设计、施工图设计3个阶段。在通常情况下，民用建筑工程经过有关部门同意后，如果在合同中有不做初步设计的约定，便可以在方案审批后直接进入施工图设计。

1. 方案设计

方案设计阶段是指在明确设计任务书和建设方要求的前提下，遵照国家有关设计标准和规范，综合考虑建筑的环境、空间、功能、造型、材料等因素后，做出一个设计方案，并形成一定形式的方案设计文件。方案设计文件主要包括设计说明书、总图、建筑设计图纸。如果合同规定中有透视图、鸟瞰图、模型或模拟动画等内容，也应该做出详细的方案。完成的方案设计文件应该可以向建筑方展示设计思想和方案效果，并且最大限度突出方案的优势。

2. 初步设计

完成方案设计后，接下来便是初步设计阶段。初步设计是在方案设计的基础上，吸取各方面的意见和建议，完善和优化设计方案，初步考虑结构布置、设备系统和工程预算，解决各工种之间的技术协调问题，最终形成初步的设计文件。初步设计文件总体上包括设计说明书、设计图纸和工程预算书3部分。

3. 施工图设计

完成方案设计和初步设计后，接下来就需要将建筑、结构、设备各个工种的具体要求反映在图纸上，并完成建筑、结构和设备等全部图纸，这个过程便是施工图设计阶段，目的在于满足材料采购和施工要求等。施工图设计文件总体上包括所有设计图纸和合同要求的工程预算书。建筑设计文件应包括图纸目录、施工图设计说明、设计图纸、预算书。其中的设计图纸主要包括总图、平面图、立面图、剖面图、大样图、节点详图。

1.1.3　建筑设计的特点

近几年来，建筑设计行业有了巨大的发展。这种发展不仅体现在产值、营业额和设计的规模上，还体现在众多优秀设计项目的涌现上。建筑设计有以下3个特点：

（1）建筑业的主体似乎是房地产，但是房地产不景气并没有为建筑设计行业带来衰退迹象，反而建筑设计行业有了巨大的发展。其中，大型公共项目也有变化，主要体现在境外设计单位参与范围越来越广，包括日、英、德、法等国，以及欧洲的西班牙、意大利和葡萄牙等新参与的国家，实践视野越来越广阔，这种现象出现的主要原因是房地产业不景气，设计行业的重心有所变化。往年，建筑设计主要由房地产住宅项目主导，由于政府投资项目和公益性项目增多，这些项目带来了大型民用公共建筑项目的建设高潮，这一高潮使建筑设计师获得了更大创作空间。

（2）我国建筑设计师在与国外同行同台竞争的过程中，已经越来越拥有主动权。建筑设计师已经从原来的被动接受国外建筑设计师创意、仅出方案，到国内外建筑设计师共同进行方案探讨和概念表达，发展到现在以国内设计机构为主，作为设计总包将某些项目分包给国外擅长的专项建筑设计师的格局。建筑的原创性有所提高，多个大型建筑都是由国内机构自主完成设计的。

（3）我国的设计模式正在从过去的单一的承接设计转变为设计总承包、管理总承包、设计管理和项目管理等多元模式，也就是由单一模式向多元模式转变。以前，设计行业不算高新科技企业，但现在很多设计研究院都在申请高新科技企业的认证。同时，一些设计公司已经上市，这是不多见的。

1.2 建筑图基本知识

建筑图基本知识中包括建筑平面图、立面图和剖面图的常见知识。以及识读建筑图纸和了解图纸包括的种类等。

1.2.1 建筑平面图

要绘制建筑平面图，首先就需要学会识读建筑平面图，识读建筑平面图可分以下几个步骤进行。

（1）首先查看图名和比例，然后对照总平面图找出房屋朝向和主要出入口及次要出入口的位置。

（2）查看平面形式、房间的数量及用途、建筑物的外形尺寸。以及轴线尺寸与门窗洞口间尺寸。轴线间尺寸横向称为开间，轴线间尺寸纵向称为进深。楼梯平面图中带长箭头细线被称为行走线，用来指明上、下楼梯的行走方向。

（3）查看门窗的类型、数量与设置情况。门的编号用 M-1、M-2 等表示，窗的编号用 C-1、C-2 等表示，通过不同的编号查找各种类型门窗的位置和数量，通过对照平面图中的分段尺寸可查找出各类门窗洞口尺寸。门窗具体构造还要参照门窗明细表中所用的标准图集。

（4）深入查看各类房间内的固定设施及细部尺寸。

（5）在掌握了以上所有内容后，便可逐层识读。在识读各楼层平面图时应注意着重查看房间的布置、用途和门窗设置以及它们之间的不同之处，尤其应注意各种尺寸及楼地面标高等问题。

1.2.2 建筑立面图

建筑立面图用来表现建筑物立面处理方式、各类门窗的位置、形式及外墙面各种粉刷的做法等内容。建筑立面图包括以下几类。

（1）按建筑的朝向来命名：南立面图、北立面图、东立面图、西立面图。

（2）按立面图中首尾轴线编号来命名，如 1～9 立面图、A～E 立面图。

（3）按建筑立面的主次（建筑主要出入口所在的墙面为正面）来命名：正立面图、北立面图、左侧立面图、右侧立面图。

1.2.3 建筑剖面图

建筑剖面图是房屋的垂直剖视图。剖切面通常由横向剖切，即平行于侧面，必要时也可由纵向剖切，即平行于正面。其位置应选择能反映房屋内部构造比较复杂与典型的部位。剖面图的名称应与平面图上标注的一致。建筑剖面图常用的比例为 1：50、1：100、1：200。剖面图中的室内外地坪通常用特粗实线表示；如果剖切到的部位为墙、楼板、楼梯等对象时通常用粗实线画出；如果没有剖切到可见的部分时通常用中实线表示；其他如引出线等通常用细实线表示。

1.3 建筑制图的要求与标准

为了使建筑设计符合专业的制图规则，保证制图的质量，做到画面清晰、简明、准确，并符合设计、施工、存档的要求，不论是手工制图还是计算机制图，都需要遵守一定的要求与标准。

1.3.1 图纸规格

建筑制图的图纸规格主要包括以下 6 种规格：

（1）A0：841mm×1189mm。

（2）A1：594mm×841mm。

（3）A2：420mm×594mm。

（4）A3：297mm×420mm。

（5）A4：210mm×297mm。

（6）A5：148mm×297mm。

1.3.2 会签栏

在工程图纸上，会签栏用来记录设计图的设计人员、审核等信息，会签栏通常包括右侧直条式和右下角标准式两种样式，如图 1-2 和图 1-3 所示。

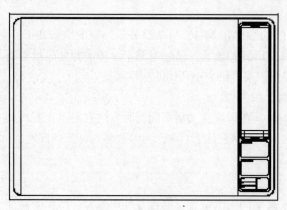
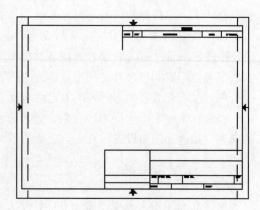

图1-2　右侧直条式　　　　　　　　　　　图1-3　右下角标准式

1.3.3 常用绘图比例

在进行建筑设计和室内设计制图过程中，施工图的绘制比例通常的标准如下。

(1) 一般平面图为 1∶50。

(2) 单元放大平面图为 1∶30~1∶20。

(3) 立面图为 1∶20（1∶30 或 1∶10 视情况而定）。

(4) 局部图为 1∶20（1∶30 或 1∶10 视情况而定）。

(5) 大样图包括 1∶5、1∶3、1∶2 和 1∶1。

(6) 示意透视图的比例没有特别的要求。

1.3.4 建筑图线

在建筑设计中，不同的图线表示着不同的含义，各种图线的具体含义如表 1-1 所示。

表 1-1 图线说明

名 称	线 性	线 宽	用 途
细实线	——————	0.25b	表示小于 0.5b 的图形线、尺寸线、尺寸界线、图例线索引符号、标高符号、详图材料的引出线等
中实线	——————	0.5b	(1) 表示平面、剖面图中被剖切的次要建筑构造的轮廓线 (2) 表示建筑平面、立面、剖面图中的建筑配件的轮廓线 (3) 表示建筑构造详图及建筑构配件详图中的一般轮廓线
粗实线	——————	b	(1) 表示平面、剖面图中被切割的主要建筑构造（包括构配件）的轮廓线 (2) 表示建筑立面图或室内立面图的外轮廓线 (3) 建筑构造详图中被剖切的主要部分的轮廓线 (4) 表示建筑构配件详图外轮廓线 (5) 表示平面、立面、剖面图的剖切符号
细虚线	- - - - - - - -	0.25b	图例线小于 0.5b 的不可见轮廓线
中虚线	━ ━ ━ ━ ━	0.5b	(1) 表示建筑构造详图及建筑构配件不可见的轮廓线 (2) 表示平面图中的起重机、吊车的轮廓线
细单点长划线	— · — · —	0.25b	表示中心线、对称线、定位轴线
粗单点长划线	━ · ━ · ━	b	表示起重机、吊车的轨道线
波浪线	∿∿	0.25b	(1) 表示不需画全的断开界线 (2) 表示构造层次的断开界线

1.3.5 建筑符号

在建筑设计中，通常使用特定的符号表示建筑物中的特殊效果，其中包括标高、折断线、部切线和中空线等。

- 标高：标高是建筑施工图中表示高度的一种标准表示符号，如图 1-4 所示。
- 折断线：在绘图时通常不需要绘制出所有的图形，这时就可以根据实际情况，使用折断线来表示，如图 1-5 所示。

图1-4 标高符号

- 部切线：当平面图与立面图都不足以表达清楚设计意图的时候，就需要绘制剖面图。剖面图由剖切线来表示，剖切线的剖视方向一般指向图面的上方或左方，剖切线需要转折时以一次为限，如图 1-6 所示。
- 中空线：表示绘制的图形当中所有的中空部分，如图 1-7 所示。

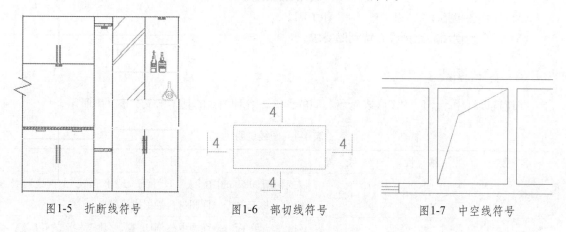

图1-5　折断线符号　　　　　图1-6　部切线符号　　　　　图1-7　中空线符号

1.3.6　常用建筑图例

在建筑设计中，通常使用特定的图例表示建筑物中的具体对象，常用的建筑图例包括门、窗、烟道、通风道、砖、金属、铸铁、钢筋混凝土、植物、灯具、插座和开关等，在表 1-2 中列举了各种图例的样式。

表 1-2　常用建筑图例

金属、铸铁		筒灯	
钢筋混凝土		吊灯	
空心砖		明装双极插座	
针叶树		暗装双极插座	
阔叶树		明装双极插座带极地插孔	
荧光灯		明装单极开关	
花灯		明装双极开关	
盆栽		暗装双极开关	
楼梯		单扇弹簧门	
烟道		双扇弹簧门	
通风道		窗户	
单扇内外开门		转门	
双扇内外开门		单扇单边开门	

1.4 室内设计基本知识

近几年房地产的迅猛发展，使室内设计的发展也变得十分迅速。下面将介绍室内设计的基本知识，为读者今后的学习和工作打下坚实的基础。

1.4.1 室内设计概述

室内设计是一门综合性较强的学科，是根据建筑物的使用性质、所处环境和相应标准，在建筑学、美学原理指导下，运用虚拟的物质技术手段（即运用手工或电脑绘图），为人们创造出功能合理、舒适优美、满足物质和精神生活需要的室内环境。因此，室内设计又称为室内环境艺术设计。

根据不同的室内装修格调，可以将室内装修分为欧式古典风格、新古典主义风格、自然风格、现代风格和后现代风格。

1. 欧式古典风格

这是一种追求华丽、高雅的古典装饰样式。欧式古典风格中的色彩主调为白色；家具、门窗一般都为白色。家具框饰以金线、金边装饰，从而体现华丽的风格；墙纸、地毯、窗帘、床罩、帷幔的图案以及装饰画都为古典样式，如图 1-8 所示。

图1-8 欧式古典风格

2. 新古典主义风格

新古典主义风格是指在传统美学的基础上，运用现代的材质及工艺，演绎传统文化的精髓，新古典主义风格不仅拥有端庄、典雅的气质而且具有明显的时代特征，如图 1-9 所示。

3. 自然风格

自然风格崇尚返璞归真，回归自然，摒弃人造材料的制品，将木材、石材、草藤、棉布等天然材料运用到室内装饰中，使居室更接近自然效果，如图 1-10 所示。

图1-9 新古典主义风格

4. 现代风格

现代风格的特点是注重使用功能，强调室内空间形态和物件的单一性、抽象性，并运用几何要素（点、线、面、体等）对家具进行组合，从而给人一种简洁、明快的感觉。同时这种风格又追求新潮、奇异，并且通常将流行的绘画、雕刻、文字、广告画、卡通造型、现代灯具等运用到居室内，如图 1-11 所示。

图1-10　自然风格

图1-11　现代风格

5.后现代风格

后现代风格突破现代派简明、单一的局限，主张兼容并蓄，凡能满足居住生活所需的都加以采用。后现代风格的室内设计，在空间组合上比较复杂，常常利用隔墙、屏风、柱子或壁炉来制造空间的层次感；利用细柱、隔墙形成空间的景深感。

1.4.2　室内设计的关键要素

进行室内装饰设计的目的有两点：一是保证人们在室内居住时的舒适性；二是提高室内环境的精神层次，增强人们的审美价值。因此在进行室内设计的过程中，需要掌握以下几个要素。

1. 室内色彩的搭配

色彩的物理刺激可以对人的视觉生理产生影响，形成色彩的心理映像。处在红色环境中，人的情绪容易兴奋冲动，而处在蓝色环境中，人的情绪则较为沉静。在日常生活中，不同类型的人喜欢不同的色彩。室内色彩选择搭配，应符合屋主的心理感受，通常可以考虑以下几种色调搭配的方法。

（1）轻快玲珑色调。中心色为黄、橙色。地毯橙色，窗帘、床罩用黄白印花布，沙发、天花板用灰色调，加一些绿色植物衬托，气氛别致。

（2）轻柔浪漫色调。中心色为柔和的粉红色。地毯、灯罩、窗帘用红加白色调，家具白色，房间局部点缀淡蓝，有浪漫气氛。

（3）典雅靓丽色调。中心色为粉红色。沙发、灯罩粉红色，窗帘、靠垫用粉红印花布，地板淡茶色，墙壁奶白色，此色调适合年青女性。

（4）典雅优美色调。中心色为玫瑰色和淡紫色，地毯用浅玫瑰色，沙发用比地毯浓一些的玫瑰色，窗帘可选淡紫印花的，灯罩和灯杆用玫瑰色或紫色，放一些绿色的靠垫和盆栽植物点缀，墙和家具用灰白色，可取得雅致优美的效果。

（5）华丽清新色调。中心色为酒红色、蓝色和金色，沙发用酒红色，地毯为暗土红色，墙面用明亮的米色，局部点缀金色，如镀金的壁灯，再加一些蓝色作为辅助，即成华丽清新格调。

2. 照明设计

在进行室内照明设计的过程中，不只是单纯地考虑室内如何布置灯光，还要了解原建筑物所处的环境，考虑室内外的光线结合来进行室内照明的设计。对于室外光线长期处于较暗的照明设计过程中，应考虑在室内设计一些白天常用到的照明设施，对于室外环境光线较好的情况，重点应放在夜晚的照明设计上。

照明设计是室内设计中非常重要的一环，如果没有光线，环境中的一切都无法显现出来。光不仅是视觉所需，而且还可以通过改变光源性质、位置、颜色和强度等指标来表现室内设计内容。在保证空间足够照明的同时，光还可以深化表现力，调整和完善其艺术效果，创造环境氛围，室内照明所用的光源因光源的性能、灯具造型的不同而产生不同的光照效果。

3. 符合人体工程学

人体工程学是根据人的解剖学、心理学和生理学等特性，掌握并了解人的活动能力及其极限，使生产器具、工作环境、起居条件等与人体功能相适应的科学。在室内设计过程中，满足人体工程学可以设计出符合人体结构且使用效率高的用具，使用者操作方便。设计者在建立空间模型的同时，要根据客观掌握人体的尺度、四肢活动的范围，使人体在进行某项操作时，能承受负荷及由此而产生的生理和心理变化等，进行更有效的场景建模。

4. 室内设计的材料安排

室内环境空间界面的特征是由其材料、质感、色彩、光照条件等因素构成的，其中材料及质感起着决定性作用。室内外空间可以给人们的环境视觉印象，在很大程度上取决于各界面所选用的材料及其表面肌理和质感。应全面综合考虑不同材料的特征，巧妙地运用材质的特性，将材料应用得自然美丽。

材料的质感，是指材料本身的特殊性与加工方式形成物体的表面三维结构而形成的一种品质。在建筑空间界面里，没有质感变化的空间是乏味的，在同一环境中，多种材质的组织，更应重视整体性原则，以体现室内外环境特有的气质。

5.室内空间的构图

人们要创建出美的空间环境，就必须遵循美的法则来设计构图，只有这样，才能达到理想的效果。这个原则必须遵循一个共同的准则：多样统一，也称有机统一，即在统一中求变化，在变化中求统一。

1.4.3　室内设计的流程

室内设计是在建筑工程图的基础上，表现出室内空间更具价值的效果。室内装饰设计的过程主要包括：设计师与客户的初次沟通、收集资料与调查、方案的初步设计、设计师与客户的具体沟通、绘制详细的设计图纸、进行装修预算、签约合同、制定施工进度表、进行施工、工程完工及验收。室内设计的具体流程如图 1-12 所示。

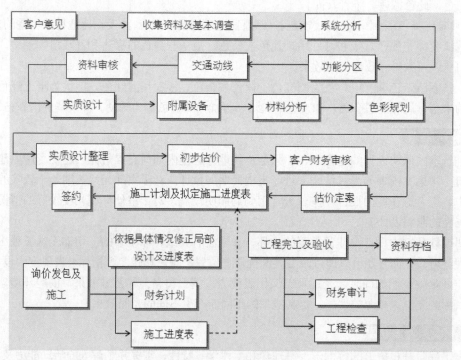

图1-12　室内设计流程图

1.5　课后习题

填空题

（1）建筑设计流程包括＿＿＿＿＿＿、＿＿＿＿＿＿、＿＿＿＿＿＿3 个阶段。

（2）在建筑设计图中，门的编号用＿＿＿＿＿＿、＿＿＿＿＿＿等表示;窗的编号用＿＿＿＿＿＿、＿＿＿＿＿＿等表示。

（3）根据不同的室内装修格调，可以将室内装修分为＿＿＿＿＿＿、＿＿＿＿＿＿、＿＿＿＿＿＿和＿＿＿＿＿＿风格。

（4）在进行室内设计的过程中，需要掌握的要素包括＿＿＿＿＿＿、＿＿＿＿＿＿、＿＿＿＿＿＿和＿＿＿＿＿＿。

第2章 AutoCAD 2014 基础知识

内容提要

本章主要介绍 AutoCAD 2014 基础知识，包括 AutoCAD 功能介绍。AutoCAD 基本操作、AutoCAD 文本操作、设置绘图环境、设置辅助功能、应用图层及设置图形特征等。

2.1 认识AutoCAD

经过了逐步的完善和更新，Autodesk 公司推出的 AutoCAD 2014 是目前最新版本的软件。

2.1.1 AutoCAD功能简介

随着计算机技术的不断发展，AutoCAD 在建筑、工业、电子、军事、医学、交通等领域被广泛地应用。在建筑与室内设计领域，利用 AutoCAD 能够创建出尺寸精确的建筑设计图，为以后的施工提供参照依据，如图 2-1 和图 2-2 所示。同时，设计人员还可以配合 3ds max，结合现实的环境场景制作出建筑效果图，使客户可以直接感受到工程竣工后的效果。

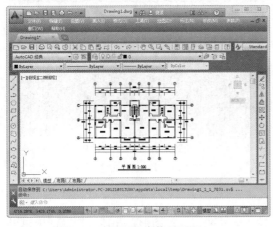

图2-1　AutoCAD建筑平面图

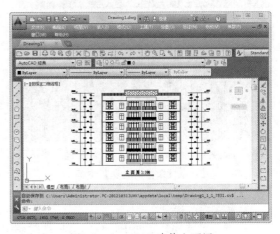

图2-2　AutoCAD建筑立面图

在机械工业设计领域，可以利用 AutoCAD 进行辅助设计，模拟产品实际的工作情况，监测其造型与机械在实际使用中的缺陷，以便在产品进行批量生产之前，及早做出相应的改进，避免因设计失误而造成巨大损失。

2.1.2 AutoCAD 2014的工作空间

AutoCAD 2014 提供了【草图与注释】、【三维基础】、【三维建模】和【AutoCAD 经典】4 种工作空间模式，可以根据需要选择不同的工作空间模式。在初次启动 AutoCAD 2014 时，将进入【草图与注释】工作空间，可以使用如下两种方法切换工作空间。

方法 1：在【快速访问】工具栏中单击【工作空间】下拉列表框，然后在弹出的下拉列表中切换工作空间，如图 2-3 所示。

方法 2：在状态栏中单击【切换工作空间】下拉按钮，然后在弹出的下拉列表中切换工作空间，如图 2-4 所示。

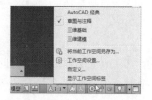

图2-3　切换工作空间　　　　　　　　　图2-4　在状态栏切换工作空间

1. 草图与注释空间

默认状态下启动的工作空间就是【草图与注释】空间，其界面主要由标题栏、功能区、快速访问工具栏、绘图区、命令窗口和状态栏等组成，如图 2-5 所示。在该空间中，可以方便地使用【绘图】、【修改】、【图层】、【标注】、【文字】及【表格】等面板进行图形的绘制。

2. 三维基础空间

在【三维基础】空间中可以更方便地绘制基础的三维图形，并且可以通过其中的【修改】面板对图形快速地修改，如图 2-6 所示。

图2-5　【草图与注释】空间　　　　　　　图2-6　【三维基础】空间

3. 三维建模空间

在【三维建模】空间中，可以方便地绘制出更多、更复杂的三维图形，在该工作空间中也可以对三维图形进行修改编辑等操作，如图 2-7 所示。

4. AutoCAD经典空间

对于习惯使用 AutoCAD 传统界面的用户来说，使用【AutoCAD 经典】工作空间是最好的选择，【AutoCAD 经典】工作空间的界面主要由【菜单浏览器】按钮、快速访问工具栏、菜单栏、工具栏、绘图区、命令行窗口和状态栏等元素组成，如图 2-8 所示。

> **提示**
> 由于【AutoCAD 经典】工作空间继承了传统版本的功能，也是绝大部分 AutoCAD 工作人员所选用的工作空间，因此，在后面的学习中，将以【AutoCAD 经典】工作空间为基础进行讲解。

图2-7 【三维建模】空间

图2-8 AutoCAD经典空间

2.1.3 AutoCAD 2014的工作界面

启动 AutoCAD 2014 程序，然后选择【AutoCAD 经典】工作空间，将打开其工作界面，该工作界面各部分的分布如图 2-9 所示。

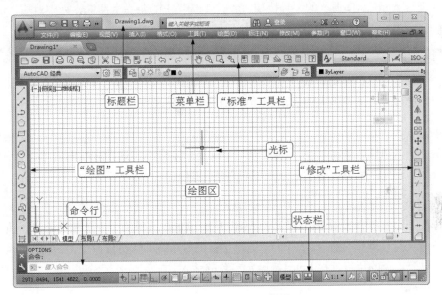

图2-9 AutoCAD 2014工作界面

1. 标题栏

标题栏位于整个程序窗口上方，主要用于说明当前程序以及图形文件的状态，主要包括程序图标、名称、自定义快速访问工具栏以及图形文件的文件名和窗口的控制按钮等，如图 2-10 所示。

图2-10 标题栏

- 程序图标：标题栏的最左侧是程序图标，单击该图标，可以展开 AutoCAD 2014 用于管理图形文件的命令，如新建、打开、保存、打印和输出等。
- 自定义快速访问工具栏：用于存储经常访问的命令。

- 程序名称：即程序的名称及版本号，AutoCAD 表示程序名称，而 2014 则表示程序版本号。
- 文件名称：图形文件名称用于表示当前图形文件的名称，如图 2-10 所示中 Drawing1 为当前图形文件的名称，.dwg 表示文件的扩展名。
- 窗口控制按钮：标题栏右侧为窗口控制按钮，单击【最小化】按钮可以将程序窗口最小化；单击【最大化/还原】按钮可以将程序窗口充满整个屏幕或以窗口方式显示；单击【关闭】按钮可以关闭 AutoCAD 2014 程序。

2．菜单栏

菜单栏位于标题栏下方，主要包括文件、编辑、视图、插入、格式等菜单命令，每个主菜单下又包含数目不同的子菜单，其中包括 AutoCAD 2014 的基本绘图及编辑命令。使用菜单命令，可以非常直观、方便地执行绘图及编辑命令。

3．工具栏

【标准】工具栏一般位于菜单栏的下面，也可以根据情况将【标准】工具栏放置于绘图区的四周以及浮于绘图区上方。默认情况下显示的工具栏还包括【绘图】工具栏、【修改】工具栏等，使用工具栏是执行 AutoCAD 命令的一种快捷方式，工具栏上的每一个图标，分别对应 AutoCAD 的一个命令，只需单击工具栏上的图标，即可执行该命令。

4．绘图区

绘图区是绘制图形的地方，位于屏幕中央空白选项栏中，也称为视图窗口。绘图区是一个无限延伸的空白选项栏，无论多大的图形，都可以在其中进行绘制。

5．光标

光标是 AutoCAD 绘图时所使用的光标，可以用来定位点、选择和绘制对象，使用鼠标绘制图形时，可以根据十字光标的移动，直观地看到图形的上下、左右关系。

6．命令行

命令行位于屏幕下方，主要用于输入命令以及显示正在执行的命令及相关信息。执行命令时，在命令行中输入相应操作的命令，按 Enter 键或空格键后系统即执行该命令，在命令的执行过程中，按 Esc 键可取消命令的执行，按 Enter 键确定参数的输入。

7．状态栏

状态栏位于 AutoCAD 2014 窗口下方，如图 2-11 所示。状态栏左边主要显示光标在绘图区中的坐标，可以随时了解当前光标在绘图区中的位置；中间包括多个经常使用的控制按钮，如捕捉、栅格、正交等，这些按钮都属于开/关型按钮，即单击该按钮一次，则启用该功能，再单击一次就关闭该功能。

图2-11　状态栏

2.2　AutoCAD基本操作

掌握 AutoCAD 的基本操作是使用该软件进行绘图的重要环节，下面将学习执行 AutoCAD 命令、终止和重复命令、放弃操作、重做操作、选择对象、控制视图和 AutoCAD 坐标定位等基本操作。

2.2.1 执行AutoCAD命令

AutoCAD 命令的执行方式主要包括鼠标操作和键盘操作。鼠标操作是通过使用鼠标选择命令或单击工具按钮来调用命令，而键盘操作是通过直接输入命令语句来调用操作命令，这也是 AutoCAD 执行命令的特有之处。

1. 选择菜单执行命令

将系统转换为【AutoCAD 经典】工作空间，便可以通过菜单执行各种命令。例如，单击打开【绘图】菜单，然后选择【直线】命令，可以执行【直线】命令，如图 2-12 所示。

2. 单击工具按钮执行命令

可以通过单击工具栏中的工具按钮执行相应的命令。例如，在窗口左侧的【绘图】工具栏中单击【直线】按钮 ，即可执行【直线】命令，如图 2-13 所示。

图2-12 选择命令

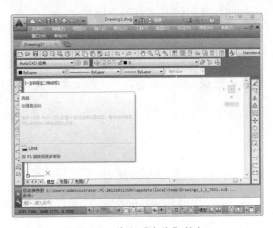

图2-13 单击【直线】按钮

3. 输入命令并确定

启动 AutoCAD 后进入图形界面，在屏幕底部的命令行中显示有【命令：】的提示，表明 AutoCAD 处于准备接受命令状态，如图 2-14 所示。

输入命令名后，按【Enter】键或空格键，此时系统会提示相应的信息或子命令，根据这些信息选择具体操作，最后按空格键退出命令，当退出编辑状态后，系统又回到待命状态。例如，输入【直线（L）】命令并确定，系统将提示【指定第一个点】，如图 2-15 所示。

图2-14 等待输入命令

图2-15 输入并执行命令

当输入某命令后，AutoCAD 会提示输入命令的子命令或必要的参数，当这些信息输入完毕后，命令功能才能被执行。在 AutoCAD 命令执行过程中，通常有很多子命令出现，关于子命令中一些符号的规定如下：

（1）【/】分隔符，分隔提示与选项，大写字母表示命令缩写方式，可直接通过键盘输入。

（2）【<>】内为预设值（系统自动赋予初值，可重新输入或修改）或当前值。如按空格键或

Enter 键，则系统将接受此预设值。

> **提示**
> 在 AutoCAD 中，大部分的操作命令都存在简化命令，可以通过输入简化命令，提高工作效率。例如，L 则是【直线（LINE）】命令的简化命令。

2.2.2 终止和重复命令

1. 终止命令

在执行 AutoCAD 操作命令的过程中，按键盘上的【Esc】键，可以随时终止 AutoCAD 命令的执行。如果中途要退出命令，可以按【Esc】键，有些命令需要连续按两次 Esc 键。如果要终止正在执行中的某命令，可以在【命令：】状态下输入 U（放弃），并按空格键进行确定，即可回到上次操作前的状态，如图 2-16 所示。

2. 重复命令

如果要重复上一个已经执行的命令，则直接按【Enter】键或空格键即可；也可以在命令窗口中单击鼠标右键，然后在弹出的菜单中选择使用过的命令，如图 2-17 所示。

图2-16 输入命令　　　　　　　　　图2-17 选择命令

> **提示**
> 使用键盘上的上下方向键在命令执行记录中搜寻，可以回到以前使用过的命令，选择需要执行的命令后按【Enter】键即可。

2.2.3 放弃操作

在 AutoCAD 中，系统提供了图形的恢复功能。利用图形恢复功能，可以对绘图过程中的操作进行取消，执行该命令有如下 4 种常用方法。

方法 1：单击【自定义快速访问】工具栏中的【放弃】按钮，如图 2-18 所示。

方法 2：选择【编辑→放弃】命令，如图 2-19 所示。

方法 3：输入 UNDO（简化命令 U）命令语句，然后按【Enter】键或空格键进行确定。

方法 4：按【Ctrl+Z】快捷键。

> **提示**
> 在命令窗口处于等待状态下输入 U（放弃）命令并确定，与在执行某个命令操作过程中输入 U（放弃）命令并确定的意义不同。前者是放弃上一步执行的整个操作，后者是放弃当前命令中的上一步操作。

图2-18　单击【放弃】按钮

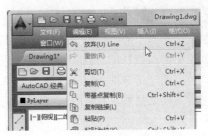

图2-19　选择命令

2.2.4　重做操作

在 AutoCAD 中，系统提供了图形的重做功能。利用图形重做功能，可以重新执行前面放弃的操作。执行【重做】命令有如下 4 种常用方法。

方法 1：单击【自定义快速访问】工具栏中的【重做】按钮 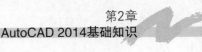。

方法 2：选择【编辑→重做】命令。

方法 3：输入 REDO 命令语句并按空格键进行确定。

方法 4：按下【Ctrl+Y】快捷键。

2.2.5　选择对象

正确快捷地选择目标，是对图形进行编辑的基础。AutoCAD 提供了使用鼠标选择、窗口选择、交叉选择、快速选择以及其他选择等多种方式。

1. 直接选择对象

在没有对图形进行编辑时，使用鼠标单击对象，即可将其选中，被选中的目标将呈虚线显示，如图 2-20 所示。使用单击对象的选择方法，一次只能选择一个实体。

在编辑过程中，当用户选择要编辑的对象时，十字光标将变为一个小正方形框，这个小正方形框就叫做拾取框，如图 2-21 所示。将拾取框移到要编辑的目标上，单击鼠标左键，即可选中目标。

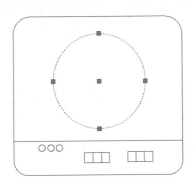

图2-20　选中圆形

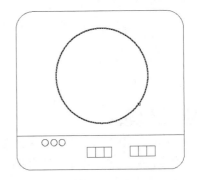

图2-21　选择对象

> **提示**
> 使用鼠标单击对象的选择方式，单击一次鼠标只能选择图中的某一个实体，如果要选择多个实体，必须逐个地进行选取对象。

2. 窗口选择对象

窗口选择对象的方法是指使用鼠标自左边向右边拉出一个矩形，将被选择的对象全部框在矩形内。使用窗口选择的方式，可以快速地选择指定选项栏中的对象。在使用窗口选择方式选择目标时，拉出的矩形方框为实线，如图 2-22 所示。利用窗口选择对象时，只有被完全框取的对象才能被选中；如果只框取对象的一部分，则无法将其选中，选择后的效果如图 2-23 所示。

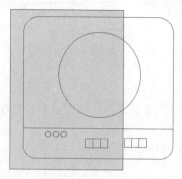

图2-22 窗选对象

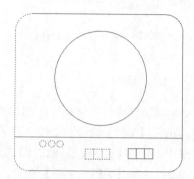

图2-23 选择效果

3. 窗交选择对象

使用窗交选择的操作方法与窗口选择的操作方法正好相反，其是使用鼠标在绘图区内自右边到左边拉出一个矩形。在使用窗交选择方式选择目标时，拉出的矩形方框呈虚线显示，如图 2-24 所示，通过窗交选择方式可以将矩形框内的图形对象以及与矩形边线相触的图形对象全部选中，如图 2-25 所示。

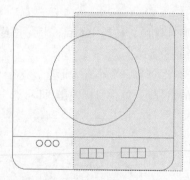

图2-24 窗交选择

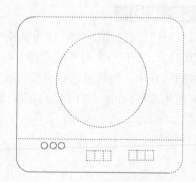

图2-25 选择效果

4. 快速选择对象

在 AutoCAD 中提供了快速选择功能，运用该功能可以一次性选择绘图区中具有某一属性的所有图形对象。启动快速选择命令的方法有以下 3 种：

方法 1：选择【工具→快速选择】命令。

方法 2：输入【QSELECT】命令后按空格键。

方法 3：当命令行处于等待状态时，单击鼠标右键，在弹出的右键菜单中选择【快速选择】命令，如图 2-26 所示。

执行以上的一种操作后，将打开【快速选择】对话框，如图 2-27 所示，可以根据选择目标的属性，一次性选择绘图区具有该属性的所有实体。

图2-26 选择命令

图2-27 【快速选择】对话框

【快速选择】对话框中各选项的含义如下：

- 应用到：确定是否在整个绘图区应用选择过滤器。
- 对象类型：确定用于过滤的实体的类型（如直线、矩形、多段线等）。
- 特性：确定用于过滤的实体的属性。此列表框中将列出【对象类型】列表中实体的所有属性（如颜色、线性、线宽、图层、打印样式等）。
- 运算符:控制过滤器值的范围。根据选择到的属性,其过滤值的范围分为【等于】和【不等于】两种类型。
- 值:确定过滤的属性值,可以在列表中选择一项或输入新值,根据不同属性显示不同的内容。
- 如何应用：确定选择符合过滤条件的实体还是不符合过滤条件的实体。
- 包括在新选择集中：选择绘图区中（关闭、锁定、冻结层上的实体除外）所有符合过滤条件的实体。
- 排除在新选择集之外:选择所有不符合过滤条件的实体（关闭、锁定、冻结层上的实体除外）。
- 附加到当前选择集:确定当前的选择设置是否保存在【快速选择】对话框中,作为【快速选择】对话框的设置选项。

如果要使用快速选择功能对图形进行选择，可以在【快速选择】对话框的【应用到】下拉列表中选择要应用到的图形，或单击右侧的 按钮，可以回到绘图区中选择需要的图形，然后单击右键返回到【快速选择】对话框中，在特性列表框内选择【图层】特性，在【值】下拉列表框选择图层名，然后单击【确定】按钮即可。

2.2.6 控制视图

在 AutoCAD 中，可以对视图进行缩放和平移操作，以便观看图形的效果。另外，也可以进行重生成图形等操作。

1. 缩放视图

使用【缩放视图】命令可以对视图进行放大或缩小操作，以改变图形的显示大小，方便用户进行图形的观察。执行缩放视图的命令包括以下 3 种常用方法：

方法 1：选择【视图→缩放】命令。

方法 2：单击【缩放】工具栏中的工具按钮。

方法 3：输入 ZOOM（简化命令 Z），然后按空格键进行确定。

输入【ZOOM】命令后按空格键执行缩放视图命令,系统将提示【全部 (A)/ 中心点 (C)/ 动态 (D)/ 范围 (E)/ 上一个 (P)/ 比例 (S)/ 窗口 (W)< 实时 >:】的信息。然后只需在该提示后输入相应的字母后按空格键，即可进行相应的操作。缩放视图命令中各选项的含义和用法如下：

- 全部 (A)：输入 A 后按空格键，将在视图中显示整个文件中的所有图形。
- 中心点 (C)：输入 C 后按空格键，然后在图形中单击鼠标指定一个基点，再输入一个缩放比例或高度值来显示一个新视图，基点将作为缩放的中心点。
- 动态 (D)：用一个可以调整大小的矩形框去框选要放大的图形。
- 范围 (E)：用于以最大的方式显示整个文件中的所有图形，同【全部（A）】的功能相同。
- 上一个 (P)：执行该命令后可以直接返回到上一次缩放的状态。
- 比例 (S)：用于输入一定的比例来缩放视图。输入的数据大于 1 即可放大视图，小于 1 并大于 0 时将缩小视图。
- 窗口 (W)：用于通过在屏幕上拾取两个对角点来确定一个矩形窗口，该矩形框内的全部图形放大至整个屏幕。
- <实时>：执行该命令后，鼠标将变为 ⊕ 状，按住鼠标左键来回推拉鼠标即可放大或缩小视图。

2. 平移视图

平移视图是指对视图中图形的显示位置进行相应的移动，移动前后视图只是改变图形在视图中的位置，而大小不会发生变化，如图 2-28 和图 2-29 所示分别是平移前后的对比效果。

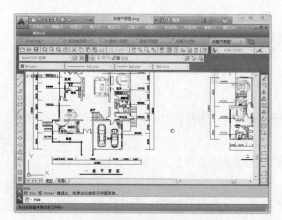
图2-28　平移视图前

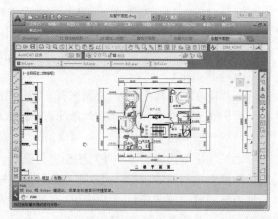
图2-29　平移视图后

执行平移视图的命令包括以下 3 种常用方法：

方法 1：选择【视图→平移】命令。

方法 2：在【标准】工具栏中单击【实时平移】按钮 🖐。

方法 3：输入【PAN（简化命令 P）】，然后按空格键进行确定。

3. 重生成图形

使用【重生成】命令能将当前活动视窗所有对象的有关几何数据及几何特性重新计算一次（即重生）。此外，使用 OPEN 命令打开图形时，系统自动重生视图，【ZOOM】命令的【全部】、【范围】选项也可以自动重生视图。被冻结的图层上的实体不参与计算。因此，为了缩短重生时间，可以将一些层冻结。

执行重生成图形的命令包括以下两种方法：

方法 1：选择【视图→全部重生成】命令。

方法 2：输入【REGEN（简化命令 RE)】，然后按空格键进行确定。

2.2.7　AutoCAD坐标定位

AutoCAD的图形定位主是由坐标系进行确定。在AutoCAD中使用各种命令时，通常需要提供该命令相应的指示与参数，以便指引该命令所要完成的工作或动作执行的方式、位置等。直接使用鼠标制图虽然很方便，但不能进行精确的定位，进行精确的定位则需要采用键盘输入坐标值的方式来实现。常用的坐标输入方式包括绝对坐标、相对坐标、极坐标和相对极坐标。其中相对坐标与相对极轴坐标的原理一样，只是格式不同而已。

1．绝对坐标

绝对坐标分为绝对直角坐标和绝对极轴坐标两种。其中绝对直角坐标以笛卡尔坐标系的原点（0，0，0）为基点定位，可以通过输入（X，Y，Z）坐标的方式来定义一个点的位置。

例如，在如图2-30所示的图形中，O点绝对坐标为（0,0,0），A点绝对坐标为（1000,1000,0），B点绝对坐标为（3000，1000，0），C点绝对坐标为（3000，3000，0），D点绝对坐标为（1000，3000，0）。如果Z方向坐标为0，则可省略，则A点绝对坐标可输入为（1000，1000），B点绝对坐标可输入为（3000，1000），C点绝对坐标可输入为（3000，3000），D点绝对坐标可输入为（1000，3000）。

2．相对坐标

相对坐标是以上一点为坐标原点确定下一点的位置。输入相对于上一点坐标（X，Y，Z）增量为（ΔX，ΔY，ΔZ）的坐标时，格式为（@ΔX，ΔY，ΔZ）。其中【@】字符是指定与上一个点的偏移量。

例如，在如图2-31所示的图形中，对于O点而言，A点的相对坐标为（@20，20），如果以A点为基点，那么B点的相对坐标为（@100，0），C点的相对坐标为（@100，@100），D点的相对坐标为（@0，100）。

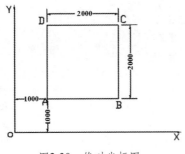
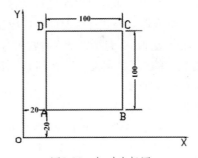

图2-30　绝对坐标图　　　　　　图2-31　相对坐标图

> **提示**
> 在AutoCAD 2014中输入绝对坐标时，系统将自动将其转换成相对坐标，因此在输入相对坐标时，可以省略@符号的输入，如果要使用绝对坐标，则需要在坐标前添加#。

3．相对极坐标

相对极坐标是以上一点为参考极点，通过输入极距增量和角度值，来定义下一个点的位置，其输入格式为【@距离＜角度】。

在使用AutoCAD进行绘图的过程中，使用多种坐标输入方式，可以使绘图操作更随意、更灵活，再配合目标捕捉、夹点编辑等方式，可以提高绘图的效率。

2.3 AutoCAD的文件操作

AutoCAD 2014的文件操作包括创建新文件、打开文件、保存文件、设置文件密码等基本操作。

2.3.1 新建文件

在AutoCAD中，新建图形文件是指在【选择样板】对话框选择一个样板文件作为新图形文件的基础。每次启动AutoCAD 2014应用程序时，都将打开名为【drawing1.dwg】的图形文件。在新建图形文件的过程中，默认图形名会随打开新图形的数目而变化。例如，如果从样板打开另一图形，则默认的图形名为【drawing2.dwg】。

执行新建文件命令包括以下3种常用方法：

方法1：单击【自定义快速访问】工具栏中的【新建】按钮，如图2-32所示。

方法2：选择【文件→新建】命令。

方法3：输入NEW命令语句并按空格键进行确定。

图2-32 单击【新建】按钮

执行【新建】命令，打开【选择样板】对话框，如图2-33所示，选择【acad.dwt】或【acadiso.dwt】样板文件，然后单击【打开】按钮，可以新建一个空白图形文件。

2.3.2 保存文件

在制图工作中，即时对文件进行保存，可以避免因死机或停电等意外状况而造成数据丢失。执行保存文件命令包括以下3种常用方法：

方法1：单击【自定义快速访问】工具栏中的【保存】按钮。

图2-33 选择样板文件

方法2：选择【文件→保存】命令。

方法3：输入SAVE命令语句并按空格键进行确定。

执行【保存】命令后，将打开【图形另存为】对话框，在【文件名】文本框中可以输入文件的名称，在【保存于】下拉列表中可以设置文件的保存路径，如图2-34所示，然后单击【保存】按钮即可对当前文件进行保存，如图2-35所示。

提示

在使用【保存】命令保存已有文档的过程中，将不会弹出【另存为】对话框，将使用原路径和原文件名对已有文档进行保存。如果需要对修改后的文档进行重新命名，或修改文档的保存位置时，可以选择【另存为】命令，在打开的【图形另存为】对话框中重新设置文件的保存位置、文件名或保存类型，然后单击【保存】按钮即可。

图2-34　设置文件路径

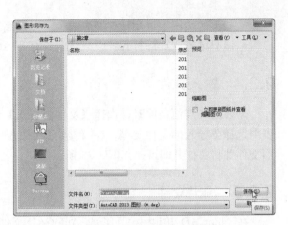

图2-35　单击【保存】按钮

2.3.3　打开文件

在工作与学习中，如果电脑中已经存在创建好的 AutoCAD 图形文件，可以将其打开查看，执行【打开】命令通常包括以下 3 种常用方法：

方法 1：单击【自定义快速访问】工具栏中的【打开】按钮 。

方法 2：选择【文件→打开】命令。

方法 3：输入 OPEN 命令语句并按空格键进行确定。

执行【打开】命令后，将打开【选择文件】对话框，在该对话框的【查找范围】下拉列表中可以选择查找文件所在的位置，在文件列表中可以选择要打开的文件，如图 2-36 所示，然后单击【打开】按钮即可将选择的文件打开。如果单击【打开】右方的下拉按钮，可以在弹出的列表中选择打开文件的方式，如图 2-37 所示。

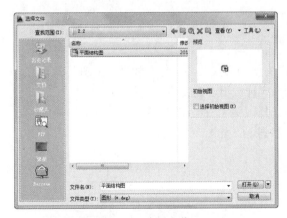

图2-36　选择文件

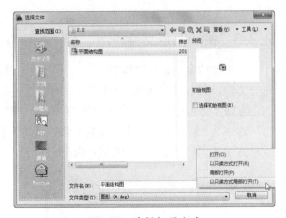

图2-37　选择打开方式

在【选择文件】对话框中的 4 种打开方式的含义如下：

- 打开：直接打开所选的图形文件。
- 以只读方式打开：所选的 AutoCAD 文件将以只读方式打开，打开后的 AutoCAD 文件不能直接以原文件名存盘。
- 局部打开：选择该选项后，系统打开【局部打开】对话框，如果 AutoCAD 图形中含有不同的内容，并分别属于不同的图层，可以选择其中某些图层打开文件。在 AutoCAD 文件较大的情况下采用该打开方式，可以提高工作效率。

- 以只读方式局部打开：以只读方式打开 AutoCAD 文件的部分图层图形。

2.3.4 输入文件

需要输入其他文件时，选择【文件→输入】命令，打开【输入文件】对话框，在文件类型列表中选择要导入的文件类型，在【搜索】下拉列表中选择文件的存储路径，然后选择要输入的图形文件并将其打开即可，如图 2-38 所示。

2.3.5 输出文件

在 AutoCAD 2014 中，可以将 AutoCAD 文件输出为其他格式的文件。选择【文件→输出】命令，打开【输出数据】对话框，在该对话框中即可将图形以指定的格式输出，如图 2-39 所示。

图2-38 【输入文件】对话框

图2-39 【输出数据】对话框

2.3.6 关闭图形文件

如果要结束 AutoCAD 的工作，可以通过退出文件的方式关闭文件，如果只是想关闭当前打开的文件，而不退出 AutoCAD 程序，可以通过如下 3 种常用方式关闭图形文件：

方法 1：单击窗口左上角的程序图标，然后选择【关闭→当前图形】命令，如图 2-40 所示。
方法 2：单击当前文件窗口右上角的【关闭】按钮，如图 2-41 所示。
方法 3：选择【文件→关闭】命令。

图2-40 选择命令

图2-41 单击【关闭】按钮

提示

单击标题栏中的【关闭】按钮⊠与单击当前图形中的【关闭】按钮⊠有所不同，前者操作用于退出整个 AutoCAD 应用程序，后者操作只是用于关闭当前的图形文件。

2.4 设置绘图环境

在使用 AutoCAD 进行绘图之前，可以先对 AutoCAD 的绘图环境进行设置，以适合用户自己习惯的操作环境。

2.4.1 设置图形单位

AutoCAD 使用的图形单位包括毫米、厘米、英尺、英寸等 10 多种单位，可供不同行业的绘图需要。在使用 AutoCAD 绘图前应该进行绘图单位的设置。可以根据具体工作需要设置单位类型和数据精度。

在 AutoCAD 2014 中，启动设置绘图单位的方法有以下两种：

方法 1：在 AutoCAD 经典工作空间状态下，选择【格式→单位】命令。

方法 2：输入【单位（UNITS）】命令并确定。

执行以上一种操作后，将打开【图形单位】对话框，如图 2-42 所示。在该对话框中，可以为图形设置坐标、长度、精度、角度的单位值，其中各选项的含义如下。

- 长度：用于设置长度单位的类型和精度。在【类型】下拉列表中，可以选择当前测量单位的格式；在【精度】下拉列表，可以选择当前长度单位的精确度。
- 角度：用于控制角度单位类型和精度。在【类型】下拉列表中，可以选择当前角度单位的格式类型；在【精度】下拉列表中，可以选择当前角度单位的精确度；【顺时针】复选框用于控制角度增角量的正负方向。
- 光源：用于指定光源强度的单位。
- 【方向】按钮：用于确定角度及方向。单击该按钮，将打开【方向控制】对话框，如图 2-43 所示。在对话框中可以设置基准角度和角度方向，当选择【其他】选项后，下方的【角度】按钮才可用。

图2-42 【图形单位】对话框

图2-43 方向控制

2.4.2 改变环境颜色

在 AutoCAD 中，可以根据个人习惯设置环境的颜色，从而使工作环境更舒服。例如，首次启动 AutoCAD 2014 时，绘图区的颜色为深蓝色，可以根据自己的喜好和习惯来设置绘图区的颜色。

练习1 将绘图区的颜色设置为白色

STEP 01 选择【工具→选项】命令，或者输入并执行【选项（OP）】命令，打开【选项】对话框，在【显示】选项卡中单击【窗口元素】选项栏中的【颜色】按钮，如图 2-44 所示。

STEP 02 在打开的【图形窗口颜色】对话框中依次选择【二维模型空间】和【统一背景】选项，然后单击颜色下拉按钮，在弹出的列表中选择【白】选项，如图 2-45 所示。

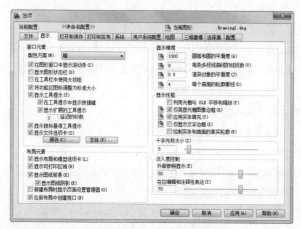

图2-44 单击【颜色】按钮

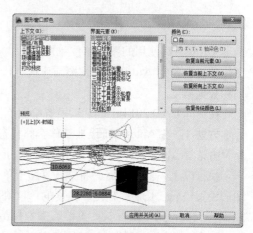

图2-45 设置背景颜色

STEP 03 单击【应用并关闭】按钮进行确定，然后返回【选项】对话框，单击【确定】按钮，即可将绘图区的颜色修改为白色。

2.4.3 改变文件自动保存的时间

在绘制图形的过程中，通过开启自动保存文件的功能，可以防止在绘图时因意外而造成的文件丢失，将损失降低到最小。

练习2 设置文件自动保存的间隔时间为 5 分钟

STEP 01 选择【工具→选项】命令，打开【选项】对话框，在打开的【选项】对话框中选择【打开和保存】选项卡。

STEP 02 勾选【文件安全措施】选项栏中的【自动保存】选项，在【保存间隔分钟数】的文本框中，设置自动保存的时间间隔为 5，然后进行确定即可，如图 2-46 所示。

> ⭐ **提示**
>
> 自动保存后的备份文件的扩展名为 ac$，此文件的默认保存位置在系统盘 \Documents and Settings\Default User\Local Settings\Temp 目录下。在需要使用自动保存后的备份文件时，可以在备份文件的默认保存位置下，找出并选择该文件，将该文件的扩展名 .ac$ 修改为 .dwg，然后将其打开即可。

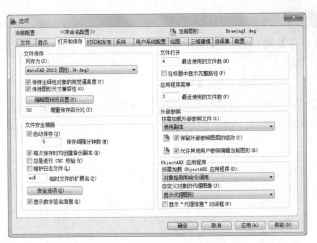

图2-46　设置自动保存的时间

2.4.4　设置右键功能模式

AutoCAD 的右键功能中包括默认模式、编辑模式和命令模式 3 种模式，用户可以根据自己的习惯设置右键的功能模式。

1. 设置默认功能

选择【工具→选项】命令，打开【选项】对话框，然后选择【用户系统配置】选项卡，在【Windows 标准操作】选项栏中单击【自定义右键菜单】按钮，如图 2-47 所示，打开【自定义右键单击】对话框，在该对话框的【默认模式】选项栏中可以设置默认状态下单击鼠标右键所表示的功能，如图 2-48 所示。

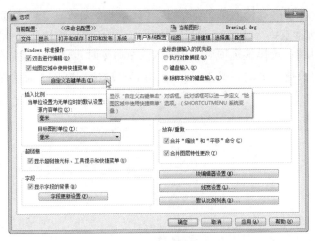

图2-47　单击按钮

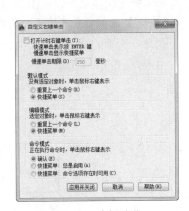

图2-48　选择功能

在【默认模式】选项栏中包括【重复上一个命令】和【快捷菜单】两个选项，其中各选项的含义如下：

- 重复上一个命令：选择该选项后，单击鼠标右键将重复执行上一个命令。例如，前面刚结束了【圆（C）】命令的操作，单击鼠标右键将重新执行【圆（C）】命令。
- 快捷菜单：选择该选项后，单击鼠标右键将弹出一个快捷菜单。

2. 设置右键的编辑模式

在【自定义右键单击】对话框的【编辑模式】选项栏中，可以设置在编辑操作的过程中，单击鼠标右键所表示的功能。

在【编辑模式】选项栏中同样包括【重复上一个命令】和【快捷菜单】两个选项，其中各选项的含义同默认模式相同。但是，在这里所指的快捷菜单是设置编辑状态下的模式，因此，所产生的效果与默认状态下是不同的，如图2-49和图2-50所示。

图2-49　默认快捷模式的菜单

图2-50　编辑模式的快捷菜单

3. 设置右键的命令模式

在【自定义右键单击】对话框的【命令模式】选项栏中，可以设置在执行命令的过程中，单击鼠标右键所表示的功能。其中包括【确认】、【快捷菜单：总是启用】和【快捷菜单：命令选项存在时启用】3个选项，其中各选项的含义如下：

● 确认：选择该选项后，在输入某个命令时，单击鼠标右键将执行输入的命令。

●【快捷菜单：总是启用】：选择该选项后，在输入某个命令时，不论该命令是否存在命令选项，都将弹出快捷菜单，如图2-51所示是执行【移动（M）】命令过程中所弹出的快捷菜单。

●【快捷菜单：命令选项存在时启用】：选择该选项后，在输入某个命令时，只有在该命令存在命令选项的情况下，才会弹出快捷菜单，如图2-52所示为执行【修剪（TR）】命令过程中所弹出的快捷菜单。

图2-51　总是启用的快捷菜单

图2-52　存在命令选项的快捷菜单

2.4.5　设置光标样式

在AutoCAD中，用户可以根据自己的习惯设置光标的样式，包括控制十字光标的大小、改变捕捉标记的大小、改变拾取框状态以及夹点的大小。

1. 改变十字光标的大小

选择【工具→选项】命令，打开【选项】对话框，然后选择【显示】选项卡，在【十字光标大小】选项栏中，用户可以根据自己的操作习惯，调整十字光标的大小，十字光标可以延伸到屏幕边缘。拖动右下方【十字光标大小】选项栏中的滑动钮，如图 2-53 所示，即可调整光标长度，如图 2-54 所示。

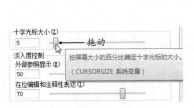

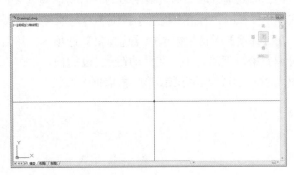

图2-53　拖动滑动钮　　　　　　　　　　图2-54　较大的十字光标

> **提示**
> 十字光标预设尺寸为 5，其大小的取值范围为 1 ~ 100，数值越大，十字光标越长，100 表示全屏幕显示。

2. 改变捕捉标记的大小

改变捕捉标记的大小可以帮助用户更方便地捕捉对象。在 AutoCAD 2014 中修改捕捉标记大小的方法如下。

选择【工具→选项】命令，打开【选项】对话框，选择【绘图】选项卡中，拖动【自动捕捉标记大小】选项栏中的滑动钮，即可调整捕捉标记的大小，在滑动钮左边的预览框中可以预览捕捉标记的大小，如图 2-55 所示。如图 2-56 所示为较大的圆心捕捉标记的样式。

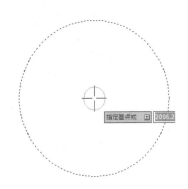

图2-55　拖动滑动钮　　　　　　　　　　图2-56　较大的圆心捕捉标记

3. 改变靶框的大小

选择【工具→选项】命令，打开【选项】对话框，选择【草图】选项卡，在【靶框大小】选项栏中，拖动【靶框大小】的滑动钮█，可以调整靶框的大小，在滑动钮█左边的预览框中可预览靶框的大小，图 2-57 所示为较大的靶框形状。

4．改变拾取框

拾取框是指在执行编辑命令时，光标变成的一个小正方形框。合理地设置拾取框的大小，对于快速、高效地选取图形是很重要的。若拾取框过大，在选择实体时很容易将与该实体邻近的其他实体选择在内；若拾取框过小，则不容易准确地选取到实体目标。

在【选项】对话框中选择【选择集】选项卡，然后在【拾取框大小】选项栏中拖动滑动钮█，即可调整拾取框的大小。在滑动钮█左边的预览框中，可以预览拾取框的大小，如图 2-58 所示。如图 2-59 所示展现了拾取图形时拾取框的形状。

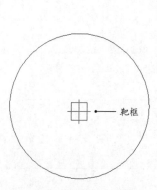

图2-57　较大的靶框形状

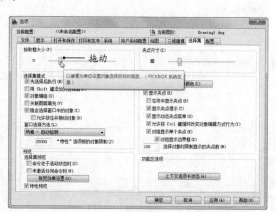

图2-58　拖动滑动钮

5．改变夹点的大小

在 AutoCAD 中，夹点是选择图形后在图形的节点上所显示的图标。通过拖动夹点的方式，可以改变图形的形状和大小。为了准确地选择夹点对象，用户可以根据需要设置夹点的大小。

选择【工具→选项】命令，打开【选项】对话框，选择【选择集】选项卡，然后在【夹点大小】选项栏中拖动滑动钮█，即可调整夹点的大小。在滑动钮█左边的预览框中，可以预览夹点的大小如图 2-60 所示展现了圆的 5 个夹点。

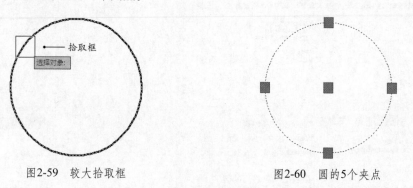

图2-59　较大拾取框　　　　　　　　　图2-60　圆的5个夹点

2.5　设置辅助功能

通过对辅助功能进行适当的设置，可以提高用户制图的工作效率和绘图的准确性。

2.5.1 正交功能

在绘图过程中，使用正交功能可以将光标限制在水平或垂直轴向上，同时也可以限制在当前的栅格旋转角度内.使用正交功能就如同使用了直尺绘图,使绘制的线条自动处于水平和垂直方向，在绘制水平和垂直方向的直线段时十分有用，如图 2-61 所示。

在 AutoCAD 中启用正交功能的方法十分简单，只需要单击状态栏上的【正交】按钮，或直接按【F8】键就可以激活正交功能，开启正交功能后，状态栏上的【正交】按钮处于高亮状态，如图 2-62 所示。

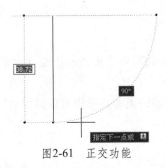

图2-61　正交功能

图2-62　开启正交功能

> **提示**
> 在使用 AutoCAD 绘制水平或垂直线条时，利用正交功能可以有效地提高绘图速度，如果要绘制非水平、垂直的线条，可以通过按【F8】键，关闭正交功能。

2.5.2 极轴追踪

极轴追踪是以极轴坐标为基础，显示由指定的极轴角度所定义的临时对齐路径，然后按照指定的距离进行捕捉，如图 2-63 所示。

在使用极轴追踪时，需要按照一定的角度增量和极轴距离进行追踪。选择【工具→绘图设置】命令,在打开的【草图设置】对话框中选择【极轴追踪】选项卡，在该选项卡中可以启动极轴追踪,如图 2-64 所示。

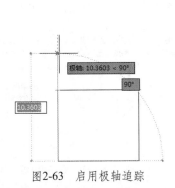

图2-63　启用极轴追踪

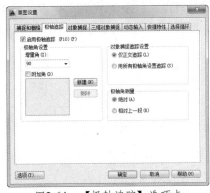

图2-64　【极轴追踪】选项卡

在【极轴追踪】选项卡中的各选项的含义介绍如下：
● 启用极轴追踪：用于打开或关闭极轴追踪，也可以通过按【F10】键打开或关闭极轴追踪。

- 极轴角设置：设置极轴追踪的对齐角度。
- 增量角：设置用来显示极轴追踪对齐路径的极轴角增量。可以输入任何角度，也可以从列表中选择 90、45、30、22.5、18、15、10 或 5 这些常用角度。
- 附加角：对极轴追踪使用列表中的任何一种附加角度。注意附加角度是绝对的，而非增量的。
- 角度列表：如果选定【附加角】，将列出可用的附加角度。如果要添加新的角度，单击【新建】按钮即可。如果要删除现有的角度，则单击【删除】按钮。
- 新建：最多可以添加 10 个附加极轴追踪对齐角度。
- 删除：删除选定的附加角度。
- 对象捕捉追踪设置：设置对象捕捉追踪选项。
- 仅正交追踪：当对象捕捉追踪打开时，仅显示已获得的对象捕捉点的正交（水平／垂直）对象捕捉追踪路径。
- 用所有极轴角设置追踪：将极轴追踪设置应用于对象捕捉追踪。使用对象捕捉追踪时，光标将从获取的对象捕捉点起沿极轴对齐角度进行追踪。
- 极轴角测量：设置测量极轴追踪对齐角度的基准。
- 绝对：根据当前用户坐标系 (UCS) 确定极轴追踪角度。
- 相对上一段：根据上一个绘制线段确定极轴追踪角度。

> **提示**
> 单击状态栏上的【极轴追踪】按钮 或按【F10】键，也可以打开或关闭极轴追踪功能。另外，【正交】模式和极轴追踪不能同时打开，打开【正交】模式将关闭极轴追踪功能。

2.5.3 对象捕捉设置

AutoCAD 提供了精确的对象捕捉特殊点功能，运用该功能可以精确绘制出所需要的图形。进行精确绘图之前，需要进行正确的对象捕捉设置。用户可以在【草图设置】对话框中的【对象捕捉】选项卡中，或者在【对象捕捉】工具中进行对象捕捉的设置。

选择【工具→绘图设置】命令，或者右键单击状态栏中的【对象捕捉】按钮 ，然后在弹出的菜单中选择【设置】命令，如图 2-65 所示，打开【草图设置】对话框，在该对话框的【对象捕捉】选项卡中，可以根据实际需要选择相应的捕捉选项，进行对象特殊点的捕捉设置，如图 2-66 所示。

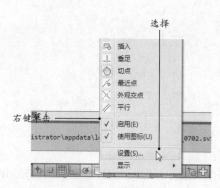

图2-65　选择命令

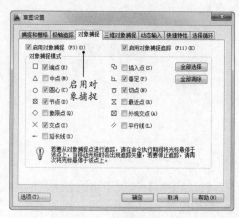

图2-66　对象捕捉设置

在【对象捕捉】选项卡中各选项的含义介绍如下：

- 启用对象捕捉：打开或关闭执行对象捕捉。当对象捕捉打开时，在【对象捕捉模式】下选定的对象捕捉处于活动状态。
- 启用对象捕捉追踪：打开或关闭对象捕捉追踪。使用对象捕捉追踪在命令中指定点时，光标可以沿基于其他对象捕捉点的对齐路径进行追踪。如果要使用对象捕捉追踪，必须打开一个或多个对象捕捉。
- 对象捕捉模式：列出了可以在执行对象捕捉时打开的对象捕捉模式。
  - ➢ 端点：捕捉到圆弧、椭圆弧、直线、多线、多段线、样条曲线、面域或射线最近的端点，或捕捉宽线、实体或三维面域的最近角点。
  - ➢ 中点：捕捉到圆弧、椭圆、椭圆弧、直线、多线、多段线、面域、实体、样条曲线或参照线的中点。
  - ➢ 圆心：捕捉到圆弧、圆、椭圆或椭圆弧的圆点。
  - ➢ 节点：捕捉到点对象、标注定义点或标注文字起点。
  - ➢ 象限点：捕捉到圆弧、圆、椭圆或椭圆弧的象限点。
  - ➢ 交点：捕捉到圆弧、圆、椭圆、椭圆弧、直线、多线、多段线、射线、面域、样条曲线或参照线的交点。
  - ➢ 延伸线：当光标经过对象的端点时，显示临时延长线或圆弧，以便用户在延长线或圆弧上指定点。注意在透视视图中进行操作时，不能沿圆弧或椭圆弧的尺寸界线进行追踪。
  - ➢ 插入点：捕捉到属性、块、形或文字的插入点。
  - ➢ 垂足：捕捉圆弧、圆、椭圆、椭圆弧、直线、多线、多段线、射线、面域、实体、样条曲线或参照线的垂足。当正在绘制的对象需要捕捉多个垂足时，将自动打开【递延垂足】捕捉模式。可以用直线、圆弧、圆、多段线、射线、参照线、多线或三维实体的边作为绘制垂直线的基础对象。可以用【递延垂足】在这些对象之间绘制垂直线。当靶框经过【递延垂足】捕捉点时，将显示 AutoSnap 提示和标记。
  - ➢ 切点：捕捉到圆弧、圆、椭圆、椭圆弧或样条曲线的切点。当正在绘制的对象需要捕捉多个切点时，将自动打开【递延垂足】捕捉模式。可以使用【递延切点】来绘制与圆弧、多段线圆弧或圆相切的直线或构造线。当靶框经过【递延切点】捕捉点时，将显示标记和 AutoSnap 提示。
  - ➢ 最近点：捕捉到圆弧、圆、椭圆、椭圆弧、直线、多线、点、多段线、射线、样条曲线或参照线的最近点。
  - ➢ 外观交点：捕捉到不在同一平面但是可能看起来在当前视图中相交的两个对象的外观交点。
  - ➢ 平行线：将直线段、多段线、射线或构造线限制为与其他线性对象平行。指定线性对象的第一点后，指定平行对象捕捉。与在其他对象捕捉模式中不同，可以将光标和悬停移至其他线性对象，直到获得角度。然后，将光标移回正在创建的对象。如果对象的路径与上一个线性对象平行，则会显示对齐路径，用户可将其用于创建平行对象。
- 全部选择：打开所有对象捕捉模式。
- 全部清除：关闭所有对象捕捉模式。

启用对象捕捉设置后，在绘图过程中，当鼠标靠近这些被启用的捕捉特殊点时，将自动对其进行捕捉，如图 2-67 所示为启用了中点捕捉功能的效果。

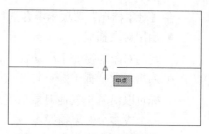

图2-67 捕捉中点

2.5.4 对象捕捉追踪

在绘图过程中，除了需要掌握对象捕捉的设置外，还需要掌握对象捕捉追踪的相关知识和应用方法，从而提高绘图的效率。

1. 应用对象捕捉追踪

执行【工具→绘图设置】命令，打开【草图设置】对话框，选择【对象捕捉】选项卡，然后勾选【启用对象捕捉追踪】选项，即可启用对象捕捉追踪功能。另外，也可以直接按【F11】键在开 / 关对象捕捉追踪功能之间进行切换。

启用对象捕捉追踪后，在命令中指定点时，光标可以沿基于其他对象捕捉点的对齐路径进行追踪，如图 2-68 所示为圆心捕捉追踪效果，如图 2-69 所示为中点捕捉追踪效果。

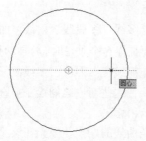

图2-68 圆心捕捉追踪

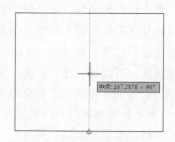

图2-69 中点捕捉追踪

使用对象捕捉追踪，可以沿着基于对象捕捉点的对齐路径进行追踪。已获取的点将显示一个小加号 (+)，一次最多可以获取 7 个追踪点。获取点之后，当在绘图路径上移动光标时，将显示相对于获取点的水平、垂直或极轴对齐路径。例如，可以基于对象端点、中点或者对象的交点，沿着某个路径选择一点。

例如，在如图 2-70 所示的示意图中，启用了【端点】对象捕捉，单击直线的起点 1 开始绘制直线，将光标移动到另一条直线的端点 2 处获取该点，然后沿水平对齐路径移动光标，定位要绘制的直线的端点 3。

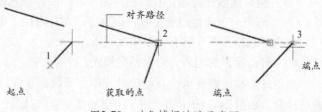

图2-70 对象捕捉追踪示意图

2．使用对象捕捉追踪的提示

使用自动追踪（包括极轴追踪和对象捕捉追踪）时，可以采用以下几种方式：

方法 1：和对象捕捉追踪一起使用【垂足】、【端点】和【中点】对象捕捉，可以绘制到垂直于对象端点或中点的点。

方法 2：与临时追踪点一起使用对象捕捉追踪。在提示输入点时，输入 tt，如图 2-71 所示，然后指定一个临时追踪点。该点上将出现一个小的加号【+】，如图 2-72 所示。移动光标时，将相对于这个临时点显示自动追踪对齐路径。

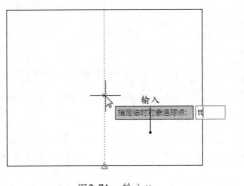

图2-71　输入tt

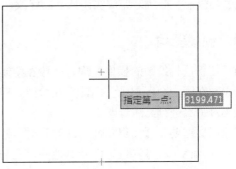

图2-72　加号【+】为临时追踪点

方法 3：获取对象捕捉点之后，使用直接距离沿对齐路径（始于已获取的对象捕捉点）在精确距离处指定点。如果要指定点提示，可以选择对象捕捉点，移动光标以显示对齐路径，然后在命令提示下输入距离，如图 2-73 所示。

方法 4：使用【选项】对话框的【绘图】选项卡上设置的【自动】和【按Shift键获取】选项管理点的获取方式，如图 2-74 所示。点的获取方式默认设置为【自动】。当光标距要获取的点非常近时，按【Shift】键将临时获取点。

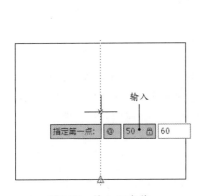

图2-73　输入距离值

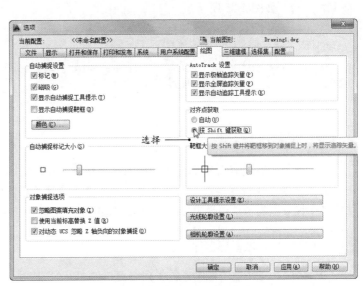

图2-74　设置【自动】方式

2.6 应用图层

图层用于在图形中组织对象信息以及执行对象线型、颜色及其他属性。不仅可以使用图层控制对象的可见性，还可以使用图层将特性指定给对象。可以锁定图层以防止对象被修改。一个图层就如一张透明的图纸，将各个图层上的画面重叠在一起即可成为一个完整的图纸。

通过图层的应用，可以将多个相关的视图进行合成，形成一个完整的图形。另外，在制图的过程中将不同属性的实体建立在不同的图层上，可以方便管理图形对象；也可以通过修改所在图层的属性，快速、准确地完成实体属性的修改。

2.6.1 创建图层

为了便于进行绘图的操作管理，一般在绘制图形的过程中，应该先将线型、颜色、线宽等相同的对象放在同一个图层上。因此，在绘图之前通常需要创建一个相应的新图层，以便在绘图过程中能够对图层进行灵活管理。

创建图层需要在【图层特性管理器】对话框中进行，在【图层特性管理器】对话框中还可以设置图层的颜色、线型和线宽以及其他的设置与管理。打开【图层特性管理器】对话框的常用方法包括以下3种：

方法1：选择【格式→图层】命令。

方法2：单击【图层】工具栏中的【图层特性管理器】按钮 。

方法3：输入【图层（LAYER）】命令并确定。

执行【图层(LA)】命令，打开【图层特性管理器】对话框，单击对话框上方的【新建图层】按钮 ，即可在图层设置区中新建一个图层，图层名称默认为【图层1】，如图 2-75 所示。

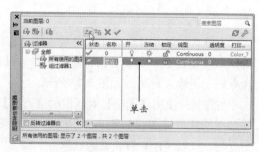

图2-75　创建新图层

> **提示**
> 在 AutoCAD 中创建新图层时，如果在图层设置区选择了其中的一个图层，则新建的图层将自动继承被选择图层的所有属性。

2.6.2 设置图层特性

由于图形中的所有对象都与图层相关联，在修改和创建图形的过程中，常常需要对图层特性进行修改调整。执行【格式→图层】命令，在打开的【图层特性管理器】对话框中，通过单击图层的各个设置图层特性属性对象，可以对图层的名称、颜色、线型和线宽等属性进行设置。

练习3　修改图层名称

STEP 01 在【图层特性管理器】对话框中选中要修改图层名的图层，然后单击在该层的名称，图层名成激活状态 图层1 ，如图 2-76 所示。

STEP 02 根据需要输入新的图层名，如图 2-77 所示，然后按【Enter】键或在名称外单击鼠标即可。

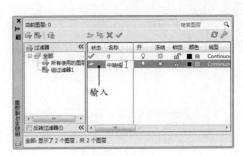

图2-76　激活图层名　　　　　　　　图2-77　输入新的图层名

练习4　修改图层颜色

STEP **01** 在【图层特性管理器】对话框中单击【颜色】对象，打开【选择颜色】对话框，然后选择需要的图层颜色（如红色），如图2-78所示。

STEP **02** 单击对话框上的【确定】按钮，即可将图层的颜色设置为选择的颜色，如图2-79所示。

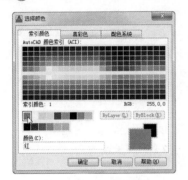

图2-78　选择颜色　　　　　　　　　图2-79　修改图层颜色

练习5　修改图层线型

STEP **01** 在【图层特性管理器】对话框中单击【线型】对象，打开【选择线型】对话框，单击【加载】按钮，如图2-80所示。

STEP **02** 在打开的【加载或重载线型】对话框中选择需要加载的线型，如图2-81所示，然后单击【确定】按钮。

图2-80　【选择线型】对话框　　　　　图2-81　加载线型

STEP **03** 将其加载到【选择线型】对话框中后，在【选择线型】对话框中选择需要的线型，如图2-82所示，然后单击【确定】按钮，即可完成线型的设置，如图2-83所示。

图2-82　选择线型

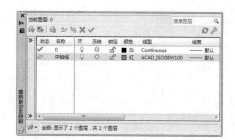

图2-83　更改线型

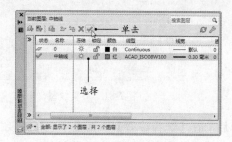

练习6　　修改图层线宽

STEP 01：在【图层特性管理器】对话框中单击【线宽】对象，打开【线宽】对话框，如图2-84所示。

STEP 02：在【线宽】对话框中选择需要的线宽，然后单击【确定】按钮，即可完成线宽的设置，如图2-85所示。

图2-84　【线宽】对话框

图2-85　更改线宽

2.6.3　设置当前图层

在AutoCAD中，当前层是指正在使用的图层，绘制图形的对象将存在于当前层上。默认情况下，在【对象特性】工具栏中显示了当前层的状态信息。

设置当前层有以下3种方法：

方法1：在【图层特性管理器】对话框中选择需要设置为当前层的图层，然后单击【置为当前】按钮，被设置为当前层的图层前面有标记，如图2-86所示。

方法2：在【图层】工具栏中单击【图层控制】下拉按钮，在弹出的列表框中选择需要设置为当前层的图层即可，如图2-87所示。

方法3：单击【图层】工具栏中的【将对象的图层设置为当前图层】按钮，然后在绘图区选择某个实体，则该实体所在图层即可被设置为当前层。

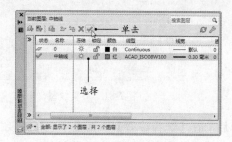

图2-86　设置当前层

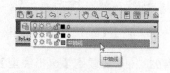

图2-87　选择图层

2.6.4 转换图层

对象的转换图层是指将一个图层中的图形转换到另一个图层中。例如，将图层 1 中的图形转换到图层 2 去，被转换后的图形颜色、线型、线宽将拥有图层 2 的属性。在需要转换图层时，需要先在绘图区中选择需要转换图层的图形，然后单击【图层】面板中的【图层】下拉列表框，在弹出的列表中选择要将对象转换到指定的图层即可。

2.6.5 删除图层

在 AutoCAD 中进行图形绘制时，可以将不需要的图层删除，以便对有用的图层进行管理。执行【格式→图层】命令，打开【图层特性管理器】对话框，选定要删除的图层，单击【删除】按钮，如图 2-88 所示，即可将其删除。

> **提示**
>
> 在执行删除图层的操作中，0 层、默认层、当前层、含有图形实体的层和外部引用依赖层均不能被删除。如果对这些图层执行了删除操作，则 AutoCAD 会弹出提示不能删除的警告对话框。

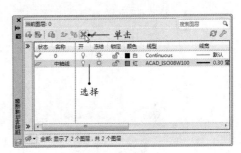

图2-88　删除图层

2.6.6 打开/关闭图层

在绘图操作中，可以将图层中的对象暂时隐藏起来，或将隐藏的对象显示出来。隐藏图层中的图形将不能被选择、编辑、修改、打印。默认情况下，0 图层和创建的图层都处于打开状态，通过以下两种方法可以关闭图层。

方法 1： 在【图层特性管理器】对话框中单击要关闭图层前面的 💡 图标，图层前面的 💡 图标将转变为 💡 图标，表示该图层已关闭，如图 2-89 所示的【图层 2】。

方法 2： 在【图层】工具栏中单击【图层控制】下拉列表中的【开 / 关图层】图标 💡，图层前面的 💡 图标将转变为 💡 图标，表示该图层已关闭，如图 2-90 所示的【图层 2】。

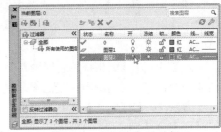

图2-89　【图层2】已关闭

如果关闭的图层是当前层，将弹出询问对话框，如图 2-91 所示，在对话框中选择【关闭当前图层】选项即可。如果不需要对当前层执行关闭操作，可以单击【使当前图层保持打开状态】选项取消操作。

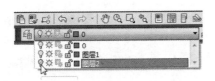

图2-90　【图层2】已关闭

图2-91　进行确定

2.6.7 冻结/解冻图层

将图层中不需要进行修改的对象进行冻结处理，可以避免这些图形受到错误操作的影响。另外，冻结图层可以在绘图过程中减少系统生成图形的时间，从而提高计算机的速度，因此在绘制复杂的图形时冻结图层非常重要。被冻结后的图层对象将不能被选择、编辑、修改、打印。

在默认的情况下，0 图层和创建的图层都处于解冻状态，可以通过以下两种方法将指定的图层冻结：

方法1：在【图层特性管理器】对话框中单击要冻结图层前面的【冻结】图标 ☼，图标 ☼ 将转变为图标❈，表示该图层已经被冻结，如图 2-92 所示的【图层 1】。

方法2：在【图层】工具栏中单击【图层控制】下拉列表中的【在所有视口冻结／解冻图层】图标 ☼，图层前面的图标 ☼ 将转变为图标❈，表示该图层已经被冻结，如图 2-93 所示的【图层 1】。

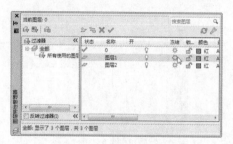
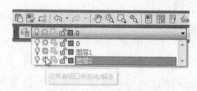

图2-92　【图层1】已冻结　　　　　　　　图2-93　【图层1】已冻结

当图层被冻结后，在【图层特性管理器】对话框中单击图层前面的【解冻】图标❈，或在【图层】工具栏中单击【图层控制】下拉列表中的【在所有视口中冻结／解冻图层】图标❈，可以解冻被冻结的图层，此时在图层前面的图标❈将转变为图标 ☼。

2.6.8 锁定/解锁图层

锁定图层可以将该图层中的对象锁定。锁定图层后，图层上的对象仍然处于显示状态，但是用户无法对其进行选择、编辑修改等操作。在默认情况下，0 图层和创建的图层都处于解锁状态，可以通过以下两种方法将图层锁定。

方法1：在【图层特性管理器】对话框中单击要锁定图层前面的【锁定】图标🔓，图标🔓 将转变为图标🔒，表示该图层已经被锁定，如图 2-94 所示的【图层 3】。

方法2：在【图层】工具栏单击【图层控制】下拉列表中的【锁定／解锁图层】图标🔓，图标🔓将转变为图标🔒，表示该图层已锁定，如图 2-95 所示的【图层 3】。

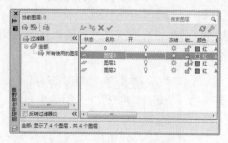
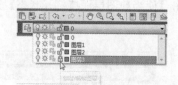

图2-94　【图层3】已锁定　　　　　　　　图2-95　【图层3】已锁定

解锁图层的操作与锁定图层的操作相似。当图层被锁定后，在【图层特性管理器】对话框中

单击图层前面的【解锁】图标🔓，或在【图层】面板中单击【图层控制】下拉列表中的【锁定 /
解锁图层】图标🔒，可以解锁被锁定的图层，此时在图层前面的图标🔒将转变为图标🔓。

2.7 设置图形特性

在实际制图过程中，除了可以在图层中赋予图层的各种属性外，也可以直接为实体对象赋予
需要的特性，设置图形特性通常包括对象的线型、线宽和颜色等属性。

2.7.1 修改图形属性

绘制的每个对象都具有特性。某些特性是基本特性，适用于大多数对象，如图层、颜色、线
型和打印样式。有些特性是特定于某个对象的特性，例如，圆的特性包括半径和面积，直线的特
性包括长度和角度。

1. 应用【特性】工具栏

在【特性】工具栏中可以修改对象的特性，包括对象颜色、线宽、线型等。选择要修改的对象，
单击【特性】工具栏相应的控制按钮，然后在弹出的列表中选择需要的特性，即可修改对象的特性，
如图 2-96 ～图 2-98 所示。

图2-96　更改颜色

图2-97　更改线宽

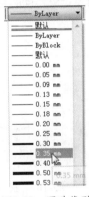

图2-98　更改线型

> ✦ **提示**
>
> 如果将特性设置为值【BYLAYER】，则将为对象指定与其所在图层相同的值。例如，如
> 果将在图层 0 上绘制的直线的颜色指定为【BYLAYER】，并将图层 0 的颜色指定为【红】，则
> 该直线的颜色将为红色。如果将特性设置为一个特定值，则该值将替代为图层设置的值。例如，
> 如果将在图层 0 上绘制的直线的颜色指定为【蓝】，并将图层 0 的颜色指定为【红】，则该直线
> 的颜色将为蓝色。

2. 应用【特性】选项板

选择【修改→特性】命令，打开【特性】选项板，在该选项板中可以修改选定对象的完整特
性，如图 2-99 所示。如果在绘图区选择了多个对象，【特性】选项板中将显示这些对象的共同特性，
如图 2-100 所示。

图2-99 修改完整特性

图2-100 显示共同特性

2.7.2 复制图形属性

使用【特性匹配】命令可以将一个对象所具有的特性复制给其他对象，可以复制的特性包括颜色、图层、线型、线型比例、厚度和打印样式，有时也包括文字、标注和图案填充特性。

选择【修改→特性匹配】命令，系统将提示【选择源对象：】，此时需要用户选择已具有所需要特性的对象，如图 2-101 所示，选择源对象后，系统将提示【选择目标对象或 [设置 (S)]：】，此时选择应用源对象特性的目标对象即可，如图 2-102 所示。

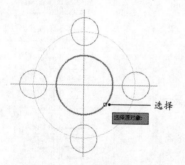

图2-101 选择源对象

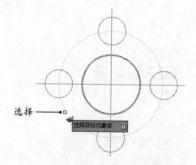

图2-102 选择目标对象

在执行【特性匹配】命令的过程中，当系统提示【选择目标对象或 [设置 (S)]：】输入 S 并按下空格键进行确定，将打开【特性设置】对话框，在该对话框中可以设置复制所需要的特性，如图 2-103 所示。

提示

【特性匹配】的命令语句为 MATCHPROP（MA），直接输入并执行【MATCHPROP（MA）】命令，可以快速启动【特性匹配】命令。

图2-103 【特性设置】对话框

2.7.3 设置线型比例

线型是由实线、虚线、点和空格组成的重复图案，显示为直线或曲线。可以通过图层将线型指定给对象，也可以不依赖图层而明确指定线型。除选择线型外，还可以将线型比例设置为控制虚线和空格的大小，也可以创建自定义线型。

对于某些特殊的线型，更改线型的比例，将产生不同的线型效果。例如，在绘制建筑轴线时，通常使用虚线样式表示轴线，但是，在图形显示时，则往往会将虚线显示为实线，这时就可以更改线型的比例，达到修改线型效果的目的。

选择【格式→线型】命令，打开【线型管理器】对话框，在该对话框中单击【显示细节】按钮（单击该按钮后将变为【隐藏细节】按钮），展开详细设置选项，可以设置全局比例因子和当前对象缩放比例，如图2-104所示。

2.7.4 控制线宽显示

在 AutoCAD 中，可以在图形中打开和关闭线宽，并在模型空间中以不同于在图纸空间布局中的方式显示。通过单击状态栏上的【显示/隐藏线宽】按钮 ✛ ，可以打开或关闭线宽的显示。

另外，也可以选择【格式→线宽】命令，在打开的【线宽】对话框中可以对线宽的显示进行控制，如图2-105所示。

图2-104 设置线型比例

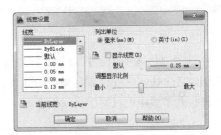

图2-105 【线宽】对话框

> **提示**
> 打开和关闭线宽不会影响线宽的打印。在模型空间中，值为 0 的线宽显示为一个像素，其他线宽使用与其真实单位值成比例的像素宽度。在图纸空间布局中，线宽以实际打印宽度显示。以大于一个像素的宽度显示线宽时，重生成时间会加长。关闭线宽显示可优化程序的性能。

2.8 课后习题

1. 填空题

(1) AutoCAD 2014 提供了_____、_____、_____和_____4 种工作空间模式。

(2) 启动 AutoCAD 后进入图形界面，在屏幕底部的命令行中显示有_____的提示，表明 AutoCAD 处于准备接受命令状态。

(3) 输入命令名后，按【Enter】键或_____键，可以执行该命令。

(4) 相对坐标是以上一点为坐标原点确定下一点的位置。输入相对于上一点坐标（X，Y，Z）

增量为（ΔX，ΔY，ΔZ）的坐标时，格式为_____。

(5) 在绘图过程中，按_____键，可以使用_____功能将光标限制在水平或垂直轴向上，使绘制的线条自动处于水平和垂直方向。

2. 执行【新建】命令，在打开的【选择样板】对话框中选择 Tutorial-iArch.dwt 样板文件并单击【打开】按钮，新建 Tutorial-iArch.dwt 样板文件，如图 2-106 所示。

3. 选择【工具→选项】命令，打开【选项】对话框，设置自动保存文件的间隔时间为 15 分钟，如图 2-107 所示。

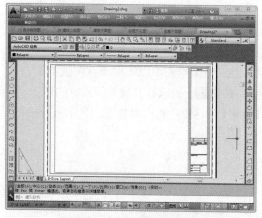

图2-106 新建样板文件

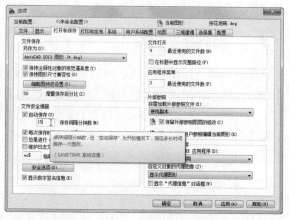

图2-107 设置自动保存的间隔时间

4. 选择【格式→图层】命令，打开【图层特性管理器】对话框，参照如图 2-108 所示的效果依次创建各个图层，并设置各图层的属性。

5. 打开本章中的【写字桌 .dwg】素材图形，参照如图 2-109 所示的效果修改各个图形的特性。

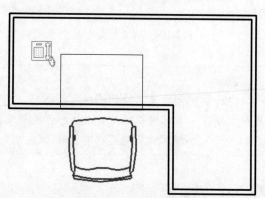

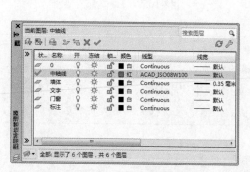

图2-108 创建并设置图层

图2-109 修改写字桌图形特性

第 3 章　绘制二维图形

内容提要

➢ AutoCAD 提供了大量的绘图命令，其中包括二维图形和三维图形的绘制。本章主要介绍二维图形的绘制方法，主要包括点、直线、构造线、矩形、圆、多线、多段线、多边形、圆弧、椭圆、样条曲线等命令。

3.1　绘制基本图形

二维基本图形的绘制主要包括点、直线、构造线、矩形和圆等。

3.1.1　绘制点对象

绘制点的命令包括【点（POINT）】、【定数等分（DIVIDE）】和【定距等分（MEASURE）】命令。在学习绘制点的操作之前，通常需要设置点的样式。

1. 设置点样式

选择【格式→点样式】命令，或输入 DDPTYPE 命令并按空格键，打开【点样式】对话框，可以设置多种不同的点样式，包括点的大小和形状，如图 3-1 所示，对点样式进行更改后，在绘图区中的点对象也将发生相应的变化。如图 3-2 所示是应用不同点样式绘制的点对象。

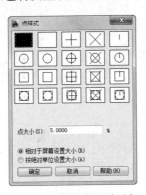

图3-1　【点样式】对话框

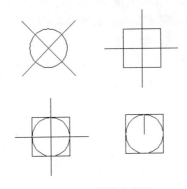

图3-2　不同的点效果

【点样式】对话框中主要选项的含义如下：
- 点大小：用于设置点的显示大小，可以相对于屏幕设置点的大小，也可以设置点的绝对大小。
- 相对于屏幕设置大小：用于按屏幕尺寸的百分比设置点的显示大小。当进行显示比例的缩放时，点的显示大小并不改变。
- 按绝对单位设置大小：使用实际单位设置点的大小。当进行显示比例的缩放时，AutoCAD 显示的点的大小随之改变。

2. 绘制单点和多点

在 AutoCAD 中，绘制点对象的命令包括单点和多点命令，执行单点和多点命令的方法如下：

方法 1：选择【绘图→点→单点】菜单命令。

方法 2：选择【绘图→多点】菜单命令。

方法 3：输入 POINT （PO）命令并按空格键。

方法 4：单击【绘图】工具栏中的【点】按钮 。

执行【单点】命令后，系统将出现【指定点 :】的提示，用户在绘图区中单击鼠标左键指定点的位置，当在绘图区内单击鼠标左键时，即可创建一个点；执行【多点】命令后，系统将出现【指定点 :】的提示，即可在绘图区连续绘制多个点，直到按【Esc】键才能终止操作。

3. 绘制定数等分点

使用【定数等分】命令能够在某一图形上以等分数目创建点或插入图块，被等分的对象可以是直线、圆、圆弧、多段线等。在定数等分点的过程中，用户可以指定等分数目。

执行【定数等点】命令通常有以下两种方法：

方法 1：选择【绘图→点→定数等分】菜单命令。

方法 2：输入 DIVIDE （DIV）命令并确定。

执行 DIVIDE 命令创建定数等分点时，当系统提示【选择要定数等分的对象 :】时，用户需要选择要等分的对象，选择后，系统将继续提示【输入线段数目或 [块 (B)]:】，此时输入等分的数目，然后按空格键结束操作。

练习7 应用【定数等分】命令将圆 5 等分

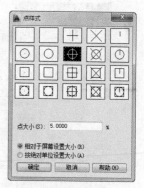

STEP 01 执行 DDPTYPE 命令，打开【点样式】对话框，选择 ⊕ 点样式，设置点大小为 5，然后单击【确定】按钮，如图 3-3 所示。

STEP 02 执行 DIVIDE 命令，当系统提示【选择要定数等分的对象 :】时，选择要等分的圆，如图 3-4 所示。

STEP 03 当系统提示【输入线段数目或 [块 (B)]:】时，输入等分的数目为 5，如图 3-5 所示，然后按【Enter】键进行确定，完成定数等分点的创建，效果如图 3-6 所示。

图3-3 设置点样式

图3-4 选择要等分的圆

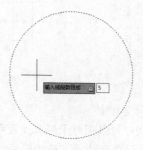

图3-5 输入等分的数目

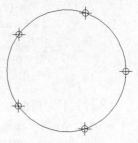

图3-6 绘制定数等分点

4. 绘制定距等分点

除了可以在图形上绘制定数等分点外，还可以绘制定距等分点，即将一个对象以一定的距离进行划分。使用【定数等分】命令便可以在选择对象上创建指定距离的点或图块，将图形以指定的长度分段。执行【定距等分】命令有以下两种方法：

方法 1：选择【绘图→点→定距等分】菜单命令。

方法 2：输入 MEASURE（ME）命令并确定。

练习8　在直线上绘制定距等分点

STEP 01 绘制 3 条长度为 100 的线段作为参考对象，如图 3-7 所示。

STEP 02 执行 MEASURE（ME）命令，当系统提示【选择要定距等分的对象 :】时，单击选择中间的线段作为要定距等分的对象，如图 3-8 所示。

图3-7　绘制参考图形　　　　　　　　　　图3-8　选择上方线段

STEP 03 当系统提示【指定线段长度或 [块 (B)]:】时，输入指定长度为 30，如图 3-9 所示，然后按空格键结束操作，效果如图 3-10 所示。

图3-9　设置等分的距离　　　　　　　　　图3-10　定距等分线段

3.1.2　绘制直线

使用【直线】命令可以在两点之间进行线段的绘制。可以通过鼠标或者键盘两种方式来指定线段的起点和终点。当使用 LINE 命令连续绘制线段时，上一个线段的终点将直接作为下一个线段的起点，如此循环直到按空格键进行确定，或者按【Esc】键撤销命令为止。

执行【直线】命令的常用方法有以下 3 种：

方法 1：选择【绘图→直线】菜单命令。

方法 2：单击【绘图】工具栏中的【直线】按钮 。

方法 3：执行 LINE（L）命令。

在使用 LINE（L）命令的绘图过程中，如果绘制了多条线段，系统将提示【指定下一点或 [闭合 (C)/ 放弃 (U)]: 】，该提示中各选项的含义如下：

- 指定下一点：要求用户指定线段的下一个端点。
- 闭合（C）：在绘制多条线段后，如果输入 C 并按空格键进行确定，则最后一个端点将与第一条线段的起点重合，从而组成一个封闭图形。
- 放弃（U）：输入 U 并按空格键进行确定，则最后绘制的线段将被撤除。

练习9　使用【直线】命令绘制三角形

STEP 01 执行 LINE（L）命令，在系统提示【指定第一点】时，在需要创建线段的起点位置单击鼠标，如图 3-11 所示。

STEP 02 在系统提示【指定下一点或 [放弃 (U)]:】时，向右方移动光标并单击鼠标指定线段的下一点，如图 3-12 所示。

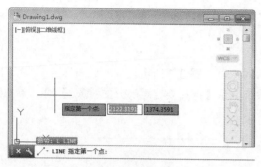

图3-11 指定直线起点

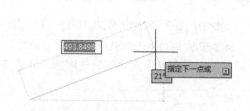

图3-12 指定直线下一点

STEP 03 应用对象捕捉追踪功能，捕捉线段左下方的端点并向上移动光标，单击鼠标捕捉追踪线上的一个点，指定直线下一点，如图 3-13 所示。

STEP 04 在系统提示【指定下一点或 [闭合 (C)/ 放弃 (U)]:】时，输入 c 并确定，以选择【闭合 (C)】选项，绘制的闭合图形如图 3-14 所示。

图3-13 指定直线下一点

图3-14 绘制闭合图形

3.1.3 绘制构造线

执行【构造线】命令可以绘制无限延伸的结构线。在建筑制图中，通常使用构造线作为绘制图形过程中的辅助线，如中轴线。执行【构造线】命令主要有以下 3 种调用方法：

方法 1：选择【绘图→构造线】菜单命令。
方法 2：单击【二维绘图】选项板第一排的【构造线】按钮 。
方法 3：执行 xline（XL）命令。

练习10 绘制倾斜角度为 45 的构造线

STEP 01 执行 xline（XL）命令，系统将提示【指定点或 [水平 (H)/ 垂直 (V)/ 角度 (A)/ 二等分 (B)/ 偏移 (O)]: 】，输入 A 并确定，选择【角度】选项。

STEP 02 系统提示【输入构造线的角度 (0) 或 [参照 (R)]:】时，输入构造线的倾斜角度为 45 并确定，如图 3-15 所示。

STEP 03 根据系统提示指定构造线的通过点，然后按空格键结束命令，绘制的倾斜构造线如图 3-16 所示。

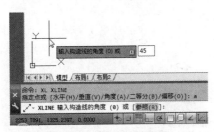

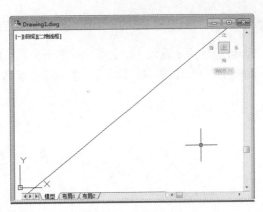

图3-15　水平或垂直构造线　　　　　　　　图3-16　倾斜构造线

3.1.4　绘制圆

在默认状态下，圆形的绘制方式是先确定圆心，再确定半径。用户也可以通过指定两点确定圆的直径或是通过三个点确定圆形等方式绘制圆形。

执行【圆】命令的常用方法有以下 3 种：

方法 1：选择【绘图→圆】菜单命令，再选择其中的子命令。

方法 2：单击【绘图】工具栏中的【圆】按钮⊙。

方法 3：执行 CIRCLE（C）命令。

执行 CIRCLE（C）命令，系统将提示【指定圆的圆心或 [三点 (3P)/ 两点 (2P)/ 相切、相切、半径 (T)]:】，可以指定圆的圆心或选择其他绘制圆的方式。

- 三点 (3P)：通过在绘图区内确定三个点来确定圆的位置与大小。输入 3P 后，系统分别提示：指定圆上的第一点、第二点、第三点。
- 两点 (2P)：通过确定圆的直径的两个端点绘制圆。输入 2P 后，命令行分别提示指定圆的直径的第一端点和第二端点。
- 相切、相切、半径 (T)：通过两条切线和半径绘制圆，输入 T 后，系统分别提示指定圆的第一切线和第二切线上的点以及圆的半径。

练习11　以指定的圆心，绘制半径为 50 的圆

STEP 01 执行 CIRCLE（C）命令，在指定位置单击鼠标指定圆的圆心，如图 3-17 所示。

STEP 02 输入圆的半径为 50 并按空格键，如图 3-18 所示，即可创建半径为 50 的圆。

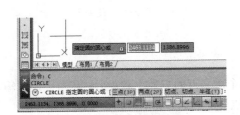

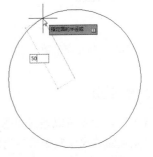

图3-17　指定圆心　　　　　　　　　　　图3-18　指定圆的半径

练习12 通过三角形的三个顶点，绘制指定的圆

STEP 01 使用【直线（L）】命令绘制一个三角形，如图 3-19 所示。

STEP 02 执行【圆（C）】命令，然后输入参数 3P 并确定，如图 3-20 所示。

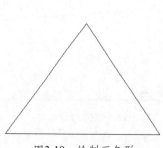

图3-19 绘制三角形

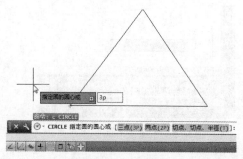

图3-20 执行圆命令

STEP 03 在三角形的任意一个角点处单击鼠标指定圆通过的第一个点，如图 3-21 所示。

STEP 04 在三角形的下一个角点处单击鼠标指定圆通过的第二个点，如图 3-22 所示。

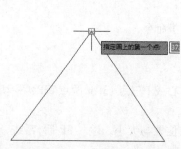

图3-21 指定通过的第一个点

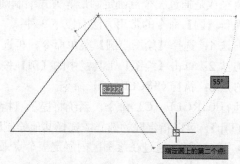

图3-22 指定通过的第二个点

STEP 05 在三角形的另一个角点处单击鼠标指定圆通过的第三个点，如图 3-23 所示，即可绘制通过指定三个点的圆，如图 3-24 所示。

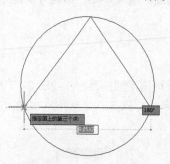

图3-23 指定通过的第三个点

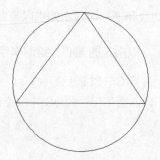

图3-24 绘制圆

3.1.5 绘制矩形

使用【矩形】命令可以通过单击鼠标指定两个对角点的方式绘制矩形，也可以通过输入坐标指定两个对角点的方式绘制矩形。当矩形的两角点形成的边长相同时，则生成正方形。

执行【矩形】命令的常用方法有以下 3 种：

方法 1：选择【绘图→矩形】菜单命令。

方法 2：单击【绘图】工具栏中的【矩形】按钮□。

方法 3：执行 RECTANG（REC）命令。

执行 RECTANG（REC）命令后，系统将提示【指定第一个角点或 [倒角 (C)/ 标高 (E)/ 圆角 (F)/ 厚度 (T)/ 宽度 (W)]:】，各选项的解释含义如下：

- 倒角（C）：用于设置矩形的倒角距离。
- 标高（E）：用于设置矩形在三维空间中的基面高度。
- 圆角（F）：用于设置矩形的圆角半径。
- 厚度（T）：用于设置矩形的厚度，即三维空间 Z 轴方向的高度。
- 宽度（W）：用于设置矩形的线条粗细。

练习13　绘制长度为 60、宽度为 50、圆角半径为 5 的圆角矩形

STEP 01 执行 RECTANG（REC）命令，根据系统提示【指定第一个角点或 [倒角 (C)/ 标高 (E)/ 圆角 (F)/ 厚度 (T)/ 宽度 (W)]: 】，输入参数 F 并确定，选择【圆角 (F)】选项，如图 3-25 所示。

STEP 02 根据系统提示输入矩形圆角的大小为 5 并确定，如图 3-26 所示。

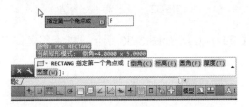

图3-25　输入参数F并确定

图3-26　输入圆角半径

STEP 03 单击鼠标指定矩形的第一个角点，再输入矩形另一个角点的相对坐标为【@60,50】，如图 3-27 所示，按空格键进行确定，即可绘制指定的圆角矩形，如图 3-28 所示。

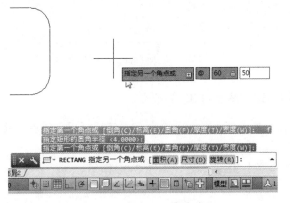

图3-27　指定另一个角点

图3-28　绘制圆角矩形

练习14　绘制长度为 50、宽度为 40、倒角距离 1 为 4、倒角距离 2 为 5 的倒角矩形

STEP 01 执行 RECTANG（REC）命令，根据系统提示【指定第一个角点或 [倒角 (C)/ 标高 (E)/ 圆角 (F)/ 厚度 (T)/ 宽度 (W)]: 】时，输入参数 C 并确定，选择【倒角 (C)】选项，如图 3-29 所示。

STEP 02 根据系统提示输入矩形的第一个倒角距离为 4 并确定，如图 3-30 所示。

图3-29　输入参数C并确定

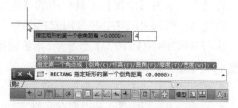

图3-30　输入第一个倒角距离

STEP 03 输入矩形的第二个倒角距离为 5 并确定，如图 3-31 所示。

STEP 04 根据系统提示单击鼠标指定矩形的第一个角点，如图 3-32 所示。

图3-31　输入第二个倒角距离

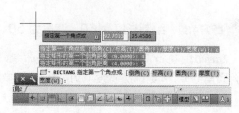

图3-32　指定第一个角点

STEP 05 输入矩形另一个角点的相对坐标值为【@50,40】，如图 3-33 所示，按空格键即可创建指定的倒角矩形，如图 3-34 所示。

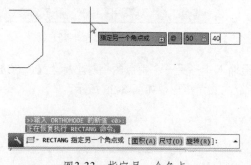

图3-33　指定另一个角点

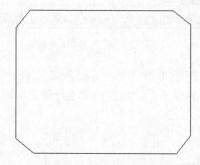

图3-34　创建倒角矩形

练习15　**绘制旋转角度为 35、长度为 50、宽度为 30 的矩形**

STEP 01 执行 RECTANG（REC）命令，指定矩形的第一个角点，然后根据系统提示输入旋转参数 R 并确定，选择【旋转 (R)】命令选项，如图 3-35 所示。

STEP 02 根据系统提示输入旋转矩形的角度为 35 并确定，如图 3-36 所示。

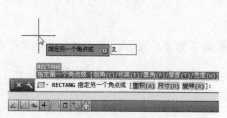

图3-35　输入参数R并确定

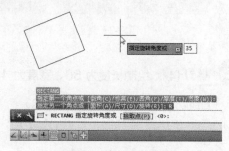

图3-36　输入旋转角度

STEP 03 根据提示输入旋转参数 d 并确定，以选择【尺寸 (D)】命令选项，如图 3-37 所示。

STEP 04 根据系统提示输入矩形的长度为 50 并确定，如图 3-38 所示。

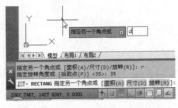

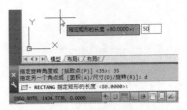

图3-37　输入d并确定　　　　　　　　　图3-38　指定矩形的长度

STEP 05 根据系统提示输入矩形的宽度为 30 并确定，如图 3-39 所示，即可绘制指定的旋转矩形，如图 3-40 所示。

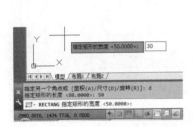

图3-39　指定矩形的宽度　　　　　　　　图3-40　绘制指定的旋转矩形

3.1.6　绘制圆弧

绘制圆弧的方法很多，可以通过起点、方向、中点、包角、终点、弦长等参数进行确定。

执行【圆弧】命令的常用方法有以下 3 种：

方法 1：选择【绘图→圆弧】菜单命令，再选择其中的子命令。

方法 2：单击【绘图】工具栏中的【圆弧】按钮 。

方法 3：执行 ARC（A）命令。

执行 ARC（A）命令后，系统将提示【指定圆弧的起点或 [圆心 (C)]：】，指定起点或圆心后，接着提示【指定圆弧的第二点或 [圆心 (C)/ 端点 (E)]：】，其中各项含义如下：

- 圆心（C）：用于确定圆弧的中心点。
- 端点（E）：用于确定圆弧的终点。
- 弦长（L）：用于确定圆弧的弦长。
- 方向（D）：用于定义圆弧起始点处的切线方向。

练习16　　**通过三点绘制圆弧**

STEP 01 使用【直线（L）】命令绘制一个三角形。

STEP 02 执行 ARC（A）命令，在三角形左下角的端点处单击鼠标指定圆弧的起点，如图 3-41 所示。

STEP 03 在三角形上方的端点处指定圆弧的第二个点，如图 3-42 所示。

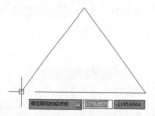

图3-41　指定圆弧的起点

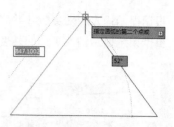

图3-42　指定圆弧的第二个点

STEP 04 在三角形右下方的端点处指定圆弧的端点，如图 3-43 所示，即可创建一个圆弧，效果如图 3-44 所示。

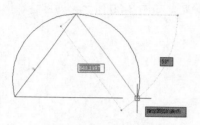

图3-43　指定圆弧的端点

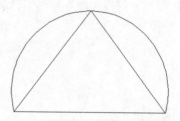

图3-44　创建圆弧

练习17 **绘制指定圆心的圆弧**

STEP 01 使用【直线（L）】命令绘制两条相互垂直的线段。

STEP 02 执行 ARC（A）命令，根据系统提示【指定圆弧的起点或 [圆心 (C)]:】，然后输入 C 并确定，选择【圆心】选项。

STEP 03 在线段的交点处指定圆弧的圆心，如图 3-45 所示。

STEP 04 在垂直线段的上端点处指定圆弧的起点，如图 3-46 所示。

图3-45　指定圆弧的圆心

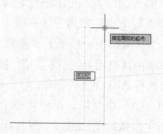

图3-46　指定圆弧的起点

STEP 05 在水平线段的左端点处指定圆弧的端点，如图 3-47 所示，即可创建一个圆弧，如图 3-48 所示。

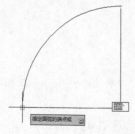

图3-47　指定圆弧的端点

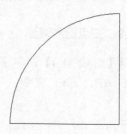

图3-48　创建圆弧

练习18 绘制指定弧度的圆弧

STEP 01 使用【直线（L）】命令绘制一条线段。

STEP 02 执行 ARC（A）命令，输入 C 并确定，选择【圆心】选项，如图 3-49 所示。

STEP 03 在线段的中点处指定圆弧的圆心，如图 3-50 所示。

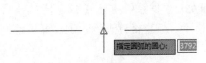

图3-49　输入C并确定　　　　　　　　　　图3-50　指定圆弧的圆心

STEP 04 在线段的右端点处指定圆弧的起点，如图 3-51 所示。

STEP 05 根据系统提示【指定圆弧的端点或 [角度 (A)／弦长 (L)]：】，输入 A 并确定，选择【角度】选项，如图 3-52 所示。

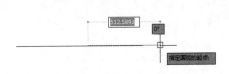

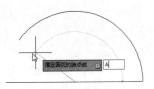

图3-51　指定圆弧的起点　　　　　　　　图3-52　输入A并确定

STEP 06 输入圆弧所包含的角度为 140，如图 3-53 所示，按空格键即可创建一个包含角度为 140 的圆弧，效果如图 3-54 所示。

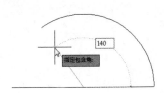

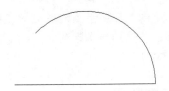

图3-53　输入圆弧包含的角度　　　　　　图3-54　创建指定角度的圆弧

3.1.7　绘制多边形

使用【多边形】命令可以绘制由 3 ～ 1024 条边组成的内接于圆或外切于圆的多边形。

执行【多边形】命令有以下 3 种常用方法：

方法 1：选择【绘图→多边形】命令。

方法 2：单击【绘图】工具栏中的【多边形】按钮⬠。

方法 3：执行 POLYGON（POL）命令。

练习19 绘制指定半径的五边形

STEP 01 执行 POLYGON（POL）命令，然后输入多边形的侧面数（即边数）为 5 并确定，如图 3-55 所示。

STEP 02 指定多边形的中心点，在弹出的菜单中选择【外切于圆 (C)】选项，如图 3-56 所示。

图3-55　设置边数

图3-56　选择选项

STEP 03 根据系统提示【指定圆的半径：】，输入多边形外切于圆的半径为 20 并确定，如图 3-57 所示，按空格键进行确定，即可绘制指定的多边形，如图 3-58 所示。

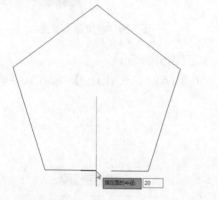

图3-57　指定半径

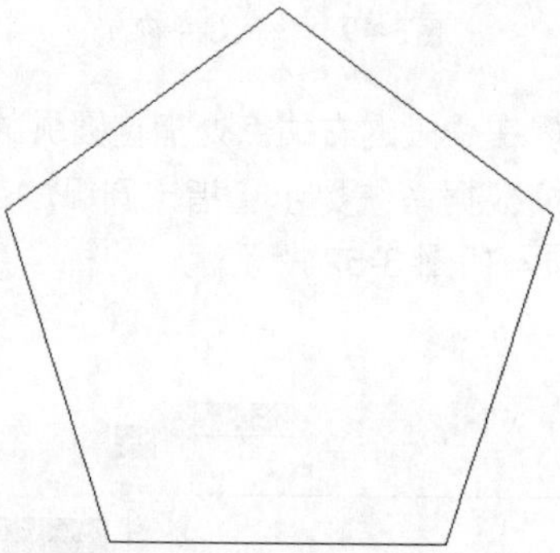

图3-58　绘制多边形

使用【多边形】命令绘制的外切于圆的五边形与内接于圆的五边形，尽管它们具有相同的边数和半径，但是其大小却不同。外切于圆的多边形和内接于圆的多边形与指定圆之间的关系如图 3-59 所示。

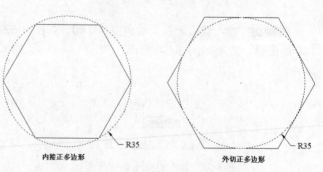

内接正多边形　　　　　外切正多边形

图3-59　多边形与圆的示意图

3.1.8　绘制椭圆

在 AutoCAD 中，椭圆是由定义其长度和宽度的两条轴决定的，当两条轴的长度不相等时，形成的对象为椭圆；当两条轴的长度相等时，形成的对象则为圆。

执行【椭圆】命令可以使用以下 3 种常用方法：

方法 1： 选择【绘图→椭圆】命令，然后选择其中的子命令。

方法 2： 单击【绘图】工具栏中的【椭圆】按钮 ⬭。

方法 3： 执行 ELLIPSE（EL）命令。

执行 ELLIPSE（EL）命令后，将提示【指定椭圆的轴端点或 [圆弧 (A)/ 中心点 (C)]：】，其中各选项的含义如下：

- 轴端点：以椭圆轴端点绘制椭圆。
- 圆弧（A）：用于创建椭圆弧。
- 中心点（C）：以椭圆圆心和两轴端点绘制椭圆。

练习20 通过指定轴端点绘制椭圆

STEP 01 执行 ELLIPSE（EL）命令，根据系统提示【指定椭圆的轴端点或 [圆弧 (A)/ 中心点 (C)]:】，单击鼠标指定椭圆的第一个端点，如图 3-60 所示。

STEP 02 移动鼠标指定椭圆轴的另一个端点，如图 3-61 所示。

图3-60 指定椭圆的第一个端点

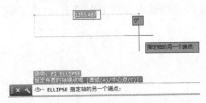

图3-61 指定轴的另一个端点

STEP 03 移动鼠标指定椭圆另一条半轴长度，如图 3-62 所示，即可绘制指定的椭圆，如图 3-63 所示。

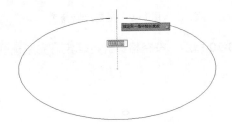

图3-62 指定另一条半轴长度

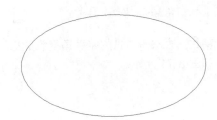

图3-63 绘制的椭圆

练习21 通过指定椭圆的圆心绘制椭圆

STEP 01 执行 ELLIPSE（EL）命令，根据系统提示【指定椭圆的轴端点或 [圆弧 (A)/ 中心点 (C)]: 】，输入 C 并确定，以选择【中心点 (C):】选项，如图 3-64 所示。

STEP 02 单击鼠标指定椭圆的中心点，然后移动并单击鼠标指定椭圆的端点，如图 3-65 所示。

图3-64 输入C并确定

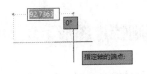

图3-65 指定椭圆的端点

STEP 03 移动鼠标指定椭圆另一条半轴长度，如图 3-66 所示，单击鼠标进行确定，即可绘制指定的椭圆，如图 3-67 所示。

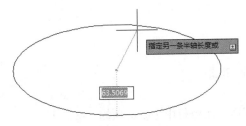

图3-66 指定另一条半轴长度

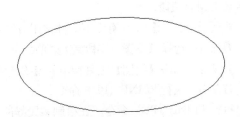

图3-67 绘制的椭圆

练习22 绘制指定弧度的椭圆弧

STEP 01 执行 ELLIPSE（EL）命令，根据系统提示【指定椭圆的轴端点或 [圆弧 (A)／中心点 (C)]：】，输入 A 并确定，选择【圆弧】选项，如图 3-68 所示。

STEP 02 依次指定椭圆的第一个轴端点、另一个轴端点和另一条半轴的长度，在系统提示【指定起点角度或 [参数 (P)]：】时，指定椭圆弧的起点角度为 0，如图 3-69 所示。

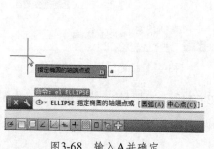

图3-68 输入A并确定

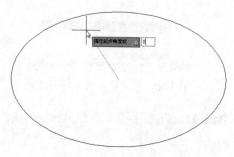

图3-69 指定起点角度

STEP 03 输入椭圆弧的端点角度为 225，如图 3-70 所示，按空格键进行确定，完成椭圆弧的绘制，如图 3-71 所示。

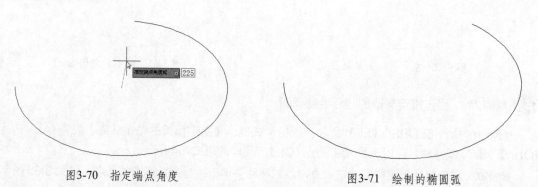

图3-70 指定端点角度

图3-71 绘制的椭圆弧

3.2 绘制特定图形

特定图形的绘制方法主要包括多线、多段线、圆环、样条曲线、修订云线等图形的绘制。

3.2.1 绘制多段线

执行【多段线】命令，可以创建相互连接的序列线段，创建的多段线可以是直线段、弧线段或两者的组合线段。

执行【多段线】命令有以下 3 种常用方法：

方法 1：选择【绘图→多段线】菜单命令。

方法 2：单击【绘图】工具栏中的【多段线】按钮 。

方法 3：执行 PLINE（PL）命令。

执行 PLINE（PL）命令，在绘制多段线的过程中，命令行中主要选项的含义如下。

● 圆弧（A）：输入【A】，以绘圆弧的方式绘制多段线。

- 半宽（H）：用于指定多段线的半宽值，AutoCAD 将提示用户输入多段线的起点半宽值与终点半宽值。
- 长度（L）：指定下一段多段线的长度。
- 放弃（U）：输入该命令将取消刚刚绘制的一段多段线。
- 宽度（W）：输入该命令将设置多段线的宽度值。

练习23　绘制带直线与弧线的多段线

STEP 01 执行 PLINE（PL）命令，单击鼠标指定多段线的起点，根据系统提示【指定下一个点或 [圆弧 (A)/ 半宽 (H)/ 长度 (L)/ 放弃 (U)/ 宽度 (W)]: 】，向右指定多段线的下一个点，如图 3-72 所示。

图3-72　指定下一个点

STEP 02 根据系统提示继续向上指定多段线的下一个点，如图 3-73 所示。

STEP 03 当系统再次提示【指定下一点或 [圆弧 (A)/ 闭合 (C)/ 半宽 (H)/ 长度 (L)/ 放弃 (U)/ 宽度 (W)]: 】时，输入 A 并确定，选择【圆弧 (A)】选项，如图 3-74 所示。

STEP 04 向右移动并单击鼠标指定圆弧的端点，如图 3-75 所示。

图3-73　指定下一个点　　　　图3-74　输入A并确定　　　　图3-75　指定圆弧端点

STEP 05 当系统提示【指定圆弧的端点或 [角度 (A)/ 圆心 (CE)/ 闭合 (CL)/ 方向 (D)/ 半宽 (H)/ 直线 (L)/ 半径 (R)/ 第二个点 (S)/ 放弃 (U)/ 宽度 (W)]: 】时，输入 L 并确定，选择【直线 (L)】选项，如图 3-76 所示。

STEP 06 根据系统提示指定多段线的下一个点和端点，然后按空格键进行确定，完成多段线的创建，效果如图 3-77 所示。

图3-76　输入L并确定　　　　　　　图3-77　创建的多段线

练习24　绘制带箭头的多段线

STEP 01 执行 PLINE（PL）命令，单击鼠标指定多段线的起点，然后依次指定多段线的下一个点，如图 3-78 所示。

STEP 02 在系统提示【指定下一点或 [圆弧 (A)/ 闭合 (C)/ 半宽 (H)/ 长度 (L)/ 放弃 (U)/ 宽度 (W)]: 】时，输入 W 并按空格键，选择【宽度 (W)】选项，如图 3-79 所示。

STEP 03 在系统提示【指定起点宽度 <0.0000>:】时，输入起点宽度为 0.5 并确定，如图 3-80 所示。

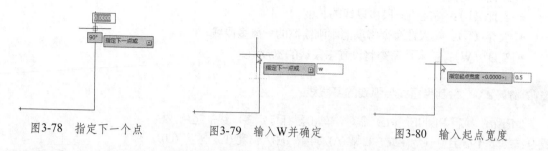

图3-78 指定下一个点　　　　图3-79 输入W并确定　　　　图3-80 输入起点宽度

STEP 04 在系统提示【指定端点宽度 <0.5000>:】时，输入端点宽度为 0 并确定，如图 3-81 所示。

STEP 05 根据系统提示指定多段线的下一个点，如图 3-82 所示，然后按空格键进行确定，即可绘制带箭头的多段线，效果如图 3-83 所示。

图3-81 输入端点宽度　　　　图3-82 指定下一个点　　　　图3-83 绘制带箭头的多段线

3.2.2　绘制多线

执行【多线】命令可以绘制多条相互平行的线，在绘制多段的操作中，既可以将每条线的颜色和线型设置为相同，也可以将其设置为不同；其线宽、偏移、比例、样式和端头交接方式，可以使用 MLSTYLE 命令控制。

1. 设置多线样式

执行【多线样式】命令，可以在打开的【多线样式】对话框中控制多线的线型、颜色、线宽、偏移等特性。

练习25　新建并设置多线样式

STEP 01 选择【格式→多线样式】菜单命令，或输入 MLSTYLE 命令并确定。

STEP 02 在打开的【多线样式】对话框中的【样式】区域列出了目前存在的样式，在预览区域中显示了所选样式的多线效果，单击【新建】按钮，如图 3-84 所示。

STEP 03 在打开的【创建新的多线样式】对话框中输入新的样式名称，如图 3-85 所示。

STEP 04 单击【继续】按钮，打开【新建多线样式】对话框，在【图元】选项栏中选择多线中的一个对象，然后单击

图3-84 单击【新建】按钮

【颜色】下拉按钮，在下拉列表中选择该对象的颜色为红色，如图 3-86 所示。

STEP 05 在【图元】选项栏中选择多线中的另一个对象，然后在【颜色】下拉列表中选择该对象的颜色为蓝色并确定，如图 3-87 所示。

图3-85　输入新样式名

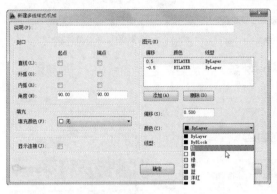

图3-86　创建新的多线样式

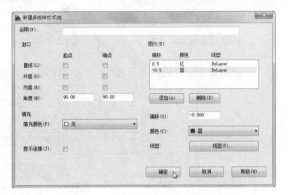

图3-87　设置多线一条线的颜色

2. 绘制多线对象

使用【多线】命令可以绘制由直线段组成的平行多线，但不能绘制弧形的平行线。绘制的平行线可以用【分解（EXPLODE）】命令将其分解成单个独立的线段。执行【多线】命令有以下两种常用方法：

方法 1：选择【绘图→多线】命令。

方法 2：执行 MLINE（ML）命令。

执行 MLINE（ML）命令后，系统将提示【指定起点或 [对正 (J)/ 比例 (S)/ 样式 (ST)]: 】，其中各项的含义如下。

- 对正（J）：用于控制多线相对于用户输入端点的偏移位置。
- 比例（S）：该选项控制多线比例。用不同的比例绘制，多线的宽度不一样。负比例将偏移顺序反转。
- 样式（ST）：该选项用于定义平行多线的线型。在【输入多线样式名或 [?]】提示后输入已定义的线型名。输入【? 】，则可列表显示当前图中已有的平行多线样式。

在绘制多线的过程中，选择【对正 (J)】选项后，系统将继续提示【输入对正类型 [上 (T)/ 无 (Z)/ 下 (B)] <>: 】，其中各选项含义如下。

- 上（T）：多线顶端的线将随着光标进行移动。
- 无（Z）：多线的中心线将随着光标点移动。
- 下（B）：多线底端的线将随着光标点移动。

练习26　绘制宽度为 240 的多线

STEP 01 执行 MLINE 命令并确定，在系统提示【指定起点或 [对正 (J)/ 比例 (S)/ 样式 (ST)]: 】时，输入 S 并确定，启用【比例 (S)】选项，如图 3-88 所示。

STEP 02 输入多线的比例值为 240 并按空格键，如图 3-89 所示。

STEP 03 输入 J 并确定，启用【对正 (J)】选项，如图 3-90 所示，在弹出的菜单中选择【无

(Z)】选项，如图 3-91 所示。

图3-88　输入S并确定

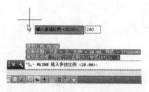

图3-89　输入多线的比例

图3-90　输入J并确定

STEP 04 根据系统提示指定多线的起点，如图 3-92 所示，然后指定多线的下一个点并输入多线的长度，如图 3-93 所示。

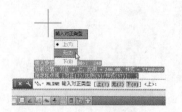

图3-91　选择【无(Z)】选项

图3-92　指定多线的起点

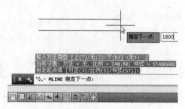

图3-93　指定多线下一个点

STEP 05 指定多线的下一个点，如图 3-94 所示。按空格键进行确定，完成多线的创建，效果如图 3-95 所示。

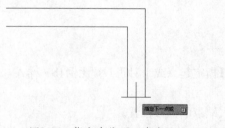

图3-94　指定多线下一个点

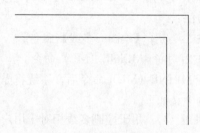

图3-95　创建的多线

3.2.3　绘制样条曲线

使用【样条曲线】命令可以绘制各类光滑的曲线图元，这种曲线是由起点、终点、控制点及偏差来控制的。

执行【样条曲线】命令有以下 3 种常用方法：

方法 1： 选择【绘图→样条曲线】命令，再选择其中的子命令。

方法 2： 单击【绘图】工具栏中的【样条曲线】按钮～。

方法 3： 执行 SPLINE（SPL）命令。

练习27　绘制波浪线

STEP 01 执行 SPLINE（SPL）命令，根据系统提示，依次指定样条曲线的第一个点和下一个点，如图 3-96 所示。

STEP 02 根据系统提示，继续指定样条曲线的其他点，然后按空格键结束命令，绘制的波浪线如图 3-97 所示。

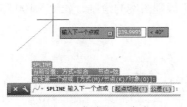

图3-96　指定下一个点　　　　　　　图3-97　绘制波浪线

3.2.4　绘制圆环

使用【圆环】命令可以绘制一定宽度的空心圆环或实心圆环。使用【圆环】命令绘制的圆环实际上是多段线，因此可以使用【编辑多段线（PEDIT）】命令中的【宽度（W）】选项修改圆环的宽度。

执行【圆环】命令有以下两种常用方法：

方法 1：选择【绘图→圆环】命令。

方法 2：执行 DONUT（DO）命令。

练习28　绘制内半径为 50、外半径为 100 的圆环

STEP 01　执行 DONUT（DO）命令，在系统提示【指定圆环的内径 <>】时，输入 50 并确定，指定圆环内径。

STEP 02　系统提示【指定圆环的外径 <>:】时，输入 100 并确定，指定圆环外径。

STEP 03　系统提示【指定圆环的中心点或 < 退出 >:】时，单击鼠标指定圆环的中心点，如图 3-98 所示，即可绘制一个圆环。

STEP 04　再次单击鼠标可以继续绘制圆环，如图 3-99 所示，直到按空格键结束命令。

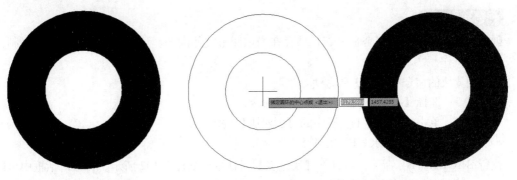

图3-98　绘制圆环　　　　　　　　图3-99　继续绘制圆环

> **提示**
> 执行 FILL 命令，通过在弹出的选项列表中选择【开（ON）】或【关（OFF）】选项，可以控制 DONUT（DO）命令绘制实心圆环或空心圆环。

3.2.5　徒手画图形

使用 SKETCH 命令可以通过模仿手绘效果创建一系列独立的线段或多段线。这种绘图方式通

常适用于签名、绘制木纹、剖面的自由轮廓以及植物等不规则图案的绘制，如图 3-100 和图 3-101 所示。

图3-100　徒手画植物　　　　　　　　　　　　图3-101　徒手画画框

3.3　应用块

块是一组图形实体的总称，是多个不同颜色、线型和线宽特性的对象的组合，块是一个独立的、完整的对象。用户可以根据需要按一定比例和角度将图块插入到任意指定位置。

3.3.1　创建块

在绘图过程中，多次使用相同的对象时，为了提高绘图效率，可以将这些对象创建为块对象，方便以后进行调用。在 AutoCAD 中可以创建内部块，也可以创建外部图块。

1. 创建内部块

创建内部块是将对象组合在一起，储存在当前图形文件内部，可以对其进行移动、复制、缩放或旋转等操作。

执行创建块的命令有以下 3 种方法：

- 方法 1：选择【绘图→块→创建】菜单命令。
- 方法 2：单击【绘图】工具栏中的【创建块】按钮 。
- 方法 3：执行 BLOCK（B）命令。

执行 BLOCK（B）命令，将打开【块定义】对话框，如图 3-102 所示。在该对话框中可以进行定义内部块操作，其中主要选项含义如下。

- 名称：在该框中输入将要定义的图块名。单击列表框右侧的下拉按钮 ，系统显示图形中已定义的图块名，如图 3-103 所示。
- 拾取点：在绘图中拾取一点作为图块插入基点。
- 选择对象：选取组成块的实体。
- 转换为块：创建块以后，将选定对象转换成图形中的块引用。
- 删除：生成块后将删除源实体。
- 快速选择：单击该按钮将打开【快速选择】对话框，在其中可以定义选择集。
- 按统一比例缩放：勾选该项，在对块进行缩放时将按统一的比例进行缩放。

● 允许分解：勾选该项，可以对创建的块进行分解；如果取消该项，将不能对创建的块进行
　分解。

图3-102　【块定义】对话框

图3-103　已定义的图块

练习29　使用 BLOCK 命令将沙发图形定义为块对象

STEP 01　打开配套光盘中的【拼花地砖 .dwg】素材图形，如图 3-104 所示。

STEP 02　执行 BLOCK 命令，打开【块定义】对话框，单击【选择对象】按钮 ，然后在绘图区选择所有的竹子图形并确定。

STEP 03　返回【块定义】对话框，然后在【名称】编辑框中输入图块的名称【拼花地砖】，单击【拾取点】按钮 ，如图 3-105 所示。

图3-104　打开素材

图3-105　【块定义】对话框

STEP 04　进入绘图区指定块的基点，如图 3-106 所示。按空格键返回【块定义】对话框，单击【确定】按钮，完成块的创建。

STEP 05　将光标移到块对象上，将显示块的信息，如图 3-107 所示。

图3-106　指定基点

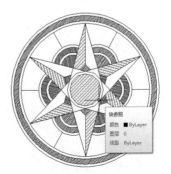

图3-107　显示块的信息

2. 创建外部块

执行 WBLOCK（W）命令可以创建一个独立存在的图形文件，使用 WBLOCK（W）命令定义的图块被称为外部块。其实外部块就是一个 DWG 图形文件，当使用 WBLOCK（W）命令将图形文件中的整个图形定义成外部块写入一个新文件时，将自动删除文件中未用的层定义、块定义、线型定义等。

执行 WBLOCK（W）命令，将打开【写块】对话框，如图 3-108 所示，【写块】对话框中的主要选项的含义说明如下。

图3-108 【写块】对话框

- 块：指定要存为文件的现有图块。
- 整个图形：将整个图形写入外部块文件。
- 对象：指定存为文件的对象。
- 保留：将选定对象存为文件后，在当前图形中仍将它保留。
- 转换为块：将选定对象存为文件后，从当前图形中将它转换为块。
- 从图形中删除：将选定对象存为文件后，从当前图形中将它删除。
- 选择对象：选择一个或多个保存至该文件的对象。
- 文件名和路径：在列表框中可以指定保存块或对象的文件名。单击列表框右侧的浏览按钮，在打开的【浏览图形文件】对话框中可以选择合适的文件路径，如图 3-109 所示。
- 插入单位：指定新文件插入块时所使用的单位值。

图3-109 【浏览图形文件】对话框

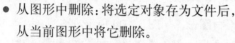

练习30 使用 WBLOCK（W）命令将如图 3-110 所示中的植物图形定义为外部块

STEP 01 打开配套光盘中的【图形 1.dwg】图形文件。

STEP 02 执行 WBLOCK（W）命令，打开【写块】对话框，单击【选择对象】按钮，如图 3-111 所示。

图3-110 打开素材

图3-111 【写块】对话框

STEP 03 在绘图区中选择要组成外部块的植物图形，如图 3-112 所示，然后按空格键返回【写块】对话框。

STEP 04 单击【写块】对话框中文件名和路径列表框右方的【浏览】按钮 ，打开【浏览图形文件】对话框，设置好块的保存路径和块名称，如图 3-113 所示。

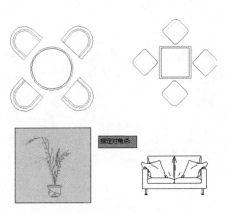

图3-112　选择图形　　　　　　　　　　图3-113　设置块名称和路径

STEP 05 单击【保存】按钮，返回【写块】对话框，单击【拾取点】按钮 ，进入绘图区指定外部块的基点位置，如图 3-114 所示。

STEP 06 返回【写块】对话框，设置插入单位为【英寸】，然后单击【确定】按钮，完成创建外部块的操作，如图 3-115 所示。

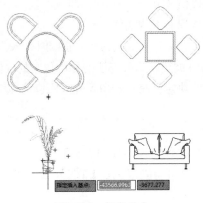

图3-114　指定基点　　　　　　　　　　图3-115　设置插入单位

3.3.2　插入块

在绘图过程中，如果要多次使用相同的图块，可以使用插入块的方法提高绘图效率。用户可以根据需要，使用【插入】命令按一定比例和角度将需要的图块插入到指定位置。

执行【插入】命令包括以下 3 种常用方法：

方法 1：选择【插入→块】菜单命令。

方法 2：单击【绘图】工具栏中的【插入块】按钮 。

方法 3：执行 INSERT（I）命令。

执行【插入（I）】命令，将打开【插入】对话框，在该对话框中可以选择并设置插入的对象，如图 3-116 所示。【插入】对话框中主要选项的含义说明如下：

- 名称：在该文本框中可以输入要插入的块名，或在其下拉列表框中选择要插入的块对象的名称。
- 浏览：用于浏览文件。单击该按钮，将打开【选择图形文件】对话框，可以在该对话框中选择要插入的外部块文件，如图 3-117 所示。
- 路径：用于显示插入外部块的路径。

图3-116 【插入】对话框

图3-117 【选择图形文件】对话框

- 统一比例：该复选框用于统一 3 个轴向上的缩放比例。当勾选【统一比例】后，Y、Z 文本框呈灰色，在 X 轴文本框输入比例因子后，Y、Z 文本框中显示相同的值。
- 角度：该文本框用于预先输入旋转角度值，预设值为 0。
- 分解：该复选框确定是否将图块在插入时分解成原有组成实体。
- 外部块文件插入当前图形后，其内包含的所有块定义（外部嵌套块）也同时带入当前图形，并生成同名的内部块，以后在该图形中可以随时调用。当外部块文件中包含的块定义与当前图形中已有的块定义同名时，则当前图形中的块定义将自动覆盖外部块包含的块定义。

练习31 在水槽中插入水龙头图块

STEP 01 打开配套光盘中的【水槽.dwg】素材图形文件，如图 3-118 所示。

STEP 02 执行【插入（I）】命令，打开【插入】对话框，单击【浏览】按钮，如图 3-119 所示。

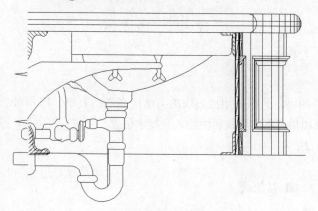

图3-118 打开素材

图3-119 单击【浏览】按钮

STEP 03 在打开的【选择图形文件】对话框中选择并打开【水龙头 .dwg】图形文件，如图 3-120
所示。

STEP 04 返回到【插入】对话框中单击【确定】按钮，如图 3-121 所示。

图3-120　打开图形文件

图3-121　单击【确定】按钮

STEP 05 进入绘图区指定插入块的插入点位置，如图 3-122 所示，插入水龙头后的效果如
图 3-123 所示。

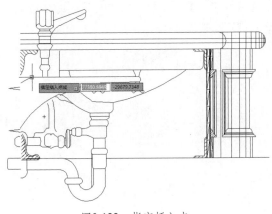

图3-122　指定插入点

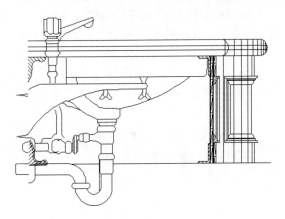

图3-123　插入水龙头后的效果

3.3.3　应用属性块

将带属性的图形定义为块后，在插入块的同时，即可为其指定相应的属性值，从而避免了为
图块进行多次文字标注的操作。

1. 定义图形属性

在 AutoCAD 中，为了增强图块的通用性，可以为图块增加一些文本信息，这些文本信息被
称为属性。属性是从属于块的文本信息，是块的组成部分。属性必须信赖于块而存在，当用户对
块进行编辑时，包含在块中的属性也将被编辑。

执行【定义属性】有以下两种常用方法：

方法 1：选择【绘图→块→定义属性】菜单命令。

方法 2：执行 ATTDEF（ATT）命令。

执行 ATTDEF（ATT）命令，将打开【属性定义】对话框，在该对话框中可定义块属性，如图 3-124 所示。

【属性定义】对话框中主要选项的含义说明如下：

- 不可见：选取该复选框后，属性将不在屏幕上显示。
- 固定：选取该复选框则属性值被设置为常量。
- 标记：可以输入所定义属性的标志。
- 提示：在该文本框中输入插入属性块时要提示的内容。
- 值：可以输入块属性的默认值。
- 对正：在该下拉列表框中设置文本的对齐方式。
- 文字样式：在该下拉列表框中选择块文本的字体。
- 高度：单击该按钮在绘图区中指定文本的高度，也可在右侧的文本框中输入高度值。
- 旋转：单击该按钮在绘图区中指定文本的旋转角度，也可在右侧的文本框中输入旋转角度值。

图3-124　【属性定义】对话框

练习32　**为壁灯图形定义属性**

STEP 01　打开配套光盘中的【壁灯 .dwg】图形文件，如图 3-125 所示。

STEP 02　执行 ATTDEF（ATT）命令，在打开的【属性定义】对话框中设置标记值为 200，在【提示】文本框中输入【壁灯】，设置文字高度为 20 并确定，如图 3-126 所示。

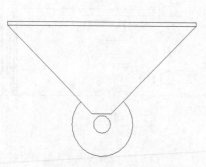

图3-125　打开图形

图3-126　【属性定义】对话框

STEP 03　在绘图区中指定插入属性的位置，如图 3-127 所示，即可为图形创建属性信息，如图 3-128 所示。

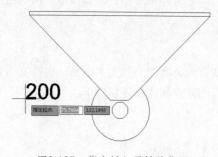

图3-127　指定插入属性的位置

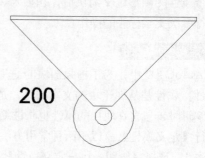

图3-128　创建属性信息

2. 创建带属性的块

要使用具有属性的块，必须首先对属性进行定义，然后使用 BLOC 或 WBLOCK 命令将属性定义成块后，才能将其以指定的属性值插入到图形中。

练习33 创建灯具属性块

STEP 01 打开配套光盘中的【壁灯 .dwg】图形文件，参照前面的内容为图形创建属性信息。

STEP 02 执行【创建块（B）】命令，在打开的【块定义】对话框中设置块的名称为【壁灯】，然后单击【选择对象】按钮，如图 3-129 所示。

STEP 03 在绘图区中选择灯具和创建的属性对象并确定，如图 3-130 所示。

图3-129　为块命名

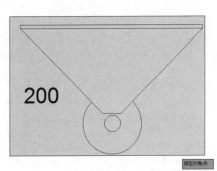

图3-130　选择对象

STEP 04 返回【块定义】对话框中进行确定，然后在打开的【编辑属性】对话框中对属性进行编辑，或直接单击【确定】按钮，即可完成属性块的创建，如图 3-131 所示。

 提示
在块对象中，属性是包含文本信息的特殊实体，不能独立存在及使用，在块插入时才会出现。

图3-131　编辑属性或进行确定

3. 编辑块属性值

在 AutoCAD 中，每个图块都有自己的属性，如颜色、线型、线宽和层特性。执行【编辑属性】命令可以编辑块中的属性定义，可以通过增强属性编辑器修改属性值。

执行【编辑属性】命令包括如下两种常用方法。

方法 1：选择【修改→对象→属性→单个】命令。

方法 2：执行 EATTEDIT 命令并确定。

练习34 编辑块的属性值

STEP 01 创建一个带属性的块对象，如前面介绍的灯具属性块。

STEP 02 选择【修改→对象→属性→单个】命令，然后选择创建的属性块，打开【增强属性编辑器】对话框，在【属性】列表框中选择要修改的属性项，在【值】文本框中输入新的属性值，或保留原属性值，如图 3-132 所示。

STEP 03 单击【文字选项】选项卡，在该选项卡中的【文字样式】下拉列表框中，可以重新选择文本样式，如图 3-133 所示。

图3-132　修改属性值

图3-133　修改文字参数

STEP 04 单击【特性】选项卡，可以重新设置对象的特性，如图 3-134 所示，单击【确定】按钮完成编辑，编辑后的效果如图 3-135 所示。

图3-134　修改特性

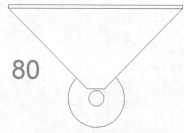

图3-135　编辑后的效果

3.4　填充图形

为了区别不同形体的各个组成部分,在绘图过程中经常需要使用图案和渐变色填充图形,例如,建筑体的剖切面和室内地面材质等。

3.4.1　填充图案

在建筑制图中，图案填充通常用来区分工程的部件或用来表现组成对象的材质。

通常可以使用以下 3 种方法：

方法 1：选择【绘图→图案填充】菜单命令。

方法 2：单击【绘图】工具栏中的【图案填充】按钮 。

方法 3：执行 HATCH（H）命令。

1. 认识图案填充参数

执行【图案填充（H）】命令，打开【图案填充和渐变色】对话框，单击对话框右下方的【更多】按钮，将展开【孤岛】、【边界保留】等更多选项栏的选项，如图 3-136 所示。在【类型和图案】选项栏中的选项用于指定图案填充的类型和图案，其中主要选项的含义说明如下：

- 类型：在该下拉列表中可以选择图案的类型，如图 3-137 所示。其中，用户定义的图案基于图形中的当前线型。自定义图案是在任何自定义 PAT 文件中定义的图案，这些文件已添加到搜索路径中，可以控制任何图案的角度和比例。

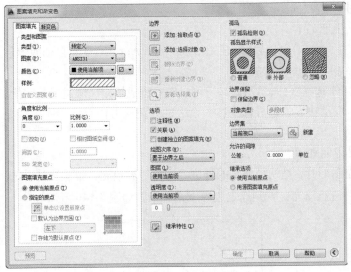

图3-136　【图案填充和渐变色】对话框

图3-137　选择图案类型

- 图案：单击【图案】选项右方的下拉按钮，可以在弹出的下拉列表中选择需要的图案，如图 3-138 所示；单击【图案】选项右方的 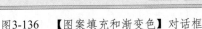 按钮，将打开【填充图案选项板】对话框，在此显示各种预置的图案及效果，有助于用户做出选择，如图 3-139 所示。
- 颜色：单击【颜色】选项的颜色下拉按钮，可以在弹出的下拉列表中选择需要的图案的颜色。
- 样例：在该显示框中显示了当前使用的图案效果，单击该显示框可以打开【填充图案选项板】对话框。

图3-138　选择图案

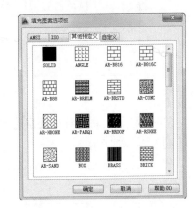

图3-139　填充图案选项板

- 【角度和比例】：可以指定填充图案的角度和比例，其中主要选项的含义说明如下：
  - ➢ 角度：在该下拉列表中可以设置图案填充的角度。
  - ➢ 比例：在该下拉列表中可以设置图案填充的比例。
  - ➢ 双向：当使用【用户定义】方式填充图案时，此选项才可用，选择该项可自动创建两个方向相反并互成 90 度的图样。

> 间距：指定用户定义图案中的直线间距。

● 【边界】：其中主要选项的含义说明如下。

> 【添加：拾取点】按钮：在一个封闭区域内部任意拾取一点，AutoCAD 将自动搜索包含该点的区域边界，并将其边界以虚线显示。

> 【添加：选择对象】按钮：用于选择实体，单击该按钮可以选择组成填充区域边界的实体。

> 【删除边界】按钮：用于取消边界，边界即为在一个大的封闭区域内存在的一个独立的小区域。

● 【孤岛】：其中主要选项的含义说明如下。

> 普通：用普通填充方式填充图形时，是从最外层的外边界向内边界填充，即第一层填充，第二层则不填充，如此交替进行填充，直到选定边界填充完毕，如图 3-140 所示。

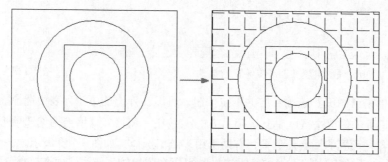

图3-140　普通填充方式

> 外部：该方式只填充从最外边界向内第一边界之间的区域，如图 3-141 所示。

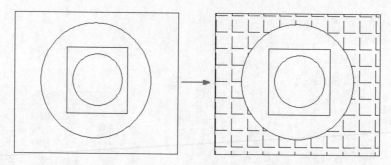

图3-141　外部填充方式

> 忽略：该方式将忽略最外层边界包含的其他任何边界，从最外层边界向内填充全部图形，如图 3-142 所示。

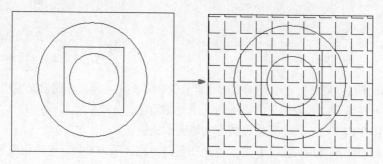

图3-142　忽略填充方式

2. 填充图形图案

执行 HATCH（H）命令打开【图案填充和渐变色】对话框，设置好图案参数后，指定要填充的区域，可以单击【预览】按钮预览填充的效果，或者单击【确定】按钮完成填充操作。

练习35 为沙发茶几填充玻璃纹路图案

STEP 01 打开配套光盘中的【组合沙发.dwg】图形文件，如图 3-143 所示。

STEP 02 执行 HATCH（H）命令，打开【图案填充和渐变色】对话框，然后选择 AR- RROOF 图案，设置图案角度为 45 度、比例为 400，如图 3-144 所示。

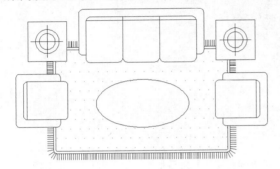

图3-143　打开图形

图3-144　设置图案参数

STEP 03 单击【添加：拾取点】按钮，在沙发的椭圆茶几内指定填充图案的区域，如图 3-145 所示。

STEP 04 返回【图案填充和渐变色】对话框单击【确定】按钮，为茶几填充图案后的效果如图 3-146 所示。

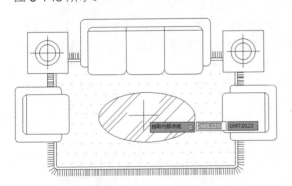

图3-145　指定填充区域

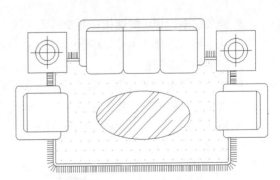

图3-146　为茶几填充图案

3.4.2　填充渐变色

填充渐变色的操作与填充图案的操作相似，可以在【图案填充和渐变色】对话框选择【渐变色】选项卡，对渐变色参数进行设置，也可以直接执行【渐变色】命令设置渐变色参数。

通常可以使用以下 3 种方法执行【渐变色】命令：

方法 1： 选择【绘图→渐变色】菜单命令。

方法2：单击【绘图】工具栏中的【渐变色】按钮。

方法3：执行 GRADIENT 命令。

执行【渐变色（GRADIENT）】命令打开【图案填充和渐变色】对话框，在此可以设置渐变色的参数，如图 3-147 所示。

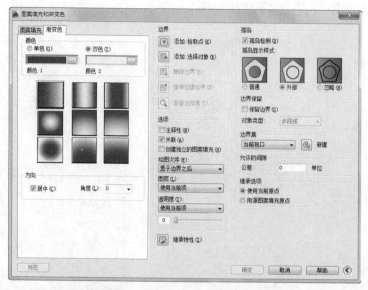

图3-147 【图案填充和渐变色】对话框

在【图案填充和渐变色】对话框的【渐变色】选项卡中，除了包括与【图案填充】选项卡中相同的选项外，还包括一些独特的选项，主要选项含义说明如下：

- 单色：选中此单选按钮，渐变的颜色将从单色到透明进行过渡，效果如图 3-148 所示。
- 双色：选中此单选按钮，渐变的颜色将从第一种色到第二种色进行过渡，效果如图 3-149 所示。
- 颜色样本：用于快速指定渐变填充的颜色。单击浏览按钮 以显示【选择颜色】对话框，从中可以选择 AutoCAD 颜色索引 (ACI) 颜色、真彩色或配色系统颜色。显示的默认颜色为图形的当前颜色。
- 居中：勾选该复选框，颜色将从中心开始渐变，效果如图 3-150 所示；取消该选项，颜色将呈不对称渐变，效果如图 3-151 所示。
- 角度：用于设置渐变色填充的角度。

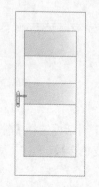
图3-148 单色渐变

图3-149 双色渐变

图3-150 从中心渐变

图3-151 不对称渐变

练习36 为壁灯填充渐变色

STEP 01 打开配套光盘中的【壁灯 .dwg】素材图形文件，如图 3-152 所示。

STEP 02 执行 GRADIENT 命令，打开【图案填充和渐变色】对话框，在【渐变色】选项卡中选择【单色】单选项，然后单击选项下方的 按钮，如图 3-153 所示。

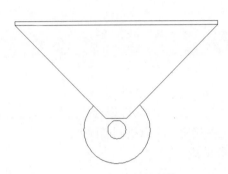

图3-152 打开素材文件

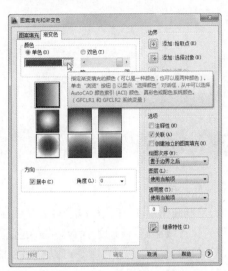

图3-153 选中【单色】单选项

STEP 03 在打开的【选择颜色】对话框中选择索引颜色为 8 的浅灰色，如图 3-154 所示，然后单击【确定】按钮。

STEP 04 返回【图案填充和渐变色】对话框中选择对称渐变样式，如图 3-155 所示。

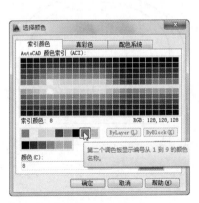

图3-154 设置颜色

图3-155 设置渐变样式

STEP 05 单击【拾取一个内部点】按钮，进入绘制区中指定填充渐变色的区域，如图 3-156 所示。

STEP 06 按空格键进行确定，返回【图案填充和渐变色】对话框，然后单击【确定】按钮，完成渐变色的填充，渐变色填充效果如图 3-157 所示。

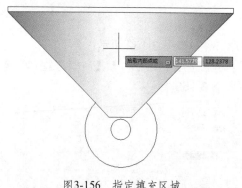

图3-156　指定填充区域

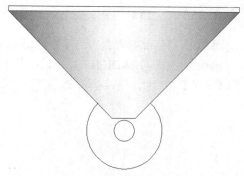

图3-157　渐变色填充效果

3.5　课后习题

1．填空题

（1）绘制圆角矩形，在执行【矩形】命令后，应输入＿＿＿＿＿＿并确定，以选择＿＿＿＿＿＿选项。

（2）执行【椭圆（EL）】命令，输入＿＿＿＿＿＿并确定，可以绘制椭圆弧。

（3）执行＿＿＿＿＿＿命令可以绘制多条相互平行的线。

（4）在创建块的操作中，除了可以定义内部块对象外，还可以使用＿＿＿＿＿＿命令定义外部块。

（5）执行"图案填充"命令，在打开的对话框中可以设置＿＿＿＿＿＿和＿＿＿＿＿＿选项卡中的参数内容。

2．使用【矩形】和【圆】命令绘制燃气灶，完成后的效果和主要尺寸如图3-158所示。

3．使用【椭圆】和【圆】命令完成洗手池图形的绘制，效果和主要尺寸如图3-159所示。提示：制作该图形对象的关键是使用【椭圆】命令绘制水池轮廓的椭圆和椭圆弧对象。

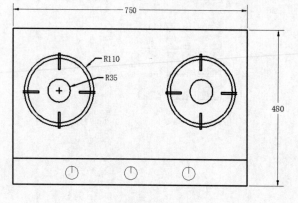

图3-158　燃气灶

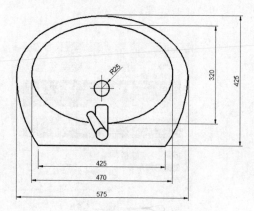

图3-159　洗手池效果

4．打开配套光盘中的【建筑剖面图.dwg】素材图形，在如图3-160所示建筑剖面图中绘制标高图形，完成后的效果如图3-161所示。提示：首先绘制一个标高图形，然后将其创建为属性块，再使用【插入】命令将标高属性块插入到各层对应的位置，并对其属性值进行修改。

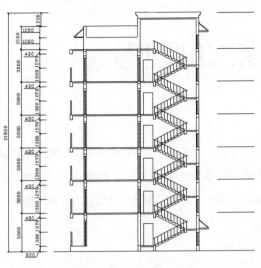

图3-160　打开素材 图3-161　绘制标高

5. 打开配套光盘中的【平面布局图.dwg】素材图形，在如图3-162所示室内平面布局图中填充室内地面材质，完成后的效果如图3-163所示。提示：首先使用【多段线】命令绘制填充的区域，然后执行【图案填充】命令，设置填充图案的参数，再对指定区域进行图案填充。

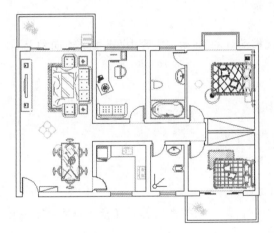

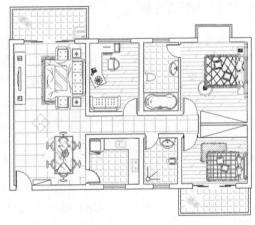

图3-162　室内平面布局图 图3-163　填充地面材质

第 4 章　编辑二维图形

内容提要

➢ AutoCAD 2014 不仅提供了大量的二维图形绘制命令，还提供了功能强大的二维图形编辑命令。可以通过编辑命令对图形进行修改，从而创建更多更复杂的图形。本章将介绍 AutoCAD 2014 中编辑图形的命令，包括移动、旋转、复制、偏移、阵列、镜像、修剪、圆角、倒角、拉伸和拉长等。

4.1　调整和复制图形

下面将介绍通过调整和复制图形命令调整图形的位置、角度，以及对图形进行复制、阵列等操作。

4.1.1　移动对象

使用【移动】命令可以在指定方向上按指定距离移动对象，移动对象后并不改变其方向和大小。
执行【移动】命令的常用方法有以下 3 种：

方法 1： 选择【修改→移动】菜单命令。

方法 2： 单击【修改】工具栏中的【移动】按钮 ⊕。

方法 3： 执行 MOVE（M）命令。

练习37　将台灯图形移动到茶几的正中央

STEP 01 打开配套光盘中的【台灯 .dwg】素材文件。

STEP 02 执行 MOVE（M）命令，选择图形中的台灯，根据系统提示【指定基点或 [位移 (D)]:】，在台灯的中点处单击鼠标指定基点，如图 4-1 所示。

STEP 03 向右上方移动光标，捕捉茶几左方直线的中点，对台灯进行移动，如图 4-2 所示。

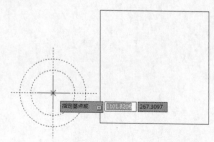

图4-1　指定基点

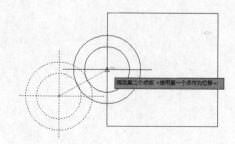

图4-2　移动台灯

STEP 04 按空格键重复执行【移动】命令，选择移动后的台灯，然后在绘图区任意位置指定基点，在台灯的中点处单击鼠标指定基点。

STEP 05 开启【正交模式】功能，向左移动光标，然后输入向右移动的距离为 325（茶几长度为 650），如图 4-3 所示。

STEP 06 按空格键进行确定并结束【移动】命令，移动后的效果如图 4-4 所示。

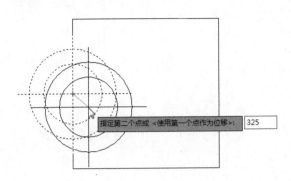

图4-3 输入移动距离

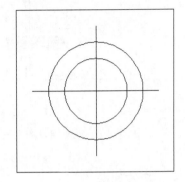

图4-4 移动后的效果

4.1.2 旋转图形

使用【旋转】命令可以转换图形对象的方位，即以某一点为旋转基点，将选定的图形对象旋转一定的角度。

执行【旋转】命令的常用方法有以下 3 种：

方法 1：选择【修改→旋转】命令。

方法 2：单击【修改】工具栏中的【旋转】按钮◎。

方法 3：执行 ROTATE（RO）命令。

练习38 使用【旋转】命令将桌子图形旋转 45 度

STEP 01 打开配套光盘中的【桌子 .dwg】素材文件。

STEP 02 执行 ROTATE（RO）命令，选择图形中的桌子并确定，如图 4-5 所示。

STEP 03 根据系统提示【指定基点：】，在桌子的中心位置单击鼠标指定旋转基点，如图 4-6 所示。

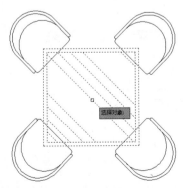

图4-5 选择图形并确定

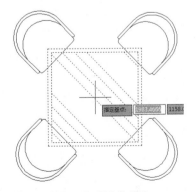

图4-6 指定旋转基点

STEP 04 输入旋转对象的角度为 45，如图 4-7 所示，然后按空格键进行确定，旋转的效果如图 4-8 所示。

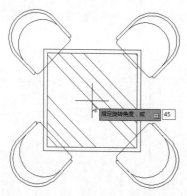

图4-7 输入旋转角度并确定

图4-8 旋转椅子后的效果

4.1.3 缩放对象

使用【缩放】命令可以将对象按指定的比例因子改变实体的尺寸大小，从而改变对象的尺寸，但不改变其状态。在缩放图形时，可以将整个对象或者对象的一部分沿 X、Y、Z 方向以相同的比例放大或缩小，由于 3 个方向上的缩放率相同，因此保证了对象的形状不会发生变化。

执行【缩放】命令的常用方法有以下 3 种：

方法 1：选择【修改→缩放】命令。

方法 2：单击【修改】工具栏中的【缩放】按钮。

方法 3：执行 SCALE（SC）命令。

练习39 使用【缩放】命令将水龙头图形放大两倍

STEP 01 打开配套光盘中的【水槽 .dwg】素材文件。

STEP 02 执行 SCALE（SC）命令，选择图形文件中的水龙头并确定，如图 4-9 所示。

STEP 03 根据系统提示【指定基点：】，在水龙头的左下方位置单击鼠标指定缩放基点，如图 4-10 所示。

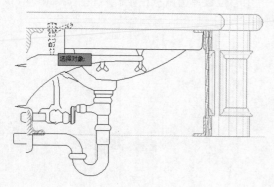

图4-9 选择茶几并确定

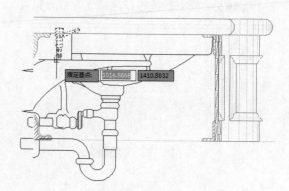

图4-10 指定基点

STEP 04 输入缩放对象的比例为 2，如图 4-11 所示，按空格键进行确定，缩放图形后的效果如图 4-12 所示。

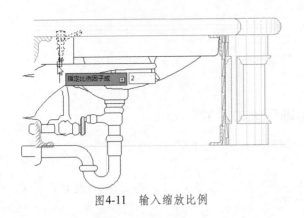

图4-11　输入缩放比例

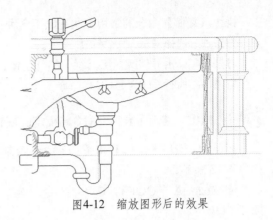

图4-12　缩放图形后的效果

4.1.4　分解对象

使用【分解】命令可以将多个组合实体分解为单独的图元对象，可以分解的对象包括矩形、多边形、多段线、图块、图案填充、标注等。

执行【分解】命令，通常有以下3种方法：

方法1：选择【修改→分解】命令。

方法2：单击【修改】工具栏中的【分解】按钮 。

方法3：执行 EXPLODE（X）命令。

执行 EXPLODE（X）命令，在系统提示【选择对象：】时，选择要分解的对象，然后按空格键进行确定，即可将其分解。

使用 EXPLODE（X）命令分解带属性的图块后，属性值将消失并被还原为属性定义的选项，具有一定宽度的多段线被分解后，系统将放弃多段线的任何宽度和切线信息，分解后的多段线的宽度、线型、颜色将变为当前层的属性。

4.1.5　删除对象

使用【删除】命令可以将选定的图形对象从绘图区中删除。

执行【删除】命令的常用方法有以下3种：

方法1：选择【修改→删除】命令。

方法2：单击【修改】工具栏中的【删除】按钮 。

方法3：执行 ERASE（E）命令。

执行【ERASE（删除）】命令后，选择要删除的对象，按空格键进行确定，即可将其删除；如果在操作过程中，要取消删除操作，可以按【Esc】键退出删除操作。

提示
选择图形对象后，也可以按【Delete】键将其删除。

4.1.6　复制图形

使用【复制】命令可以为对象在指定的位置创建一个或多个副本，该操作是选定对象的某一基点，将其复制到绘图区内的其他地方。

执行【复制】命令的常用方法有以下 3 种：

方法 1：选择【修改→复制】命令。

方法 2：单击【修改】工具栏中的【复制】按钮。

方法 3：执行 COPY（CO）命令。

练习40 使用【复制】命令将指定圆复制到矩形的右下方端点处

STEP 01 使用【矩形】和【圆】命令绘制一个矩形和圆，圆的圆心在矩形的左上方端点处，如图 4-13 所示。

STEP 02 执行 COPY（CO）命令，选择圆并确定，然后在圆心处指定复制的基点，如图 4-14 所示。

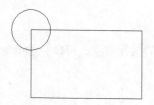
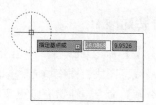

图4-13　选择复制的对象　　　　　　　　　图4-14　指定复制基点

STEP 03 移动光标捕捉矩形右下方的端点，指定复制图形所到的位置，如图 4-15 所示，单击鼠标进行确定，结束【复制】命令，复制圆后的效果如图 4-16 所示。

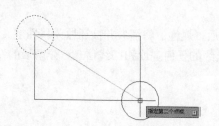
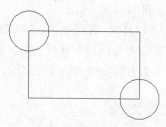

图4-15　指定复制的第二点　　　　　　　　　图4-16　复制圆后的效果

练习41 使用【复制】命令按指定距离复制圆

STEP 01 绘制一个长为 50、宽为 25 的矩形，然后以矩形左上线段中点为圆心绘制一个半径为 5 的圆，如图 4-17 所示。

STEP 02 执行 COPY 命令，选择圆形并确定，然后在圆心处指定复制的基点，如图 4-18 所示。

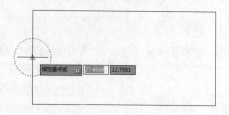

图4-17　绘制图形　　　　　　　　　图4-18　指定基点

STEP 03 开启【正交模式】功能，然后向右移动鼠标并输入第二个点的距离为 50，如图 4-19

所示。按空格键进行确定，结束【复制】命令，复制圆后的效果如图 4-20 所示。

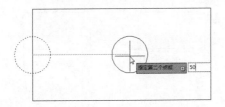

图4-19　指定复制的间距　　　　　　　　图4-20　复制圆后的效果

4.1.7　偏移图形

使用【偏移】命令可以将选定的图形对象以一定的距离增量值单方向复制一次。

执行【偏移】命令的常用方法有以下 3 种：

方法 1：选择【修改→偏移】命令。

方法 2：单击【修改】工具栏中的【偏移】按钮 。

方法 3：执行 OFFSET（O）命令。

练习42　**将边长为 200 的正方形向内偏移 60**

STEP 01　使用【矩形】命令绘制一个边长为 200 的正方形，如图 4-21 所示。

STEP 02　执行 OFFSET（O）命令，输入偏移距离为 60 并确定，如图 4-22 所示。

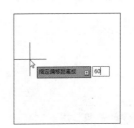

图4-21　绘制正方形　　　　　　図4-22　设置偏移距离

STEP 03　选择绘制的正方形作为偏移的对象，然后在正方形内单击鼠标指定偏移正方形的方向，如图 4-23 所示，即可将选择的矩形向内偏移 60 个单位，偏移正方形后的效果如图 4-24 所示。

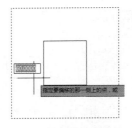

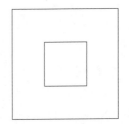

图4-23　指定偏移的方向　　　　　　图4-24　偏移正方形后的效果

4.1.8　镜像图形

使用【镜像】命令可以将选定的图形对象以某一对称轴镜像到该对称轴的另一边，还可以使用镜像复制功能将图形以某一对称轴进行镜像复制，如图4-25～图4-27所示。

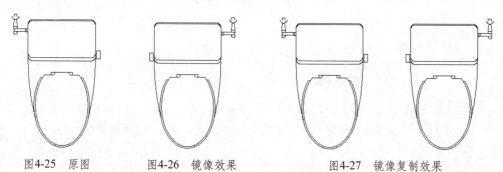

图4-25 原图　　　　　图4-26 镜像效果　　　　　图4-27 镜像复制效果

执行【镜像】命令的常用方法有以下3种：

方法1：选择【修改→镜像】命令。

方法2：单击【修改】工具栏中的【镜像】按钮⚠。

方法3：执行MIRROR（MI）命令。

练习43　对圆弧进行镜像

STEP 01 使用【多段线】命令绘制一条带圆弧和直线的多段线。

STEP 02 执行MIRROR（MI）命令，选择多段线并确定，然后根据系统提示在线段的左端点指定镜像线的第一个点，如图4-28所示。

STEP 03 根据系统提示在线段的右端点处指定镜像线的第二个点，如图4-29所示。

图4-28 指定镜像线第一点　　　　　图4-29 指定镜像线第二点

STEP 04 根据系统提示【要删除源对象吗？[是(Y)/否(N)]:】，输入Y并确定，如图4-30所示，即可对圆弧进行镜像，镜像圆弧的效果如图4-31所示。

图4-30 输入Y并确定　　　　　图4-31 镜像圆弧

提示

执行【镜像（MI）】命令，选择要镜像的对象，指定镜像的轴线后，在系统提示【要删除源对象吗？[是(Y)/否(N)]:】时，输入N并按空格键进行确定，可以对源对象进行镜像并复制。

4.1.9 阵列图形

使用【阵列】命令可以对选定的图形对象进行阵列操作，对图形进行阵列操作的方式包括矩形方式、路径方式和极轴（即环形）方式的排列复制。

执行【阵列】命令的常用方法有以下3种：

方法 1： 选择【修改→阵列】菜单命令，然后选择其中的子命令。

方法 2： 单击【修改】工具栏中的【矩形阵列】下拉按钮，然后选择子选项。

方法 3： 执行 ARRAY（AR）命令。

练习44 将正方形以 4 行 5 列的矩形方阵进行阵列

STEP 01 绘制一个边长为 10 的正方形作为阵列操作对象。

STEP 02 单击【修改】工具栏中的【矩形阵列】按钮，或执行 ARRAY（AR）命令，选择正方形作为阵列对象，在弹出的菜单中选择【矩形（R）】选项，如图 4-32 所示。

STEP 03 在系统提示下输入参数 cou 并确定，选择【计数（COU）】选项，如图 4-33 所示。

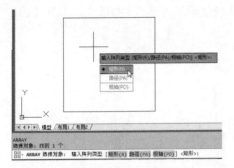

图4-32　选择【矩形（R）】选项

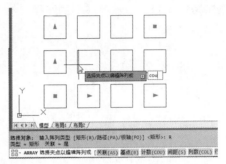

图4-33　输入cou并确定

提示
矩形阵列对象时，默认参数的行数为 3、列数为 4，对象间的距离为原对象尺寸的 1.5 倍。

STEP 04 根据系统提示输入阵列的列数为 5 并确定，如图 4-34 所示。

STEP 05 输入阵列的行数为 4 并确定，如图 4-35 所示。

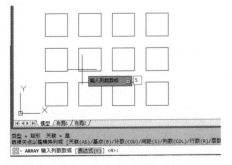

图4-34　设置列数

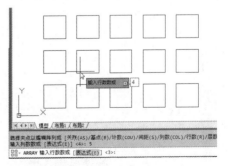

图4-35　设置行数

STEP 06 在系统提示下输入参数 S 并确定，选择【间距（S）】选项，如图 4-36 所示。

STEP 07 根据系统提示输入列间距和行间距为 15 并确定，然后按空格键结束阵列操作，矩形阵列效果如图 4-37 所示。

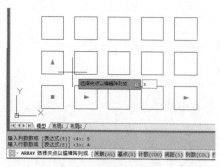

图4-36　输入S并确定　　　　　　　　图4-37　矩形阵列效果

练习45　**以直线为阵列路径，对圆进行阵列**

STEP 01　绘制一个半径为 50 的圆和一条倾斜线段作为阵列操作对象。

STEP 02　执行【阵列（AR）】命令，选择圆作为阵列对象，在弹出的菜单中选择【路径（PA）】选项，如图 4-38 所示。

STEP 03　选择线段作为阵列的路径。然后根据系统提示输入参数 I 并确定，选择【项目（I）】选项，如图 4-39 所示。

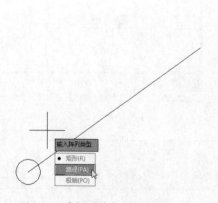

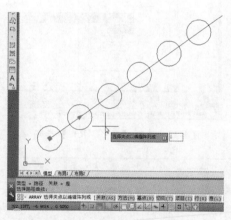

图4-38　选择【路径（PA）】选项　　　　　图4-39　设置阵列的方式

STEP 04　在系统提示下输入项目之间的距离为 60 并确定，如图 4-40 所示，完成路径阵列操作，效果如图 4-41 所示。

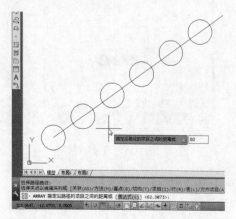

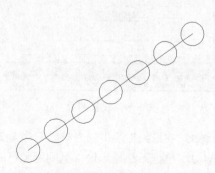

图4-40　输入间距并确定　　　　　　　图4-41　路径阵列效果

练习46 对图形进行环形阵列，设置阵列数量为 8

STEP 01 使用【直线】和【圆】命令绘制如图 4-42 所示的图形作为阵列对象。

STEP 02 执行【阵列（AR）】命令，然后选择绘制的直线和圆并确定，在弹出的列表菜单中选择【极轴（PO）】选项，如图 4-43 所示。

STEP 03 根据系统提示在线段的右端点处指定阵列的中心点，如图 4-44 所示。

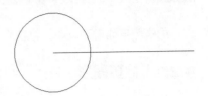

图4-42 绘制图形

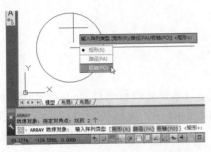

图4-43 选择【极轴（PO）】选项

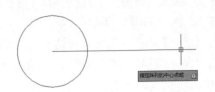

图4-44 指定阵列的中心点

STEP 04 根据系统提示输入 I 并确定，选择【项目（I）】选项，如图 4-45 所示。

提示
极轴阵列对象时，默认参数的阵列总数为 6，如果阵列结果正好符合默认参数，可以在指定阵列中心点后直接按空格键进行确定，完成极轴阵列操作。

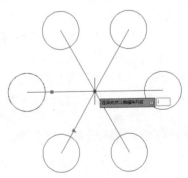

图4-45 输入 I 并确定

STEP 05 根据系统提示输入阵列的总数为 8 并确定，如图 4-46 所示。然后进行确定，完成环形阵列的操作，环形阵列效果如图 4-47 所示。

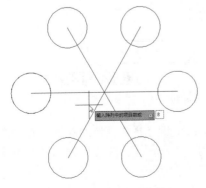

图4-46 设置阵列的数目

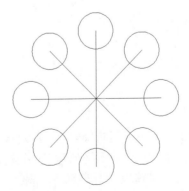

图4-47 环形阵列效果

4.2 使用常用编辑命令

编辑图形的常用命令，包括修剪、延伸、圆角、倒角、拉长、拉伸、打断、合并等。

4.2.1 修剪图形

使用【修剪】命令可以通过指定的边界对图形对象进行修剪。运用该命令可以修剪的对象包括直线、圆、圆弧、射线、样条曲线、面域、尺寸、文本以及非封闭的 2D 或 3D 多段线等对象。作为修剪的边界可以是除图块、网格、三维面、轨迹线以外的任何对象。

执行【修剪】命令通常有以下 3 种方法：

方法 1：选择【修改→修剪】命令。

方法 2：单击【修改】工具栏中的【修剪】按钮 ⊶。

方法 3：执行 TRIM（TR）命令。

执行【修剪】命令，选择修剪边界后，系统将提示【选择要修剪的对象，或按住 Shift 键选择要延伸的对象，或 [栏选 (F)/ 窗交 (C)/ 投影 (P)/ 边 (E)/ 删除 (R)/ 放弃 (U)]: 】，其中主要选项的含义说明如下：

- 栏选（F）：启用栏选的选择方式来选择对象。
- 窗交 (C)：启用窗交的选择方式来选择对象。
- 投影（P）：确定命令执行的投影空间。执行该选项后，命令行中提示输入投影选项"[无 (N)/ UCS(U)/ 视图 (V)] <UCS>: "，选择适当的修剪方式。
- 边（E）：该选项用来确定修剪边的方式。执行该选项后，命令行中提示输入隐含边延伸模式"[延伸 (E)/ 不延伸 (N)]，< 不延伸 >: "，然后选择适当的修剪方式。
- 删除（R）：删除选择的对象。
- 放弃（U）：用于取消由 TRIM 命令最近所完成的操作。

练习47 以指定的边修剪圆形

STEP 01 使用【圆】和【直线】命令绘制一个圆和一条线段作为操作对象，如图 4-48 所示。

STEP 02 执行 TRIM 命令，选择线段为修剪边界，如图 4-49 所示。

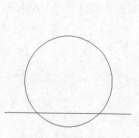

图4-48 绘制图形

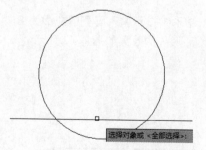

图4-49 选择修剪边界

STEP 03 系统提示【选择要修剪的对象，或按住 Shift 键选择要延伸的对象，或 [栏选 (F)/ 窗交 (C)/ 投影 (P)/ 边 (E)/ 删除 (R)/ 放弃 (U)]:】时，在线段下方单击圆作为修剪对象，如图 4-50 所示，按空格键结束修剪操作，修剪后的效果如图 4-51 所示。

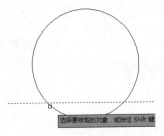

图4-50 选择修剪对象

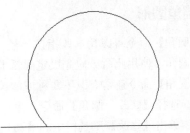

图4-51 修剪效果

4.2.2 延伸图形

使用【延伸】命令可以将直线、弧和多段线等图元对象的端点延长到指定的边界。延伸的对象包括圆弧、椭圆弧、直线、非封闭的 2D 和 3D 多段线等。

执行【延伸】命令通常有以下 3 种方法：

方法 1：选择【修改→延伸】命令。

方法 2：单击【修改】工具栏中的【延伸】按钮━┛。

方法 3：执行 EXTEND（EX）命令。

执行延伸操作时，系统提示中的各项含义与修剪操作中的命令相同。使用【延伸】命令进行延伸对象的过程中，可以随时使用【放弃（U）】选项取消上一次的延伸操作。

练习48 以指定的边延伸线段

STEP 01 使用【圆】和【直线】命令绘制一个圆和一条线段作为操作对象，如图 4-52 所示。

STEP 02 执行 EXTEND（EX）命令，选择圆作为延伸边界，如图 4-53 所示。

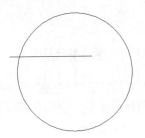

图4-52 绘制图形

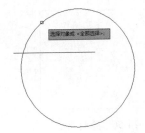

图4-53 选择延伸边界

STEP 03 系统提示【选择要延伸的对象，或按住 Shift 键选择要修剪的对象，或 [栏选 (F)/ 窗交 (C)/ 投影 (P)/ 边 (E)/ 放弃 (U)]:】时，选择如图 4-54 所示的线段作为延伸线段，然后按空格键进行确定，延伸后的效果如图 4-55 所示。

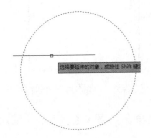

图4-54 选择延伸对象

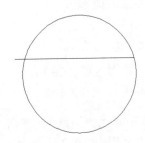

图4-55 延伸效果

4.2.3 圆角图形

使用【圆角】命令可以用一段指定半径的圆弧将两个对象连接在一起，还能将多段线的多个顶点一次性圆角。使用此命令应先设定圆弧半径，再进行圆角。

执行【圆角】命令通常有以下 3 种方法：

方法 1：选择【修改→圆角】命令。

方法 2：单击【修改】工具栏中的【圆角】按钮 。

方法 3：执行 FILLET（F）命令。

执行 FILLET 命令，系统将提示【选择第一个对象或 [放弃 (U)/ 多段线 (P)/ 半径 (R)/ 修剪 (T)/ 多个 (M)]:】，其中各选项的含义说明如下：

- 选择第一个对象：在此提示下选择第一个对象，该对象是用来定义二维圆角的两个对象之一，或者是要加圆角的三维实体的边。
- 多段线（P）：在两条多段线相交的每个顶点处插入圆角弧。用户用单击的方法选择一条多段线后，会在多段线的各个顶点处进行圆角。
- 半径（R）：用于指定圆角的半径。
- 修剪（T）：控制 AutoCAD 是否修剪选定的边到圆角弧的端点。
- 多个（M）：可以对多个对象进行重复修剪。

练习49 圆角处理矩形的一个角

STEP 01 使用【矩形（REC）】命令绘制一个长 900、宽 70 的矩形，如图 4-56 所示。

STEP 02 执行【圆角（F）】命令，根据系统提示输入 r 并确定，选择【半径（R）】选项，如图 4-57 所示。

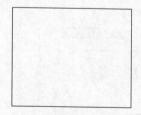

图4-56 绘制矩形

图4-57 输入r并确定

STEP 03 根据系统提示输入圆角的半径为 8 并确定，如图 4-58 所示。

STEP 04 选择矩形的上方线段作为圆角的第一个对象，如图 4-59 所示。

图4-58 设置圆角半径

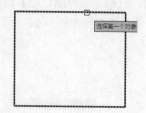

图4-59 选择第一个对象

STEP 05 选择矩形的右方线段作为圆角的第二个对象，如图 4-60 所示，即可对矩形上方和右方线段进行圆角，圆角后的效果如图 4-61 所示。

图4-60　选择第二个对象

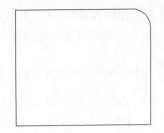

图4-61　圆角效果

练习50　将矩形作为多段线进行圆角

STEP 01 使用【矩形（REC）】命令绘制一个长 90、宽 70 的矩形。

STEP 02 执行【圆角（F）】命令，设置圆角半径为 10，然后输入 P 并确定，选择【多线段（P）】选项，如图 4-62 所示。

STEP 03 选择矩形作为圆角的多段线对象，即可对矩形的所有边进行圆角，效果如图 4-63 所示。

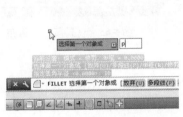

图4-62　输入P并确定

图4-63　圆角效果

4.2.4　倒角图形

使用【倒角】命令可以通过延伸或修剪的方法，用一条斜线连接两个非平行的对象。使用该命令执行倒角操作时，应先设定倒角距离，再指定倒角线。

执行【倒角】命令通常有以下 3 种方法：

方法 1： 选择【修改→倒角】命令。

方法 2： 单击【修改】工具栏中的【倒角】按钮□。

方法 3： 执行 CHAMFER（CHA）命令。

执行 CHAMFER 命令，系统将提示【选择第一条直线或 [放弃 (U)/ 多段线 (P)/ 距离 (D)/ 角度 (A)/ 修剪 (T)/ 方式 (E)/ 多个 (M)]：】，其中各选项的含义说明如下：

- 选择第一条直线：指定倒角所需的两条边中的第一条边或要倒角的二维实体的边。
- 多段线（P）：将对多段线每个顶点处的相交直线段作倒角处理，倒角将成为多段线新的组成部分。
- 距离（D）：设置选定边的倒角距离值。执行该选项后，系统继续提示：指定第一个倒角距离和指定第二个倒角距离。
- 角度（A）：该选项通过第一条线的倒角距离和第二条线的倒角角度设定倒角距离。执行该选项后，命令行中提示指定第一条直线的倒角长度和指定第一条直线的倒角角度。
- 修剪（T）：该选项用来确定倒角时是否对相应的倒角边进行修剪。执行该选项后，命令行中提示输入并执行修剪模式选项 [修剪 (T)/ 不修剪 (N)] < 修剪 >。

- 方式（T）：控制 AutoCAD 是用两个距离还是用一个距离和一个角度的方式来倒角。
- 多个（M）：可重复对多个图形进行倒角修改。

练习51 对矩形左上角进行倒角，设置倒角 1 为 10、倒角 2 为 15

STEP 01 使用【矩形（REC）】命令绘制一个长 100、宽 80 的矩形。

STEP 02 执行【倒角（CHA）】命令，输入 d 并确定，选择【距离（d）】选项，如图 4-64 所示。

STEP 03 系统提示【指定第一个倒角距离：】时，设置第一个倒角距离为 15，如图 4-65 所示。

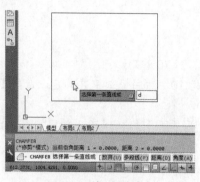

图4-64　输入d并确定

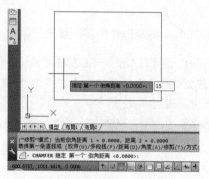

图4-65　设置第一个倒角

STEP 04 根据系统提示设置第二个倒角距离为 10，如图 4-66 所示。

STEP 05 根据系统提示选择矩形的左方线段作为倒角的第一个对象，如图 4-67 所示。

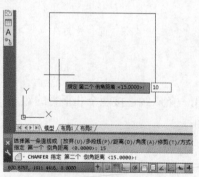

图4-66　设置第二个倒角

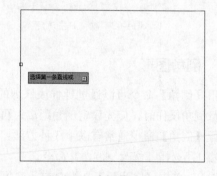

图4-67　选择第一个对象

STEP 06 根据系统提示选择矩形的上方线段作为倒角的第二个对象，如图 4-68 所示，即可对矩形进行倒角，倒角后的效果如图 4-69 所示。

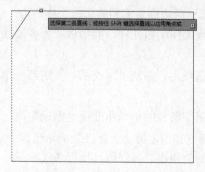

图4-68　选择第二个对象

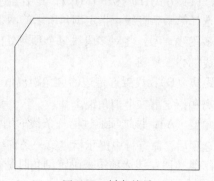

图4-69　倒角效果

4.2.5 拉长图形

使用【拉长】命令可以延伸和缩短直线，或改变圆弧的圆心角。使用该命令执行拉长操作，允许以动态方式拖拉对象终点，可以通过输入增量值、百分比值或输入对象的总长的方法来改变对象的长度。

执行【拉长】命令通常有以下 3 种方法：

方法 1：选择【修改→拉长】命令。

方法 2：单击【修改】工具栏中的【拉长】按钮 。

方法 3：执行 LENGTHEN（LEN）命令。

执行 LENGTHEN（LEN）命令，系统将提示【选择对象或 [增量 (DE)/ 百分数 (P)/ 全部 (T)/ 动态 (DY)]:】，其中各选项的含义说明如下：

- 增量（DE）：将选定图形对象的长度增加一定的数值量。
- 百分数（P）：通过指定对象总长度的百分数设置对象长度。百分数也按照圆弧总包含角的指定百分比修改圆弧角度。执行该选项后，系统继续提示【输入长度百分数＜当前＞:】，这里需要输入非零正数值。
- 全部（T）：通过指定从固定端点测量的总长度的绝对值来设置选定对象的长度。【全部 (T)】选项也按照指定的总角度设置选定圆弧的包含角。系统继续提示【指定总长度或 [角度 (A)]:】，指定距离、输入非零正值、输入 a 或按【Enter】键。
- 动态（DY）：打开动态拖动模式。通过拖动选定对象的端点之一来改变其长度。其他端点保持不变。系统继续提示【选择要修改的对象或 [放弃 (U)]:】，选择一个对象或输入放弃命令 u。

练习52 按指定的长度拉长线段

STEP 01 使用【直线（L）】命令绘制两条长度为 100 的 A、B 两条线段，如图 4-70 所示。

STEP 02 执行【拉长（LEN）】命令，根据系统提示输入 de 并确定，选择【增量（DE）】选项，如图 4-71 所示。

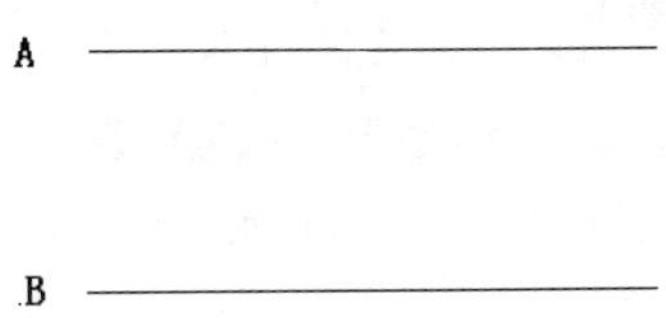

图4-70 绘制线段

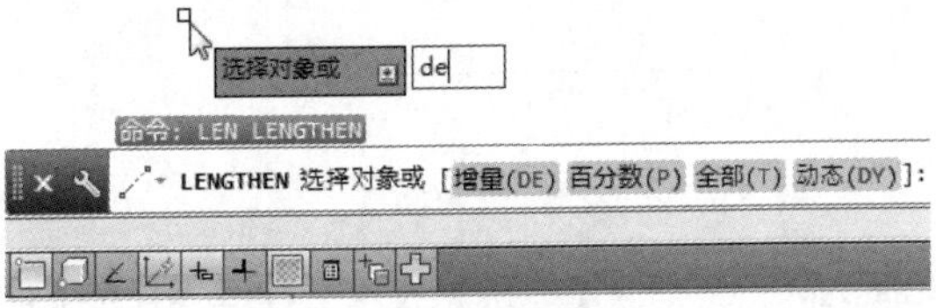

图4-71 输入de并确定

STEP 03 当系统提示【输入长度增量或 [角度 (A)]:】时，设置增量值为 30，然后选择线段 B 作为要拉长的对象，如图 4-72 所示，按空格键进行确定，拉长线段 B 的效果如图 4-73 所示。

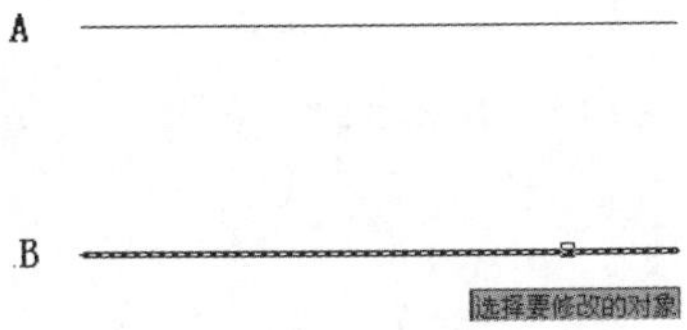

图4-72 选择线段

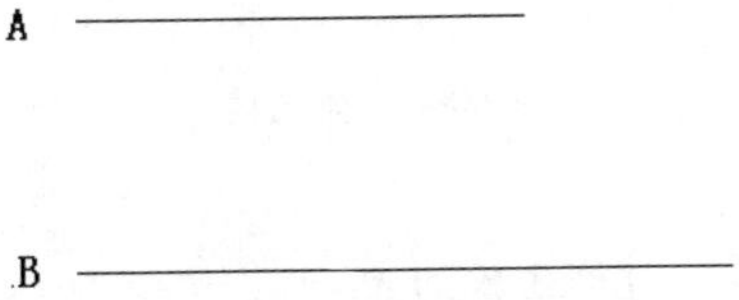

图4-73 拉长效果

练习53 **拉长线段为原对象的两倍**

STEP 01 使用【圆弧】命令绘制一段包括角度为 90 的弧线，如图 4-74 所示。

STEP 02 执行【拉长（LEN）】命令，然后输入 P 并确定，选择【百分数（P）】选项，如图 4-75 所示。

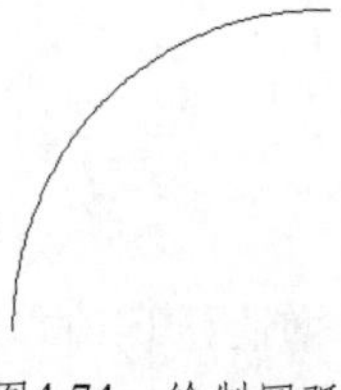

图4-74 绘制圆弧

图4-75 输入P并确定

STEP 03 设置长度百分数为 200，如图 4-76 所示，然后选择绘制的圆弧并确定，拉长圆弧后的效果如图 4-77 所示。

图4-76 设置长度百分数

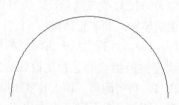

图4-77 拉长圆弧效果

练习54 **将线段的总长度拉长为指定的长度**

STEP 01 使用【直线（L）】命令绘制两条长度为 100 的线段，如图 4-78 所示。

STEP 02 执行【拉长（LEN）】命令，输入 t 并确定，选择【全部（T）】选项，如图 4-79 所示。

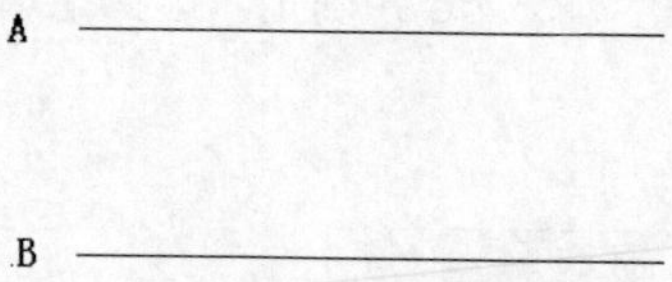

A ——————————

B ——————————

图4-78 绘制线段

图4-79 输入t并确定

STEP 03 系统提示【指定总长度或［角度（A）］：】时，设置总长度为 50，然后选择要修改的线段 A，如图 4-80 所示，按空格键进行确定，拉长后的效果如图 4-81 所示。

A ——————□——————

B ——————————

图4-80 选择线段

A ——————

B ——————————

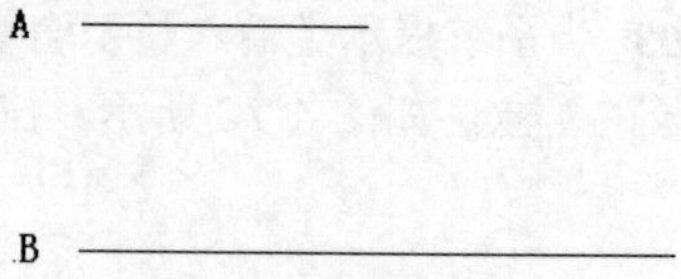

图4-81 拉长后的效果

练习55 **动态拉长对象**

STEP 01 使用【圆弧（A）】命令绘制一段包括角度为 90 的弧线，如图 4-82 所示。

STEP **02** 执行【拉长（LEN）】命令，然后输入 DY 并确定，选择【动态（DY）】选项，如图 4-83 所示。

STEP **03** 选择绘制的圆弧图形，在系统提示【指定新端点：】时，移动光标指定圆弧的新端点，如图 4-84 所示，单击鼠标左键进行确定，拉长圆弧后的效果如图 4-85 所示。

图4-82　绘制圆弧

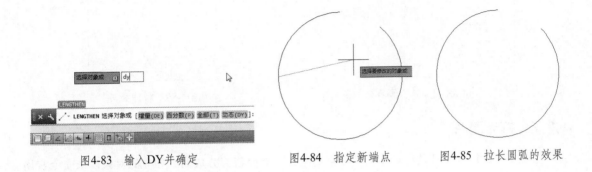

图4-83　输入DY并确定　　　　图4-84　指定新端点　　　　图4-85　拉长圆弧的效果

4.2.6　拉伸图形

使用【拉伸】命令可以按指定的方向和角度拉长或缩短实体，也可以调整对象大小，使其在一个方向上或是按比例增大或缩小；还可以通过移动端点、顶点或控制点来拉伸某些对象。使用【拉伸】命令可以拉伸线段、弧、多段线和轨迹线等实体，但不能拉伸圆、文本、块和点。

执行【拉伸】命令通常有以下 3 种方法：

方法 1：选择【修改→拉伸】命令。

方法 2：单击【修改】工具栏中的【拉伸】按钮 。

方法 3：执行 STRETCH（S）命令。

练习56　以线段为边界，对矩形进行拉伸

STEP **01** 使用【矩形】和【直线】命令绘制一个矩形和一条线段作为拉抻对象。

STEP **02** 执行 STRETCH（S）命令，使用窗交选择的方式选择矩形的右方部分图形并确定，如图 4-86 所示。

STEP **03** 在矩形右上角端点处单击鼠标指定拉伸的基点，如图 4-87 所示。

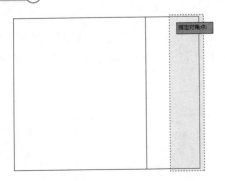

图4-86　选择图形

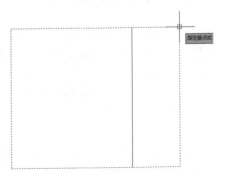

图4-87　指定拉伸基点

STEP 04 根据系统提示向右移动光标捕捉线段与矩形的交点，指定拉伸的第二个点，如图 4-88 所示，拉伸矩形后的效果如图 4-89 所示。

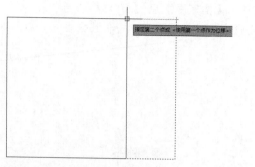

图4-88　指定拉伸的第二个点

图4-89　拉伸效果

4.2.7　打断图形

使用【打断】命令可以将对象从某一点处断开，从而将其分成两个独立的对象，该命令常用于剪断图形，但不删除对象，可以打断的对象包括直线、圆、弧、多段线、样条线、构造线等。

执行【打断】命令的方法有以下 3 种：

方法 1：选择【修改→打断】命令。

方法 2：单击【修改】工具栏中的【打断】按钮[]。

方法 3：执行 BREAK（BR）命令。

练习57　打断圆弧图形

STEP 01 使用【圆弧（A）】命令绘制一段圆弧作为操作对象，如图 4-90 所示。

STEP 02 执行【打断（BR）】命令，选择圆弧作为要打断的对象，如图 4-91 所示。

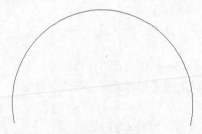

图4-90　绘制圆弧

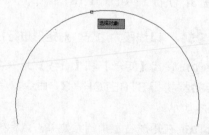

图4-91　选择对象

STEP 03 在系统提示【指定第二个打断点或 [第一点 (F)]：】时，指定要打断对象的第二个点，如图 4-92 所示，即可以第一次选择点和指定的第二点将圆弧打断，打开圆弧后的效果如图 4-93 所示。

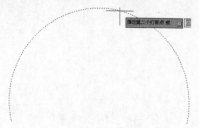

图4-92　选择第二个点

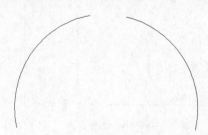

图4-93　打断圆弧后的效果

4.2.8 合并图形

使用【合并】命令可以将相似的对象合并形成一个完整的对象。可以使用【合并（JOIN）】命令进行合并操作，可以合并的对象包括直线、多段线、圆弧、椭圆弧、样条曲线。

执行【合并】命令通常有以下 3 种方法：

方法 1：选择【修改→合并】命令。

方法 2：单击【修改】工具栏中的【合并】按钮 ⊶ 。

方法 3：执行 JOIN 命令并确定。

练习58 合并在同一水平线上的两条直线

STEP 01 使用【直线】命令绘制如图 4-94 所示的图形，上方两条线段处于同一水平线上。

STEP 02 执行【合并（JOIN）】命令，选择左上方的线段作为源对象，如图 4-95 所示。

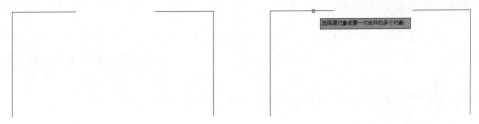

图4-94 绘制图形　　　　　　　　　　　图4-95 选择源对象

STEP 03 在系统提示【选择要合并到源的对象 :】时，选择右上方的线段作为要合并的另一个对象，如图 4-96 所示，按空格键结束【合并】命令，合并效果如图 4-97 所示。

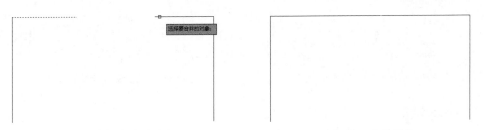

图4-96 选择合并的对象　　　　　　　　图4-97 合并效果

4.3 编辑特定图形

除了可以使用各种编辑命令对常规图形进行编辑外，还可以对特定的图形进行编辑，例如，编辑多段线、样条曲线、多线和填充图案等。

4.3.1 编辑多段线

选择【修改→对象→多段线】菜单命令，或执行 PEDIT 命令，可以对绘制的多段线进行编辑修改。执行 PEDIT 命令，选择要修改的多段线，系统将提示【输入选项 [闭合 (C) / 合并 (J) 宽度 (W)/ 编辑顶点 (E)/ 拟合 (F)/ 样条曲线 (S)/ 非曲线化 (D)/ 线型生成 (L)/ 反转 (R)/ 放弃 (U)]: 】，其中主要选项的含义说明如下：

- 闭合 (C)：用于创建封闭的多段线。
- 合并 (J)：将直线段、圆弧或其他多段线连接到指定的多段线。
- 宽度 (W)：用于设置多段线的宽度。
- 编辑顶点 (E)：用于编辑多段线的顶点。
- 拟合 (F)：可以将多段线转换为通过顶点的拟合曲线。
- 样条曲线 (S)：可以使用样条曲线拟合多段线。
- 非曲线化 (D)：删除在拟合曲线或样条曲线时插入的多余顶点，并拉直多段线的所有线段。
  保留指定给多段线顶点的切向信息，用于随后的曲线拟合。
- 线型生成 (L)：可以将通过多段线顶点的线设置成连续线型。
- 反转 (R)：用于反转多段线的方向，使起点和终点互换。
- 放弃 (U)：用于放弃上一次操作。

练习59 拟合编辑多段线

STEP 01 使用【多段线（PL）】命令绘制一条多段线作为编辑对象。

STEP 02 执行 PEDIT 命令，选择绘制的多段线，在弹出的菜单列表中选择【拟合 (F)】选项，如图 4-98 所示。

STEP 03 按空格键进行确定，拟合编辑多段线的效果如图 4-99 所示。

图4-98 选择【拟合(F)】选项

图4-99 拟合编辑多段线效果

4.3.2 编辑多线

执行【修改→对象→多线】命令，如图 4-100 所示，或者输入 MLEDIT 命令并确定，打开"多线编辑工具"对话框，在该对话框中提供了 12 种多线编辑工具，如图 4-101 所示。

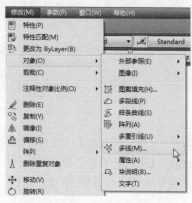

图4-100 选择命令

图4-101 多线编辑工具

练习60 打开多线的接头

STEP **01** 使用"多线"命令绘制如图4-102所示的两条多线。

STEP **02** 执行MLEDIT命令,打开"多线编辑工具"对话框,选择"T形打开"选项,如图4-103所示。

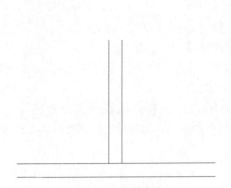

图4-102 绘制多线

图4-103 选择"T形打开"选项

STEP **03** 进入绘图区选择垂直多线作为第一条多线,如图4-104所示。

STEP **04** 选择水平多线作为第二条多线,即可将其在接头处打开,T形打开多线后的效果如图4-105所示。

图4-104 选择第一条多线

图4-105 T形打开多线

4.3.3 编辑样条曲线

选择【修改→对象→样条曲线】命令,或者执行SPLINEDIT命令,可以对样条曲线进行编辑,包括定义样条曲线的拟合点、移动拟合点以及闭合开放的样条曲线等。执行SPLINEDIT命令,选择编辑的样条曲线后,系统将提示【输入选项[闭合(C)/合并(J)/拟合数据(F)/编辑顶点(E)/转换为多段线(P)/反转(R)/放弃(U)/退出(X)]:】,其中主要选项的含义说明如下:

● 闭合(C):如果选择打开的样条曲线,则闭合该样条曲线,使其在端点处切向连续(平滑)。如果选择闭合的样条曲线,则打开该样条曲线。

● 拟合数据(F):用于编辑定义样条曲线的拟合点数据。

● 移动顶点(M):用于移动样条曲线的控制顶点并且清理拟合点。

● 反转(R):用于反转样条曲线的方向,使起点和终点互换。

● 放弃(U):用于放弃上一次操作。

● 退出(X):退出编辑操作。

练习61 编辑样条曲线的顶点

STEP 01 使用【样条曲线（SPL）】命令绘制一条样条曲线作为编辑对象。

STEP 02 执行 SPLINEDIT 命令，选择绘制的曲线，在弹出的下拉菜单中选择【编辑顶点（E）】选项，如图 4-106 所示。

STEP 03 在继续弹出的下拉菜单中选择【移动（M）】选项，如图 4-107 所示。

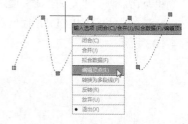

图4-106 选择【编辑顶点（E）】选项

STEP 04 拖动鼠标移动样条曲线的顶点，如图 4-108 所示。

STEP 05 当系统提示【指定新位置或 [下一个 (N)/ 上一个 (P)/ 选择点 (S)/ 退出 (X)]:】时，输入 x 并确定，选择【退出（X）】选项，结束样条曲线的编辑，编辑后的效果如图 4-109 所示。

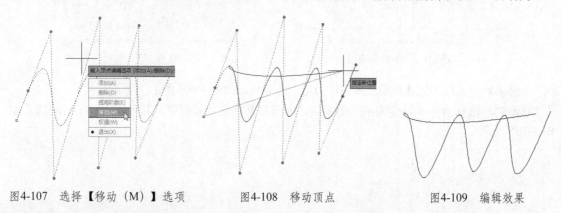

图4-107 选择【移动（M）】选项　　图4-108 移动顶点　　图4-109 编辑效果

4.4 使用夹点编辑图形

通过拖动图形的夹点，可以快速改变图形的形状和大小。在拖动夹点时，还可以根据系统提示对图形进行移动、复制等操作。

4.4.1 使用夹点修改直线

在命令提示处于等待状态下，选择直线型线段，将显示对象的夹点，如图 4-110 所示，选择端点处的夹点，然后拖动该夹点即可调整线段的长度和方向，如图 4-111 所示。

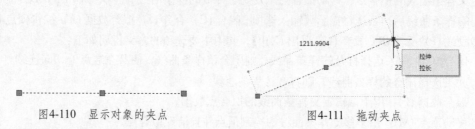

图4-110 显示对象的夹点　　　　　图4-111 拖动夹点

4.4.2 使用夹点修改弧线

在命令提示处于等待状态下，选择弧线型线段，将显示对象的夹点，选择并拖动端点处的夹点，即可调整弧线的弧长和大小，如图 4-112 所示；选择并拖动弧线中间的夹点，将改变弧线的弧度大小，如图 4-113 所示。

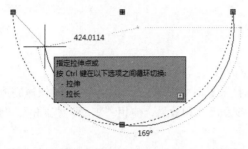

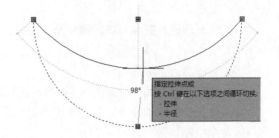

图4-112 拖动端点处的夹点   图4-113 拖动中间的夹点

4.4.3 使用夹点修改圆

在命令提示处于等待状态下，选择圆形，将显示对象的夹点，选择并拖动圆上的夹点，将改变圆的大小，如图 4-114 所示；选择并拖动圆心处的夹点，将调整圆的位置，调整圆位置后的效果如图 4-115 所示。

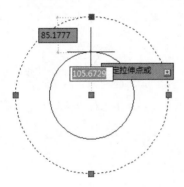

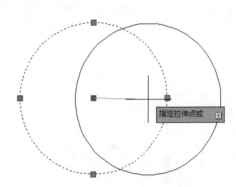

图4-114 拖动圆上的夹点   图4-115 调整圆位置后的效果

4.4.4 使用夹点修改多边形

在命令提示处于等待状态下，选择多边形图形，将显示对象的夹点，然后选择并拖动端点处的夹点，如图 4-116 所示，即可调整多边形的形状，调整多边形的形状后的效果如图 4-117 所示。

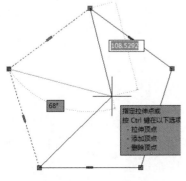

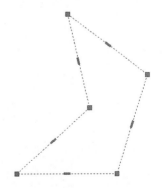

图4-116 拖动端点处的夹点   图4-117 调整多边形的形状

4.5 课后习题

1. 填空题

（1）对图形进行圆角处理的命令是＿＿＿＿＿＿＿。

（2）对图形进行阵列的命令是＿＿＿＿＿＿＿。

（3）对图形进行修剪的命令是＿＿＿＿＿＿＿。

（4）要将线段拉长为原长度的 1.5 倍，可以使用【拉长】命令中的＿＿＿＿＿＿＿选项快速完成。

2. 应用所学的编辑命令，参照如图 4-118 所示的沙发尺寸和效果，使用"矩形"、"圆角"、"修剪"等命令绘制该图形。

3. 应用所学的编辑命令，参照如图 4-119 所示的灯具尺寸和效果，使用"圆"、"阵列"、"修剪"等命令绘制该图形。

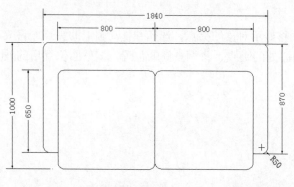

图4-118　绘制沙发

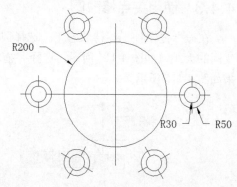

图4-119　绘制灯具

第5章　注释、标注与表格

内容提要

➢ 在建筑制图中，只绘制图形是不够的，还需要对建筑结构进行说明，对建筑体的空间进行尺寸标注，才能让人看懂图形要表达的内容。文字和尺寸标注是制图中非常重要的一个环节，通过文字和尺寸标注，能准确地反映物体的形状、大小和相互关系。本章主要介绍注释、标准与表格，包括创建文字注释、标注对象尺寸、创建引线和应用表格等。

5.1　创建文字注释

创建文字注释的操作包括创建多行文字和单行文字。当输入文字对象时，将使用默认的文字样式，用户也可以在创建文字之前，对文字样式进行设置。

5.1.1　设置文字样式

AutoCAD 的文字拥有相应的文字样式，文字样式是用来控制文字基本形状的一组设置，包括文字的字体、字型和文字的大小。

执行【文字样式】对话框有以下 3 种方法：

方法 1：选择【格式→文字样式】命令。

方法 2：单击【样式】工具栏中的【文字样式】按钮。

方法 3：执行 DDSTYLE 命令。

练习62　新建并设置文字样式

STEP 01 执行【文字样式（DDSTYLE）】命令，打开【文字样式】对话框，如图 5-1 所示。

STEP 02 单击【文字样式】对话框中的【新建】按钮，打开【新建】对话框，在【样式名】文本框中输入新建文字样式的名称，如图 5-2 所示。

图5-1　【文字样式】对话框

图5-2　输入新建文字样式的名称

STEP 03 单击【确定】按钮，即可创建新的文字样式，在样式名称列表框中将显示新建的文字样式，单击【字体名】列表框，在弹出的下拉列表中选择文字的字体，如图 5-3 所示。

STEP **04** 在【大小】选项栏中的【高度】文本框中输入文字的高度，在【效果】选项栏中可以修改文字效果、宽度因子、倾斜角度等，如图 5-4 所示，单击【应用】和【关闭】按钮完成文字样式的设置。

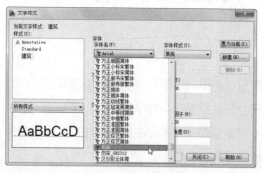
图5-3　设置文字字体

图5-4　设置文字高度

在【文字样式】对话框中，主要选项的含义说明如下：

- 置为当前：将选择的文字样式设置为当前样式，在创建文字时，将使用该样式。
- 新建：创建新的文字样式。
- 删除：将选择的文字样式删除，但不能删除默认的 Standard 样式和正在使用的样式。
- 字体名：列出所有注册的中文字体和其他语言的字体名。
- 字体样式：在该列表中可以选择其他的字体样式。
- 高度：根据输入的值设置文字高度。如果输入 0，则每次用该样式输入文字时，文字默认值为 0.2 高度。输入大于 0 的高度值则为该样式设置固定的文字高度。
- 颠倒：勾选此复选框，在用该文字样式来标注文字时，文字将被垂直翻转，如图 5-5 所示。
- 宽度因子：在【宽度比例】文本框中，可以输入作为文字宽度与高度的比例值。系统在标注文字时，会以该文字样式的高度值与宽度因子相乘来确定文字的高度。当宽度因子为 1 时，文字的高度与宽度相等；当宽度因子小于 1 时，文字将变得细长；当宽度因子大于 1 时，文字将变得粗短。
- 反向：勾选此复选框，可以将文字水平翻转，使其呈镜像显示，如图 5-6 所示。
- 垂直：勾选此复选框，标注文字将沿竖直方向显示，如图 5-7 所示。该选项只有当字体支持双重定向时才可用，并且不能用于 TrueType 类型的字体。
- 倾斜角度：在【倾斜角度】文本框中输入的数值将作为文字旋转的角度，如图 5-8 所示。设置此数值为 0 时，文字将处于水平方向。文字的旋转方向为顺时针方向，也就是说当输入一个正值时，文字将会向右方倾斜。

图5-5　颠倒文字　　　　图5-6　反向文字　　　　图5-7　垂直排列　　　　图5-8　倾斜文字

5.1.2　创建单行文字

在 AutoCAD 中，单行文字主要用于制作不需要使用多种字体的简短内容，可以对单行文字进行样式、大小、旋转、对正等设置。

执行【单行文字】命令有以下3种常用方法：

方法1：选择【绘图→文字→单行文字】命令。

方法2：单击【文字】工具栏中的【单行文字】按钮 **A**。

方法3：执行 TEXT（DT）命令。

执行 TEXT（DT）命令，系统将提示【指定文字的起点或 [对正（J）/ 样式（S）]:】,其中的【对正】选项用于设置标注文本的对齐方式；【样式】选项用于设置标注文本的样式。

选择【对正】选项后,系统将提示：【[左(L)/ 居中(C)/ 右(R)/ 对齐(A)/ 中间(M)/ 布满(F)/ 左上(TL)/ 中上 (TC)/ 右上 (TR)/ 左中 (ML)/ 正中 (MC)/ 右中 (MR)/ 左下 (BL)/ 中下 (BC)/ 右下 (BR)]:】,其中主选项的含义说明如下：

- 居中：从基线的水平中心对齐文字，此基线是由用户给出的点指定的。
- 对齐：通过指定基线端点来指定文字的高度和方向。
- 中间：文字在基线的水平中点和指定高度的垂直中点上对齐。

练习63 使用【单行文字】命令书写【技术要求】文字

STEP 01 执行 TEXT（DT）命令，在绘图区单击鼠标确定输入文字的起点，如图 5-9 所示。

STEP 02 当系统提示【指定高度 <>:】时，输入文字的高度为 20 并确定，如图 5-10 所示。

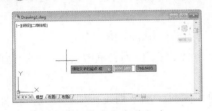
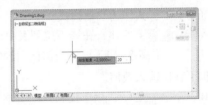

图5-9　指定文字的起点　　　　　　　　图5-10　输入文字的高度

STEP 03 当系统提示【指定文字的旋转角度 <>:】时，输入文字的旋转角度为 0 并确定，如图 5-11 所示，此时将出现闪烁的光标，如图 5-12 所示。

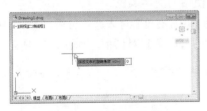
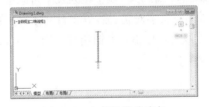

图5-11　指定文字角度　　　　　　　　图5-12　出现闪烁的光标

STEP 04 输入单行文字内容【技术要求】，如图 5-13 所示。

STEP 05 连续按两次【Enter】键，或在文字区域外单击鼠标，即可完成单行文字的创建，如图 5-14 所示。

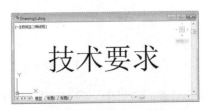

图5-13　输入文字　　　　　　　　图5-14　创建单行文字

5.1.3　创建多行文字

在 AutoCAD 中，多行文字是由沿垂直方向任意数目的文字行或段落构成，可以指定文字行段落的水平宽度，主要用于制作一些复杂的说明性文字。

执行【多行文字】命令有以下 3 种常用方法：

方法 1：选择【绘图→文字→多行文字】命令。

方法 2：单击【文字】工具栏中的【多行文字】按钮 **A**。

方法 3：执行 MTEXT（T）命令。

执行【多行文字（T）】命令，然后在绘图区指定一个区域，系统将弹出设置文字格式的【文字格式】工具栏，如图 5-15 所示。

图5-15　【文字格式】工具栏

在【文字格式】工具栏中，主要选项的含义说明如下：

- Standard 样式列表：用于设置当前使用的文本样式，可以从下拉列表框中选取一种已设置好的文本样式作为当前样式。
- Arial 字体：在该下拉列表中可以选择为当前使用的字体类型。
- 20 文字高度：用于设置当前使用的字体高度。可以在下拉列表框中选取一种合适的高度，也可直接输入数值。
- **B**、*I*、U、Ō：用于设置标注文本是否加粗、倾斜、加下划线、加上划线。反复单击这些按钮，可以在打开与关闭相应功能之间进行切换。
- 撤消：单击该按钮用于撤消上一步操作。
- 恢复：单击该按钮用于恢复上一步操作。
- ByLayer 颜色：在下拉列表中可以选择为当前使用的文字颜色。
- 多行文字对正：显示【多行文字对正】列表选项，并且有 9 个对齐选项可用，如图 5-16 所示。
- 段落：单击该按钮将打开用于设置段落参数的【段落】对话框，如图 5-17 所示。

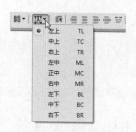

图5-16　【多行文字对正】列表选项

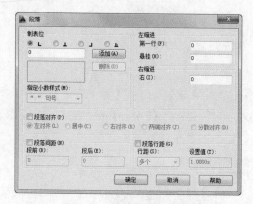

图5-17　【段落】对话框

- 左对齐、居中、右对齐、对正和分布：分别设置当前段落左、中或右文字边界的对正和对齐方式。包含在一行的末尾输入的空格，并且这些空格会影响行的对正。

> **提示**
> 使用 MTXET 创建的文本，无论是多少行，都将作为一个实体，可以对它进行整体选择和编辑；而使用 TEXT 命令输入多行文字时，每一行都是一个独立的实体，只能单独对每行进行选择和编辑。

练习64 使用【多行文字】命令创建段落文字

STEP 01 执行 MTEXT（T）命令，在绘图区指定文字区域的第一个角点，如图 5-18 所示，然后拖动鼠标指定对角点，确定创建文字的区域，如图 5-19 所示。

 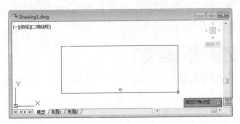

图5-18　指定第一个角点　　　　　　图5-19　指定输入文字区域

STEP 02 在打开的【文字格式】工具栏中设置文字的字体、高度和颜色等参数，如图 5-20 所示。

图5-20　设置字体参数

STEP 03 在文字输入窗口中输入文字内容，如图 5-21 所示，然后单击【文字格式】工具栏中的【确定】按钮，完成多行文字的创建，创建多行文字后的效果如图 5-22 所示。

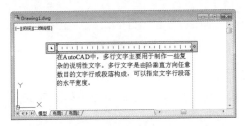 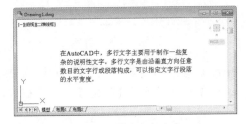

图5-21　输入文字内容　　　　　　图5-22　创建多行文字

5.1.4　创建特殊字符

在文本标注的过程中，有时需要输入一些控制码和专用字符，AutoCAD 根据用户的需要提供了一些特殊字符的输入方法。AutoCAD 特殊字符的输入方法提供的特殊字符内容如表 5-1 所示。

表 5-1　特殊字符的说明及输入方法

特殊字符	输入方式	字符说明
±	%%p	公差符号
‾	%%o	上划线

(续)

特殊字符	输入方式	字符说明
_	%%u	下划线
%	%%%	百分比符号
Ø	%%c	直径符号
°	%%d	度

5.1.5 编辑文字

在书写文字内容时难免会出现一些错误，或者后期对文字的参数进行修改时，都需要对文字进行编辑操作。

1. 修改文字内容

选择【修改→对象→文字→编辑】命令，或者执行 DDEDIT（ED）命令，可以增加或替换字符，以实现修改文本内容的目的。

练习65 将【室内设计】文字改为【建筑设计】

STEP 01 创建一个内容为【室内设计】的单行文字。

STEP 02 执行 DDEDIT 命令，选择要编辑的文本【室内设计】，如图 5-23 所示。

STEP 03 在激活文字内容【室内设计】后，拖动光标选择【室内】文字，如图 5-24 所示。

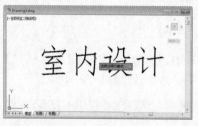

图5-23 选择对象

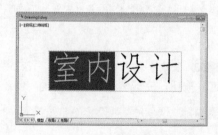

图5-24 选取文字

STEP 04 输入新的文字内容【建筑】，如图 5-25 所示。

STEP 05 连续两次按【Enter】键进行确定，完成文字的修改，修改后的效果如图 5-26 所示。

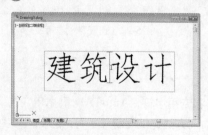

图5-25 修改文字内容

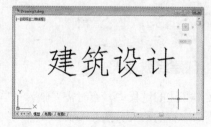

图5-26 修改后的效果

2. 修改文字特性

使用【多行文字】命令创建的文字对象，可以通过执行 DDEDIT（ED）命令，在打开的【文字格式】工具栏中修改文字的特性。但是 DDEDIT 命令不能修改单行文字的特性，单行文字的特性需要在【特性】选项板中进行修改。

执行【特性】选项板可以使用以下两种方法：

方法 1：选择【修改→特性】命令。

方法 2：执行 PROPERTIES（PR）命令。

练习66　将【技术要求】单行文字旋转 15 度、高度设置为 50

STEP 01　使用【单行文字（DT）】命令创建【技术要求】文字内容，设置文字的高度为 30，如图 5-27 所示。

STEP 02　执行 PROPERTIES（PR）命令，打开【特性】选项板，选择创建的文字，在该选项板中将显示文字的特性，如图 5-28 所示。

图5-27　创建文字

图5-28　【特性】选项板

STEP 03　在【特性】选项板中设置文字旋转角为 15 度、文字高度为 50，如图 5-29 所示，修改后的文字效果如图 5-30 所示。

图5-29　设置文字特性

图5-30　修改后的效果

3. 查找和替换文字

使用【查找】命令可以对文本内容进行查找和替换操作。

执行【查找】命令有以下两种常用方法：

方法 1：选择【编辑→查找】命令。

方法 2：执行 FIND 命令。

练习67　查找【室内设计】文字内容，并将其替换为【建筑设计】文字

STEP 01　使用【多行文字（MT）】命令创建一段如图 5-31 所示的文字内容。

STEP 02 执行 FIND 命令，打开【查找和替换】对话框，在【查找内容】文本框中输入文字【室内设计】，然后在【替换为】文本框中输入文字【建筑设计】，如图 5-32 所示。

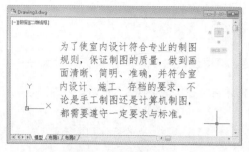

图5-31 创建文字内容   图5-32 输入查找与替换内容

STEP 03 单击【查找】按钮，将查找到图形中的第一个文字对象，并在窗口正中间显示该文字，如图 5-33 所示。

STEP 04 单击【全部替换】按钮，可以将文字【室内设计】全部替换为文字【建筑设计】，单击【完成】按钮，结束查找和替换操作，如图 5-34 所示。

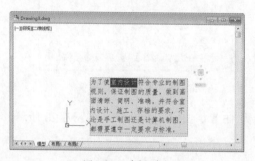

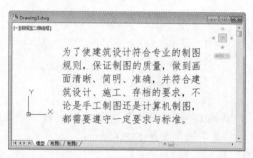

图5-33 选择对象   图5-34 替换后的文字

5.2 标注对象尺寸

尺寸标注是制图中非常重要的一个环节，通过尺寸标注能准确地反映物体的大小，它是识别图形和现场施工的主要依据。在标注图形尺寸时，可以对尺寸标注样式进行设置。

5.2.1 应用标注样式

尺寸标注样式决定着尺寸各组成部分的外观形式。在没有改变尺寸标注格式时，当前尺寸标注格式将作为预设的标注格式。AutoCAD 默认的标注格式是 STANDARD，可以根据有关规定及所标注图形的具体要求，使用【标注样式】命令新建并设置标注样式。

执行【标注样式】命令有以下 3 种常用方法：

方法 1：选择【格式→标注样式】菜单命令。

方法 2：单击【样式】工具栏中的【标注样式】按钮 。

方法 3：执行 DIMSTYLE(D) 命令。

执行【标注样式（D）】命令后，打开【标注样式管理器】对话框，在该对话框中可以新建一种标注样式，还可以对原有的标注格式进行修改，如图 5-35 所示。

【标注样式管理器】对话框中主要选项的作用说明如下：

- 置为当前：单击该按钮可以将选定的标注样式设置为当前标注样式。
- 新建：单击该按钮将打开【创建新标注样式】对话框，可以在该对话框中创建新的标注样式。
- 修改：单击该按钮将打开【修改标注样式】对话框，可以在该对话框中修改标注样式，如图 5-36 所示。
- 替代：单击该按钮将打开【替代当前样式】对话框，可以在该对话框中设置标注样式的临时替代。

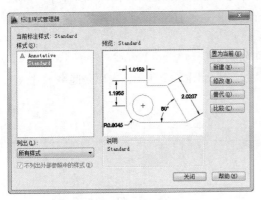
图5-35　【标注样式管理器】对话框

图5-36　【修改标注样式】对话框

创建或修改标注样式的过程中，在打开的【新建标注样式】或【修改标注样式】对话框中可以设置的尺寸标注样式包括线、符号和箭头、文字、调整、主单位、换算单位以及公差等内容。

1. 设置标注尺寸线

在【线】选项卡中，可以设置尺寸线和尺寸界线的颜色、线型、线宽以及超出尺寸线的距离、起点偏多量的距离等内容，其中各选项的含义说明如下：

- 颜色：单击【颜色】列表框右方的下拉按钮，可以在打开的列表中选择尺寸线的颜色，如图 5-37 所示。如果在【颜色】下拉列表中选择【选择颜色】选项，将打开【选择颜色】对话框，在该对话框中可以自定义尺寸线的颜色，如图 5-38 所示。

图5-37 【颜色】下拉列表

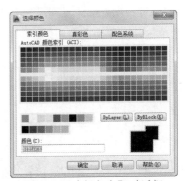
图5-38 【选择颜色】对话框

- 线型：在相应的下拉列表中，可以选择尺寸线的线型样式，如图 5-39 所示，单击【其他】选项可以打开【选择线型】对话框选择其他线型。

● 线宽：在相应的下拉列表中，可以选择尺寸线的线宽，如图 5-40 所示。

图5-39 选择尺寸线的线型

图5-40 选择尺寸线的线宽

● 超出标记：当使用箭头倾斜、建筑标记、积分标记或无箭头标记时，使用该文本框可以设置尺寸线超出尺寸界线的长度，如图 5-41 所示的左图是没有超出标记的样式，右图是超出标记长度为 2 个单位的情况。

● 基线间距：设置在进行基线标注时尺寸线之间的间距。

● 隐藏：用于控制第一条和第二条尺寸线的隐藏状态。如图 5-42 所示，左图是隐藏尺寸线 1 的情况，右图是隐藏尺寸线 2 的情况。

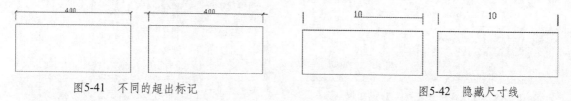

图5-41 不同的超出标记

图5-42 隐藏尺寸线

在【尺寸界线】区域既可以设置尺寸界线的颜色、线型和线宽等，也可以隐藏某条尺寸界线，其中各选项的含义如下：

● 颜色：在该下拉列表中，可以选择尺寸界线的颜色；如果单击列表底部的【选择颜色】选项，将打开【选择颜色】对话框。

● 尺寸界线 1 的线型：可以在相应下拉列表中选择第 1 条尺寸界线的线型。

● 尺寸界线 2 的线型：可以在相应下拉列表中选择第 2 条尺寸界线的线型。

● 线宽：在该下拉列表中，可以选择尺寸界线的线宽。

● 超出尺寸线：用于设置尺寸界线伸出尺寸的长度。在如图 5-43 所示中，左图是超出尺寸线长度为 3 个单位的情况，右图是超出尺寸线长度为 1 个单位的情况。

● 起点偏移量：设置标注点到尺寸界线起点的偏移距离。如图 5-44 所示，左图起点偏移量为 0.1 个单位，右图为 2 个单位。

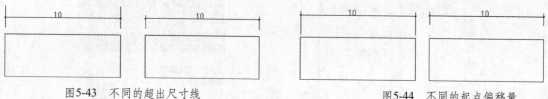

图5-43 不同的超出尺寸线

图5-44 不同的起点偏移量

● 固定长度的尺寸界线：勾选该复选框后，可以在下方的【长度】文本框中设置尺寸界线的固定长度。

● 隐藏：用于控制第一条和第二条尺寸界线的隐藏状态。如图 5-45 所示，左图是隐藏尺寸界线 1 的情况，右图是隐藏尺寸界线 2 的情况。

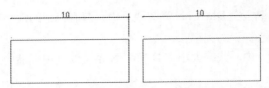

图5-45 隐藏尺寸界线

● 预览区域：显示样例标注图像，可显示对标注样式设置所做更改的效果。

2. 设置标注符号和箭头

选择【符号和箭头】选项卡，在该选项卡中可以设置符号和箭头样式与大小以及圆心标记的大小、弧长符号、半径与线性折弯标注等，如图5-46所示。

在【箭头】区域中，常用选项的含义说明如下：

● 第一个：在下拉列表中选择第一条尺寸线的箭头。在改变第一个箭头的类型时，第二个箭头将自动改变成与第一个箭头相匹配。要指定用户定义的箭头块，可以在该下拉列表中选择【用户箭头】选项，如图5-47所示，然后在打开的【选择自定义箭头块】对话框中选择箭头块，如图5-48所示。

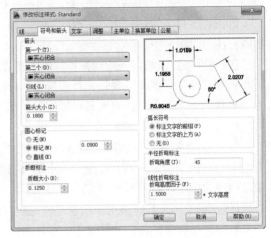

图5-46 【符号和箭头】选项卡

图5-47 选择【用户箭头】选项

图5-48 选择自定义箭头块

● 第二个：在该下拉列表中，选择第二条尺寸线的箭头。
● 引线：在该下拉列表中，可以选择引线的箭头样式。
● 箭头大小：用于设置箭头的大小。

【圆心标记】区域用于控制直径标注和半径标注的圆心标记以及中心线的外观，其中各选项的含义如下：

● 无：不创建圆心标记或中心线。该值在DIMCEN系统变量中存储为0。

- 标记：创建圆心标记。在 DIMCEN 系统变量中，圆心标记的大小存储为正值。在相应的文本框中可以输入圆心标记的大小。
- 直线：创建中心线。中心线的大小在 DIMCEN 系统变量中存储为负值。

> **提示**
>
> 当执行 DIMCENTER、DIMDIAMETER 和 DIMRADIUS 命令时，将使用圆心标记和中心线。对于 DIMDIAMETER 和 DIMRADIUS 命令，仅当将尺寸线放置到圆或圆弧外部时，才能绘制圆心标记。

【折断标注】区域用于控制折断标注的间距宽度。其中的【打断大小】文本框用于显示和设置折断标注的间距大小。

【弧长符号】区域用于控制弧长标注中圆弧符号的显示。其中各选项的含义说明如下：

- 标注文字的前缀：将弧长符号放置在标注文字之前。
- 标注文字的上方：将弧长符号放置在标注文字的上方。
- 无：不显示弧长符号。

【半径折弯标注】区域用于控制折弯（Z 字型）半径标注的显示。折弯半径标注通常在圆或圆弧的中心点位于页面外部时创建。其中的【折弯角度】选项用于确定在折弯半径标注中尺寸线的横向线段的角度，如图 5-49 所示。

【线性折弯标注】区域用于控制线性标注折弯的显示。当标注不能精确表示实际尺寸时，通常将折弯线添加到线性标注中。通常，实际尺寸比所需值小。在【线性高度因子】文本框中可以设置形成折弯角度的两个顶点之间的距离，如图 5-50 所示。

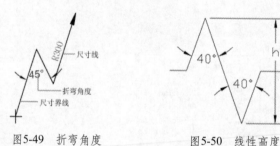

图5-49　折弯角度　　　　图5-50　线性高度

3. 设置标注文字

选择【文字】选项卡，在该选项卡中可以设置文字外观、文字位置、文字对齐的方式，如图 5-51 所示。

在【文字外观】区域中各选项的含义说明如下：

- 文字样式：在该下拉列表中，可以选择标注文字的样式。单击后面的按钮，打开【文字样式】对话框，可以在该对话框设置文字样式，如图 5-52 所示。
- 文字颜色：在该下拉列表中，可以选择标注文字的颜色。
- 填充颜色：在该下拉列表中，可以选择标注中文字背景的颜色。
- 文字高度：设置标注文字的高度。
- 分数高度比例：设置相对于标注文字的分数比例，只有选择了【主单位】选项卡上的【分数】作为【单位格式】时，此选项才可用。
- 绘制文字边框：如果选择此选项，将在标注文字周围绘制一个边框。

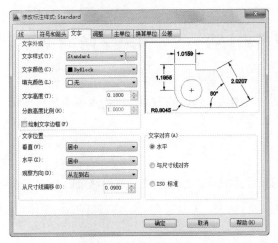

图5-51 【文字】选项卡

图5-52 【文字样式】对话框

【文字位置】区域用于控制标注文字的位置，其中各选项的含义如下：

- 垂直：在该下拉列表中，可以选择标注文字相对尺寸线的垂直位置，如图 5-53 所示。垂直位置各选项的含义说明如下。
  - ➢ 居中：将标注文字放在尺寸线的两部分中间。
  - ➢ 上：将标注文字放在尺寸线上方。从尺寸线到文字的最低基线的距离就是当前的字线间距。
  - ➢ 外部：将标注文字放在尺寸线上远离第一个定义点的一边。
  - ➢ JIS：按照日本工业标准（JIS）放置标注文字。
  - ➢ 下：将标注文字放在尺寸线下方。从尺寸线到文字的最高基线的距离就是当前的字线间距。
- 水平：在下拉列表中，可以选择标注文字相对于尺寸线和尺寸界线的水平位置，如图 5-54 所示。水平位置各选项的含义如下：
  - ➢ 居中：将标注文字沿尺寸线放在两条尺寸界线的中间。
  - ➢ 第一条尺寸界线：沿尺寸线与第一条尺寸界线左对正。尺寸界线与标注文字的距离是箭头大小加上字线间距之和的两倍。
  - ➢ 第二条尺寸界线：沿尺寸线与第二条尺寸界线右对正。尺寸界线与标注文字的距离是箭头大小加上字线间距之和的两倍。
  - ➢ 第一条尺寸界线上方：沿第一条尺寸界线放置标注文字或将标注文字放在第一条尺寸界线之上。
  - ➢ 第二条尺寸界线上方：沿第二条尺寸界线放置标注文字或将标注文字放在第二条尺寸界线之上。
- 观察方向：可以从右方的下拉列表中选择【从左到右】或【从右到左】的方式观察标注效果。
- 从尺寸线偏移：设置标注文字与尺寸线的距离。如图 5-55 所示，左图是文字从尺寸线偏移 2 个单位的情况，右图是文字从尺寸线偏移 5 个单位的情况。

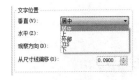

图5-53 选择垂直位置

图5-54 设置水平位置

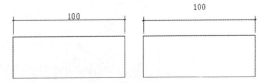

图5-55 不同的偏移距离

> **提示**
>
> 在 AutoCAD 绘图过程中对图形进行尺寸标注时，设置一定的文字偏移距离，有利于更清楚地显示文字内容。

【文字对齐】区域用于控制标注文字放在尺寸界线外边或里边时的方向是保持水平还是与尺寸界线平行，其中各选项的含义说明如下：

- 水平：水平放置文字。
- 与尺寸线对齐：文字与尺寸线对齐。
- ISO 标准：当文字在尺寸界线内时，文字与尺寸线对齐。当文字在尺寸界线外时，文字水平排列。

4．设置调整参数

选择【调整】选项卡，在该选项卡中可以设置尺寸的尺寸线与箭头的位置、尺寸线与文字的位置、标注特征比例以及优化等关系，如图 5-56 所示。

选择【文字或箭头（最佳效果）】选项后，系统将按照最佳布局移动文字或箭头，其中包括以下几种情况：

（1）当尺寸界线间的距离足够放置文字和箭头时，文字和箭头都将放在尺寸界线内，如图 5-57 所示。

（2）当尺寸界线间的距离仅够容纳文字时，则将文字放在尺寸界线内，而将箭头放在尺寸界线外，如图 5-58 所示。

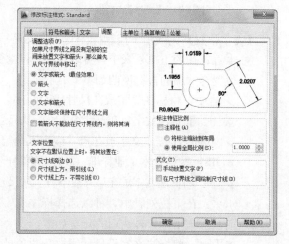

图5-56　【调整】选项卡

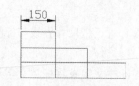

图5-57　足够放置文字和箭头

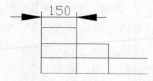

图5-58　仅够容纳文字

（3）当尺寸界线间的距离仅够容纳箭头时，则将箭头放在尺寸界线内，而将文字放在尺寸界线外，如图 5-59 所示。

（4）当尺寸界线间的距离既不够放文字又不够放箭头时，文字和箭头将全部放在尺寸界线外，如图 5-60 所示。

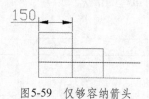

图5-59　仅够容纳箭头

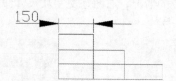

图5-60　文字和箭头都不够放

选择【箭头】选项后，当尺寸界线间距离不足以放下箭头时，箭头都放在尺寸界线外，其中包括以下几种情况：

(1) 当尺寸界线间的距离足够放置文字和箭头时，文字和箭头都放在尺寸界线内。

(2) 当尺寸界线间距离仅够放下箭头时，将箭头放在尺寸界线内，而文字放在尺寸界线外。

(3) 当尺寸界线间距离不足以放下箭头时，文字和箭头都放在尺寸界线外。

选择【文字】选项后，当尺寸界线间的距离不足以放下文字时，文字都放在尺寸界线外，其中包括以下几种情况：

(1) 当尺寸界线间的距离足够放置文字和箭头时，文字和箭头都放在尺寸界线内。

(2) 当尺寸界线间的距离仅能容纳文字时，将文字放在尺寸界线内，而将箭头放在尺寸界线外。

(3) 当尺寸界线间距离不足以放下文字时，文字和箭头都放在尺寸界线外。

选择【文字和箭头】选项后，当尺寸界线间距离不足以放下文字和箭头时，文字和箭头都放在尺寸界线外。选择【文字始终保持在尺寸界线之间】选项后，系统则始终将文字放在尺寸界线之间。选择【若不能放在尺寸界线内，则将其消除】选项后，当尺寸界线内没有足够的空间时，则自动隐藏箭头。

- 【文字位置】：用于设置特殊尺寸文本的摆放位置。当标注文字不能按【调整选项】区域的选项所规定位置摆放时，可以通过以下的选项来确定其位置。
  - ➤ 尺寸线旁边：将标注文字放在尺寸线旁边。
  - ➤ 尺寸线上方，带引线：将标注文字放在尺寸线上方，并自动加上引线。
  - ➤ 尺寸线上方，不带引线：将标注文字放在尺寸线上方，不加引线。
- 【标注特征比例】：用于设置尺寸标注的比例因子。所设置的比例因子将影响整个尺寸标注所包含的内容。
  - ➤ 按标注缩放到布局：根据当前模型空间视口和图纸空间之间的比例确定比例因子。
  - ➤ 使用全局比例：设置标注样式的比例值。
- 在【优化】：可以设置其他调整选项。
  - ➤ 手动放置文字：用于人工调节标注文字位置。
  - ➤ 在尺寸界线之间绘制尺寸线：在测量点之间绘制尺寸线，即将箭头放在测量界线之外。

5. 设置标注主单位

选择【主单位】选项卡，在该选项卡中可以设置线性标注与角度标注。线性标注包括单位格式、精度、舍入、测量单位比例、消零等。角度标注包括单位格式、精度、消零，如图5-61所示。

- 【线性标注】：可以设置线性标注的格式和精度，其中各选项的含义说明如下：
  - ➤ 单位格式：在下拉列表中，可以选择标注的单位格式。
  - ➤ 精度：在下拉列表中，可以选择标注文字中的小数位数。
  - ➤ 分数格式：在下拉列表中，可以选择分数标注的格式，包括【水平】、【对角】和【非堆叠】选项。

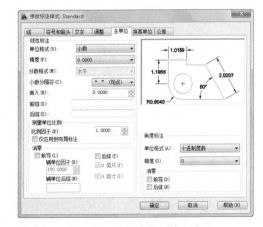

图5-61 【主单位】选项卡

> 小数分隔符：在下拉列表中，可以选择小数格式的分隔符。
> 舍入：用于设置标注测量值的舍入规则。
> 前缀：为标注文字设置前缀。
> 后缀：为标注文字设置后缀。
- 【测量单位比例】：用于设置测量比例，其中各选项的含义说明如下：
  > 比例因子：用于设置线性标注测量值的比例因子。AutoCAD 将按照输入的数值放大标注测量值。
  > 仅应用到布局标注：仅对在布局中创建的标注应用线性比例值。
- 【消零】：用于控制线性尺寸前面或后面的零是否可见，其中各选项的含义说明如下：
  > 前导：用于控制尺寸小数点前面的零是否显示。
  > 后续：用于控制尺寸小数点后面的零是否显示。
  > 0 英尺：当距离小于一英尺时，不输出英尺 - 英寸型标注中的英尺部分。
  > 0 英寸：当距离是整数英尺时，不输出英尺 - 英寸型标注中的英寸部分。
- 【角度标注】：可以设置线性标注的格式和精度，其中各选项的含义说明如下：
  > 单位格式：用于设置角度单位格式。在列表框中共有 4 种形式：十进制度数、度 / 分 / 秒、百分度、弧度。
  > 精度：设置角度标注的小数位数。

6. 设置换算单位

选择【换算单位】选项卡，在该选项卡中可以将原单位换算成另一种单位格式，如图 5-62 所示。
- 【显示换算单位】：用于向标注文字添加换算测量单位。【换算单位】区域用于设置所有标注类型的格式。
  > 单位格式：用于设置换算单位的格式。
  > 精度：用于设置换算单位中的小数位数。
  > 换算单位乘数：选择两种单位的换算比例。
  > 舍入精度：用于设置标注类型换算单位的舍入规则。
  > 前缀：用于指定标注文字前缀。
  > 后缀：用于指定标注文字后缀。

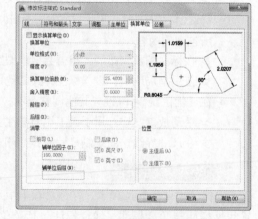

图5-62　【换算单位】选项卡

- 【消零】：用于控制换算单位中零的可见性。
- 【位置】：用于控制换算单位的位置。
  > 主值后：将换算单位放在标注文字中的主单位之后。
  > 主值下：将换算单位放在标注文字中的主单位下面。

7. 设置公差

选择【公差】选项卡，在该选项卡中可以设置公差格式、换算单位公差的特性，如图 5-63 所示。
- 【公差格式】：用于设置公差标注样式。
- 方式：用于设置尺寸公差标注类型。包括无公差、对称、极限偏差、极限尺寸、基本尺寸等 5 种类型，如图 5-64 所示。

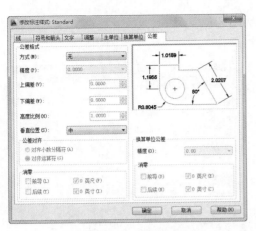

图5-63 【公差】选项卡

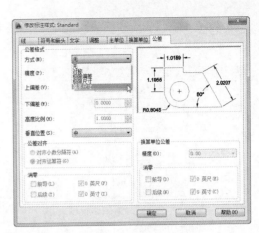

图5-64 5种公差类型

> 精度：用于设置尺寸公差的小数位数。
> 上偏差：设置最大公差或上偏差。如果在【方式】中选择【对称】选项，则此值将用于公差。
> 下偏差：用于设置最小公差或下偏差值。
> 高度比例：用于设置公差文字的当前高度。
> 垂直位置：用于控制尺寸公差的摆放位置。
> 公差对齐：在堆叠时控制上偏差值和下偏差值的对齐。
> 对齐小数分隔符：通过值的小数分割符堆叠值。
> 对齐运算符：通过值的运算符堆叠值。

● 【消零】：用于设置公差中零的可见性。
● 【换算单位公差】：用于设置换算单位中尺寸公差的精度和消零规则。

练习68 创建并设置建筑平面标注样式

STEP 01 执行 DIMSTYLE(D) 命令，打开【标注样式管理器】对话框，单击【新建】按钮，如图 5-65 所示。

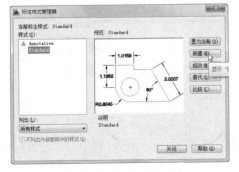

图5-65 单击【新建】按钮

图5-66 输入新样式名

STEP 02 在打开的【创建新标注样式】对话框中输入新标注样式名【建筑平面】，然后单击【继续】按钮，如图 5-66 所示。

STEP 03 打开【新建标注样式】对话框，在【线】选项卡中设置超出尺寸线的值为 100，起点偏移量的值为 200，如图 5-67 所示。

STEP 04 选择【符号和箭头】选项卡，设置箭头为【建筑标记】，设置箭头大小为 200，如图 5-68 所示。

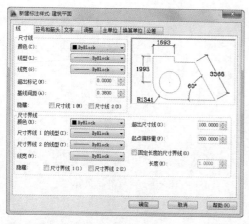

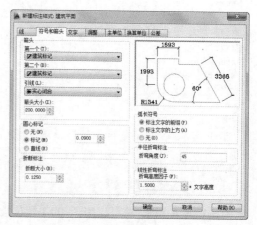

图5-67　设置线参数　　　　　　　　　　　图5-68　设置箭头参数

STEP 05 选择【文字】选项卡，设置文字的高度为 300，文字的垂直对齐方式为【上】，【从尺寸线偏移】值为 100，文字对齐方式为【与尺寸线对齐】，如图 5-69 所示。

STEP 06 选择【主单位】选项卡，从中设置【精度】值为 0，然后单击【确定】按钮，如图 5-70 所示。返回【标注样式管理器】对话框中关闭对话框。

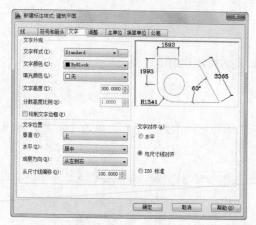

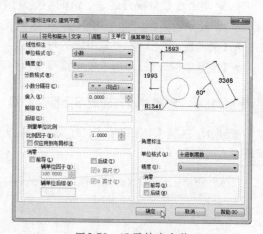

图5-69　设置文字参数　　　　　　　　　　图5-70　设置精度参数

5.2.2　创建标注

在 AutoCAD 制图中，针对不同的图形，可以使用不同的标注命令，其中包括线性标注、对齐标注、基线标注、连续标注、半径标注和角度标注等。

1. 线性标注

使用线性标注可以标注长度类型的尺寸，用于标注垂直、水平和旋转的线性尺寸，线性标注可以水平、垂直或对齐放置。创建线性标注时，可以修改文字内容、文字角度或尺寸线的角度。

执行【线性】标注命令有如下 3 种常用方法：

方法 1：选择【标注→线性】菜单命令。

方法 2：单击【标注】工具栏中的【线性】按钮┤┤。

方法 3：执行 DIMLINEAR（DLI）命令。

执行 DIMLINEAR（DLI）命令，系统将提示【指定第一条尺寸界线原点或 < 选择对象 >：】，选择对象后系统将提示【指定尺寸线位置或 [多行文字（M）/ 文字（T）/ 角度（A）/ 水平（H）/ 垂直（V）/ 旋转（R）]：】，该提示中各选项含义说明如下：

- 多行文字：用于改变多行标注文字，或者给多行标注文字添加前缀、后缀。
- 文字：用于改变当前标注文字，或者给标注文字添加前缀、后缀。
- 角度：用于修改标注文字的角度。
- 水平：用于创建水平线性标注。
- 垂直：用于创建垂直线性标注。
- 旋转：用于创建旋转线性标注。

练习69 使用【线性】命令标注图形的长度

STEP 01 绘制一个长度为 500 的矩形作为标注对象。

STEP 02 执行 DIMLINEAR（DLI）命令，在标注的对象上选择第一个原点，如图 5-71 所示。

STEP 03 指定标注对象的第二个原点，如图 5-72 所示。

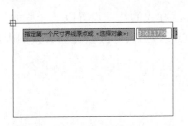

图5-71　选择第一个原点

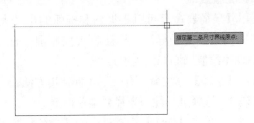

图5-72　指定第二个原点

STEP 04 拖动鼠标指定尺寸标注线的位置，如图 5-73 所示，然后单击鼠标左键，即可完成线性标注，如图 5-74 所示。

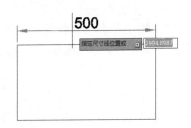

图5-73　指定标注线的位置

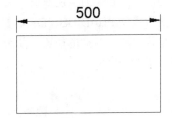

图5-74　完成线性标注

2. 对齐标注

对齐标注是线性标注的一种形式，尺寸线始终与标注对象保持平行，若标注的对象是圆弧，则对齐尺寸标注的尺寸线与圆弧的两个端点所连接的弦保持平行。

执行【对齐】标注命令有以下 3 种常用方法：

方法 1：选择【标注→对齐】菜单命令。

方法 2：单击【标注】工具栏中的【对齐】按钮。

方法 3：执行 DIMALIGNED（DAL）命令。

练习70 使用【对齐】命令标注斜边长度

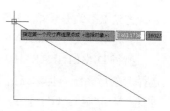

图5-75 指定第一个原点

STEP 01 绘制一个三角形作为标注的对象。

STEP 02 执行 DIMALIGNED（DAL）命令，指定第一条尺寸界线原点，如图 5-75 所示。

STEP 03 当系统提示【指定第二条尺寸界线原点：】时，继续指定第二条尺寸界线原点，如图 5-76 所示。

STEP 04 当系统提示【指定尺寸线位置或】时，指定尺寸标注线的位置，如图 5-77 所示，单击鼠标结束标注操作，效果如图 5-78 所示。

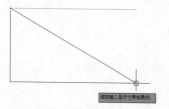

图5-76 指定第二个原点

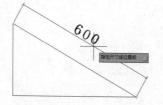

图5-77 指定标注线位置

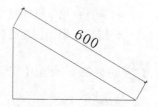

图5-78 完成标注的效果

3．半径标注

使用【半径】命令可以根据圆和圆弧的半径大小、标注样式的选项设置以及光标的位置来绘制不同类型的半径标注。标注样式控制圆心标记和中心线。当尺寸线画在圆弧或圆内部时，AutoCAD 不绘制圆心标记或中心线。

执行【半径】标注命令有以下 3 种常用方法：

方法 1：选择【标注→半径】菜单命令。

方法 2：单击【标注】工具栏中的【半径】按钮 ◎ 。

方法 3：执行 DIMRADIUS（DRA）命令。

练习71 使用【半径】命令标注图形的半径

STEP 01 绘制一个圆作为标注对象。

STEP 02 执行【DIMRADIUS（DRA）】命令，选择绘制的圆形作为半径标注对象。

STEP 03 指定尺寸标注线的位置，如图 5-79 所示，系统将根据测量值自动标注圆的半径，半径标注效果如图 5-80 所示。

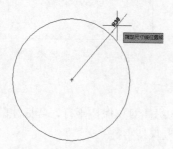

图5-79 指定标注线位置

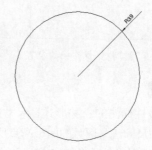

图5-80 半径标注效果

4．直径标注

直径标注用于标注圆或圆弧的直径，直径标注是由一条具有指向圆或圆弧的箭头的直径尺寸线组成。执行【直径】标注命令有以下 3 种常用方法。

方法 1：选择【标注→直径】菜单命令。

方法 2：单击【标注】工具栏中的【直径】按钮◎。

方法 3：执行 DIMDIAMETER（DDI）命令。

练习72　使用【直径】命令标注图形的直径

STEP *01* 绘制一段圆弧作为标注对象。

STEP *02* 执行【直径（DDI）】命令，选择绘制的圆弧作为直径标注对象。

STEP *03* 指定尺寸标注线的位置，如图 5-81 所示，系统将根据测量值自动标注圆弧的直径，直径标注效果如图 5-82 所示。

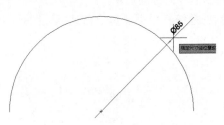

图5-81　指定标注线位置

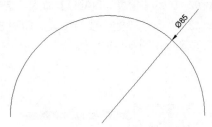

图5-82　直径标注效果

5. 角度标注

使用【角度】命令可以准确地标注对象之间的夹角或圆弧的弧度，如图 5-83 和图 5-84 所示。

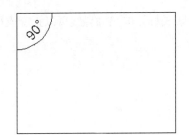

图5-83　角度标注

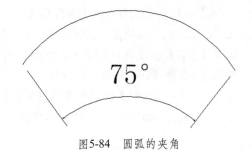

图5-84　圆弧的夹角

执行【角度】标注命令有以下 3 种常用方法：

方法 1：选择【标注→角度】菜单命令。

方法 2：单击【标注】工具栏中的【角度】按钮△。

方法 3：执行 DIMANGULAR（DAN）命令。

练习73　使用【角度】命令标注三角形的夹角

STEP *01* 绘制一个三角形作为标注对象。

STEP *02* 执行【角度（DAN）】命令，选择标注角度图形的第一条边，如图 5-85 所示。

STEP *03* 根据提示选择标注角度图形的第二条边，如图 5-86 所示。

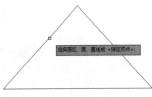

图5-85　选择第一条边

STEP **04** 指定标注弧线的位置，如图 5-87 所示，标注夹角角度的效果如图 5-88 所示。

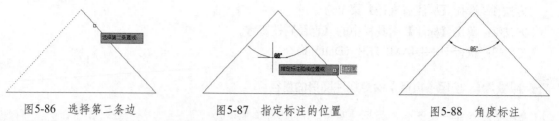

图5-86　选择第二条边　　　　图5-87　指定标注的位置　　　　图5-88　角度标注

练习74 **使用【角度】命令标注圆弧的弧度**

STEP **01** 绘制一段圆弧作为标注对象。

STEP **02** 执行【角度（DAN）】命令，选择绘制的圆弧作为标注对象。

STEP **03** 指定尺寸标注线的位置，如图 5-89 所示，系统将根据测量值自动标注圆弧的弧度，弧度标注的效果如图 5-90 所示。

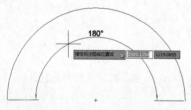 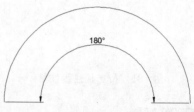

图5-89　指定标注线位置　　　　　　　图5-90　弧度标注效果

6. 弧长标注

【弧长】标注用于测量圆弧或多段线圆弧上的距离。弧长标注的尺寸界线可以正交或径向。在标注文字的上方或前面将显示圆弧符号。

执行【弧长】标注命令有以下 3 种常用方法：

方法 1：选择【标注→弧长】命令。

方法 2：单击【标注】工具栏中的【弧长】按钮 ⌒。

方法 3：执行 DIMARC（DAR）命令。

练习75 **使用【弧长】命令标注圆弧的弧长**

STEP **01** 绘制一个圆弧作为标注对象。

STEP **02** 执行 DIMARC（DAR）命令，选择圆弧作为标注的对象。

STEP **03** 当系统提示【指定弧长标注位置或 [多行文字 (M)／ 文字 (T)／ 角度 (A)／ 部分 (P)／引线 (L)]:】时，指定弧长标注位置，如图 5-91 所示。

STEP **04** 单击鼠标结束弧长标注操作，弧长标注的效果如图 5-92 所示。

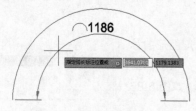 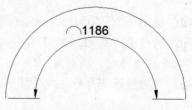

图5-91　指定弧长标注位置　　　　　　图5-92　弧长标注效果

7. 圆心标注

使用【圆心标记】命令可以标注圆或圆弧的圆心点,执行【圆心标记】命令有以下 3 种常用方法:

方法 1:选择【标注→圆心标记】菜单命令。

方法 2:单击【标注】工具栏中的【圆心标记】按钮⊙。

方法 3:执行 DIMCENTER(DCE)命令。

执行【圆心标记(DCE)】命令后,系统将提示【选择圆或圆弧:】,然后选择要标注的圆或圆弧,即可标注出圆或圆弧的圆心,如图 5-93 和图 5-94 所示。

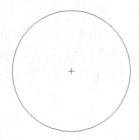

图5-93 标注圆形的圆心

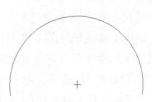

图5-94 标注圆弧的圆心

8. 连续标注

连续标注用于标注在同一方向上连续的线型或角度尺寸。在进行连续标注之前,需要对图形进行一次标注操作,以确定连续标注的起始点,否则无法进行连续标注。执行【连续】命令,可以从上一个或选定标注的第二尺寸界线处创建线性、角度或坐标的连续标注。

执行【连续】标注命令有以下 3 种常用方法:

方法 1:选择【标注→连续】命令。

方法 2:单击【标注】工具栏中的【连续】按钮┝┥。

方法 3:执行 DIMCONTINUE(DCO)命令。

练习76 使用【连续】命令标注多个图形的尺寸

STEP 01 参照如图 5-95 所示的效果绘制将要进行连续标注的图形。

STEP 02 执行【线性(DII)】命令,在图形左方进行线性标注,如图 5-96 所示。

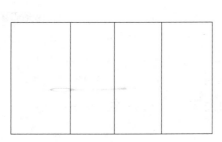

图5-95 绘制标注图形

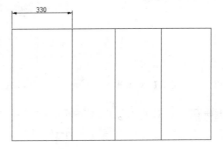

图5-96 线性标注对象

STEP 03 执行【连续(DCO)】命令,在系统提示下指定连续标注的第二条尺寸界线,如图 5-97 所示。

STEP 04 根据系统提示依次指定连续标注的第二条尺寸界线,对图形各个尺寸进行标注,连续标注的效果如图 5-98 所示。

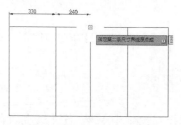

图5-97　指定连续标注的界线

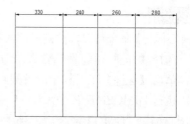

图5-98　连续标注的效果

9. 基线标注

【基线标注】命令用于标注图形中有一个共同基准的线型或角度尺寸。基线标注是以某一点、线、面作为基准，其他尺寸按照该基准进行定位，因此，在使用【基线】标注之前，需要对图形进行一次标注操作，以确定基线标注的基准点，否则无法进行基线标注。

执行【基线标注】命令有以下3种常用方法：

方法1： 选择【标注→基线】菜单命令。

方法2： 单击【标注】工具栏中的【基线】按钮 ⊟ 。

方法3： 执行 DIMBASELINE（DBA）命令。

练习77　使用【线性】和【基线】命令标注图形

STEP 01　参照如图5-99所示的效果绘制图形，并使用【线性（DLI）】命令为对象进行线性标注。

STEP 02　执行【基线（DBA）】命令，当系统提示【指定第二条尺寸界线原点或 [放弃 (U)/ 选择 (S)] 】时，输入【S】并确定，启用【选择（S）】选项，如图5-100所示。

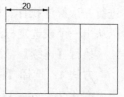

图5-99　进行线性标注

STEP 03　当系统提示【选择基准标注 :】时，选择前面创建的线性标注作为基准标注，如图5-101所示。

STEP 04　当系统提示【指定第二条尺寸界线原点或 [放弃 (U)/ 选择 (S)] 】时，指定第二条尺寸界线的原点，如图5-102所示。

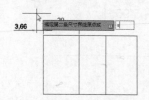

图5-100　输入【S】并确定

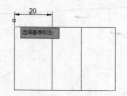

图5-101 选择基准标注

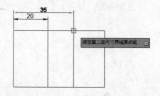

图5-102　指定第二个标注点

STEP 05　指定下一个尺寸界线的原点，如图5-103所示，然后按空格键进行确定，结束基线标注操作，基线标注的效果如图5-104所示。

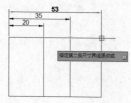

图5-103　指定下一个原点

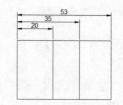

图5-104　基线标注效果

10. 快速标注

快速标注用于快速创建标注，其中包含了创建基线标注、连续尺寸标注、半径和直径等。执行【快速标注】命令有以下 3 种常用方法：

方法 1： 选择【标注→快速标注】菜单命令。

方法 2： 单击【标注】工具栏中的【快速标注】按钮回。

方法 3： 执行 QDIM 命令。

执行【快速标注（QDIM）】命令，系统将提示【选择要标注的几何图形：】，在此提示下选择标注图样，系统将提示【指定尺寸线位置或[连续/并列/基线/坐标/半径/直径/基准点/编辑]<>:】，该提示中各选项含义说明如下：

- 连续：用于创建连续标注。
- 并列：用于创建交错标注。
- 基线：用于创建基线标注。
- 坐标：以一基点为准，标注其他端点相对于基点的相对坐标。
- 半径：用于创建半径标注。
- 直径：用于创建直径标注。
- 基准点：确定用【基线】和【坐标】方式标注时的基点。
- 编辑：启动尺寸标注的编辑命令，用于增加或减少尺寸标注中尺寸界线的端点数。

练习78 使用【快速标注】命令标注多个图形尺寸

STEP 01 参照如图 5-105 所示的效果绘制将要进行快速标注的图形。

STEP 02 执行【快速标注（QDIM）】命令，然后使用窗口选择方式选择所有的图形，如图 5-106 所示。

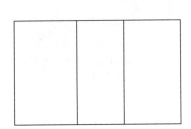

图5-105　绘制标注对象

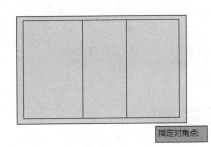

图5-106　选择标注对象

STEP 03 根据系统提示指定尺寸线位置，效果如图 5-107 所示，即可对选择的所有图形进行快速标注，快速标注的效果如图 5-108 所示。

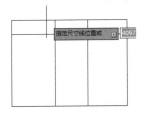

图5-107　指定尺寸线位置

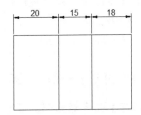

图5-108　快速标注效果

5.2.3 编辑标注

当创建尺寸标注后，如果需要对其进行修改，可以使用标注样式对所有标注进行修改，也可以单独修改图形中部分标注对象。

1. 修改标注样式

在进行尺寸标注的过程中，可以先设置好尺寸标注的样式，也可以在创建好标注后，对标注的样式进行修改，以适合标注的图形。

练习79   修改标注的样式

STEP 01 选择【标注→样式】菜单命令，在打开的【标注样式管理器】对话框中选中需要修改的样式，然后单击【修改】按钮，如图5-109所示。

STEP 02 在打开的【修改标注样式】对话框中即可根据需要对标注的各部分样式进行修改，修改好标注样式后，进行确定即可，如图5-110所示。

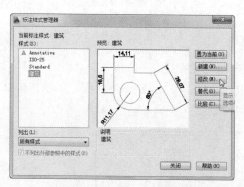

图5-109   标注样式管理器

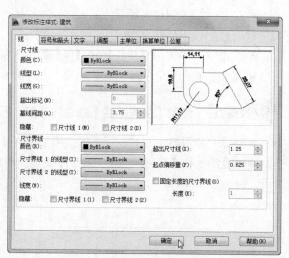

图5-110   修改标注样式

2. 编辑尺寸界线

使用DIMEDIT命令可以修改一个或多个标注对象上的文字标注和尺寸界线。执行DIMEDIT命令后，系统将提示【输入标注编辑类型 [默认 (H)/ 新建 (N)/ 旋转 (R)/ 倾斜 (O)] ＜默认 ＞: 】，其中各选项的含义说明如下：

- 默认 (H)：将旋转标注文字移动到默认位置。
- 新建 (N)：使用【多行文字编辑器】修改编辑标注文字。
- 旋转 (R)：旋转标注文字。
- 倾斜 (O)：调整线性标注尺寸界线的倾斜角度。

练习80   将标注中的尺寸界线倾斜 30 度

STEP 01 使用【线性】命令对图形进行标注，如图 5-111 所示。

STEP 02 执行 DIMEDIT 命令，在弹出的菜单中选择【倾斜】选项，如图 5-112 所示，然后选择创建的线性标注并确定。

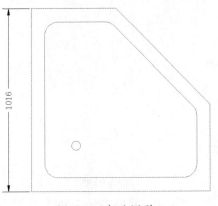

图5-111　标注图形

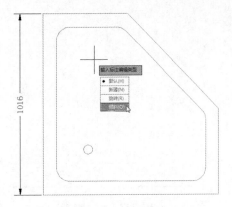

图5-112　选择【倾斜】选项

STEP 03 根据系统提示输入倾斜的角度为 30 并确定，如图 5-113 所示，倾斜尺寸界线后的效果如图 5-114 所示。

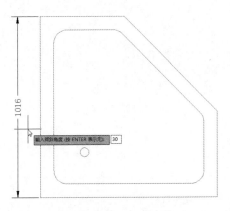

图5-113　输入倾斜角度

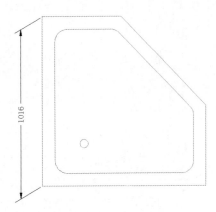

图5-114　倾斜效果

3. 编辑标注文字

使用 DIMTEDIT 命令可以移动和旋转标注文字。执行 DIMTEDIT 命令，选择要编辑的标注后，系统将提示【指定标注文字的新位置或 [左对齐 (L)/ 右对齐 (R)/ 居中 (C)/ 默认 (H)/ 角度 (A)]:】，其中各选项的含义说明如下：

- 新位置：拖曳时动态更新标注文字的位置。
- 左对齐 (L)：沿尺寸线左对正标注文字。
- 右对齐 (R)：沿尺寸线右对正标注文字。
- 居中 (C)：将标注文字放在尺寸线的中间。
- 默认 (H)：将标注文字移回默认位置。
- 角度 (A)：修改标注文字的角度。

练习81 将标注中的文字旋转 30 度

STEP 01 使用【线性】命令对图形进行标注，如图 5-115 所示。

STEP 02 执行 DIMTEDIT 命令，选择创建的线性标注并确定，然后输入字母 a 并确定，启用旋转文字选项，如图 5-116 所示。

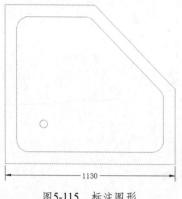

图5-115 标注图形

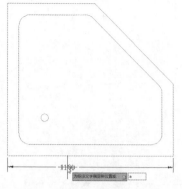

图5-116 选择【倾斜】选项

STEP 03 在系统提示【指定标注文字的角度 :】时，输入旋转的角度为 30 并确定，如图 5-117 所示，旋转标注文字后的效果如图 5-118 所示。

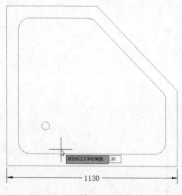

图5-117 输入旋转角度

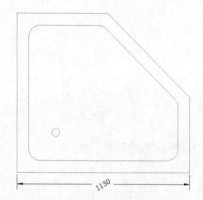

图5-118 旋转文字的效果

5.3 创建引线

在 AutoCAD 中，引线是由样条曲线或直线段连着箭头组成的对象，通常由一条水平线将文字和特征控制框连接到引线上。绘制图形时，通常可以使用引线功能标注图形特殊部分的尺寸或进行文字注释。

5.3.1 绘制多重引线

执行【多重引线】命令，可以创建连接注释与几何特征的引线，对图形进行标注。

执行【多重引线】命令的常用方法有以下 3 种：

方法 1：选择【标注→多重引线】命令。

方法 2：单击【多重引线】工具栏中的【多重引线】按钮 。

方法 3：执行 MLEADER 命令。

练习82 使用【多重引线】命令绘制矩形圆角尺寸

STEP 01 绘制一个长度为 80、圆角半径为 5 的矩形。

STEP 02 执行 MLEADER 命令，当系统提示【指定引线箭头的位置或 [引线基线优先 (L) / 内容优先 (C) / 选项 (O)]< 选项 >:】时，在图形中指定引线箭头的位置，如图 5-119 所示。

STEP 03 当系统提示【指定引线基线的位置 : 】时，在图形中指定引线基线的位置，如图 5-120 所示。

图5-119 指定箭头位置

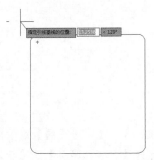

图5-120 指定引线基线的位置

STEP 04 在指定引线基线的位置后，系统将要求用户输入引线的文字内容，此时可以输入标注的文字，如图 5-121 所示

STEP 05 在弹出的【文字格式】工具栏中单击【确定】按钮，完成多重引线的标注，多重引线标注的效果如图 5-122 所示。

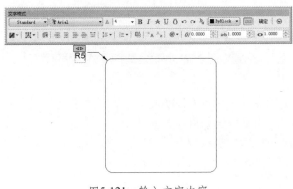

图5-121 输入文字内容

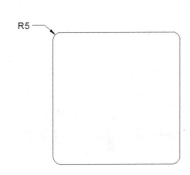

图5-122 多重引线标注

> **提示**
> 在建筑制图中，在不方便进行倒角或圆角的尺寸标注时，通常可以使用引线标注方式标注对象的倒角或圆角，C 表示倒角标注的尺寸，R 表示圆角标注的尺寸。

5.3.2 绘制快速引线

使用 QLEADER（QL）命令可以快速创建引线和引线注释。执行 QLEADER（QL）命令，可以使用【引线设置】对话框自定义该命令，以便提示用户适合绘图需要的引线点数和注释类型。

练习83 使用【快速引线】命令绘制图形说明内容

STEP 01 打开本书配套光盘中的【桌椅 .dwg】图形文件，如图 5-123 所示。

STEP 02 执行【快速引线（QLEADER）】命令，然后输入 S 并确定，如图 5-124 所示。

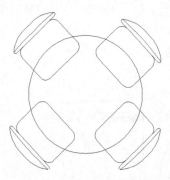

图5-123　打开素材

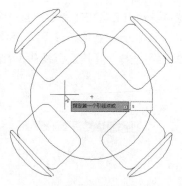

图5-124　输入S并确定

STEP 03 在打开的【引线设置】对话框中设置注释类型为【多行文字】，如图 5-125 所示。

STEP 04 选择【引线和箭头】选项卡，设置点数为 2，箭头样式为【点】，设置第一段的角度为水平，设置第二段的角度为任意角度并确定，如图 5-126 所示。

图5-125　设置注释类型

图5-126　设置引线和箭头

STEP 05 当系统继续提示【指定第一个引线点或 [设置 (S)]】时，在图形中指定引线的第一个点，如图 5-127 所示。

STEP 06 当系统提示【指定下一点：】时，向右方移动鼠标指定引线的下一个点，如图 5-128 所示。

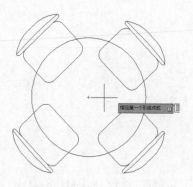

图5-127　指定第一个点

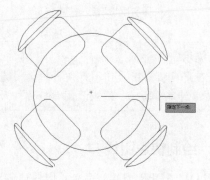

图5-128　指定下一个点

STEP 07 当系统提示【输入注释文字的第一行 < 多行文字 (M)>:】时，输入快速引线的文字内容【玻璃茶几】，如图 5-129 所示。

STEP 08 输入好文字内容后，连续按两次【Enter】键完成快速引线的绘制，快速引线的效果如图 5-130 所示。

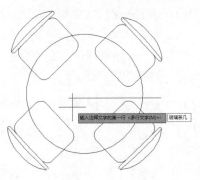

图5-129　输入文字

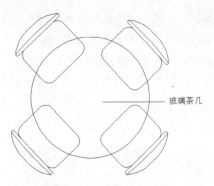

图5-130　创建快速引线效果

5.4 应用表格

表格是在行和列中包含数据的复合对象，可以用于绘制图纸中的标题栏和装配图明细栏。用户可以通过空的表格或表格样式创建表格对象。

5.4.1 表格样式

在创建表格之前可以先根据需要设置好表格的样式。

执行【表格样式】命令的常用方法有以下3种：

方法1：选择【格式→表格样式】菜单命令。

方法2：单击【样式】工具栏中的【表格样式】按钮 。

方法3：执行 TABLESTYLE 命令。

执行【表格样式（TABLESTYLE）】命令，打开【表格样式】对话框，在该对话框中可以修改当前表格样式，也可以新建和删除表格样式，如图 5-131 所示。

在【表格样式】对话框中主要选项的含义说明如下：

- 当前表格样式：显示应用于所创建表格的表格样式的名称，默认表格样式为 STANDARD。
- 样式：显示表格样式列表格，当前样式被亮显。
- 置为当前：将【样式】列表格中选定的表格样式设置为当前样式，所有新表格都将使用此表格样式创建。

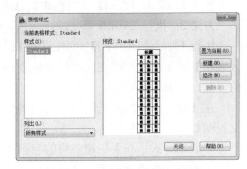

图5-131　【表格样式】对话框

- 新建：单击该按钮将打开【创建新的表格样式】对话框，从中可以定义新的表格样式。
- 修改：单击该按钮将打开【修改表格样式】对话框，从中可以修改表格样式。
- 删除：单击该按钮将删除【样式】列表格中选定的表格样式，但不能删除图形中正在使用的样式。

练习84 新建【建筑材料】表格样式

STEP 01 执行【表格样式（TABLESTYLE）】命令，打开【表格样式】对话框，单击【新建】按钮。

STEP **02** 在打开的【创建新的表格样式】对话框中输入新的表格样式名称【建筑材料】，然后单击【继续】按钮，如图 5-132 所示。

STEP **03** 打开【新建表格样式】对话框，在该对话框中可以设置新表格样式的参数，如图 5-133 所示。设置好新样式的参数后，单击【确定】按钮，即可创建新的表格样式。

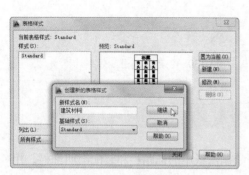

图5-132 新建表格样式

图5-133 设置表格样式

5.4.2 创建表格

可以从空表格或表格样式创建表格对象。完成表格的创建后，可以单击该表格上的任意网格线选中该表格，然后通过【特性】选项板或夹点编辑修改该表格对象。

执行【表格】命令通常有以下 3 种常用方法：

方法 1： 选择【绘图→表格】菜单命令。

方法 2： 单击【绘图】工具栏中的【表格】按钮。

方法 3： 执行 TABLE 命令。

执行【表格（TABLE）】命令，打开【插入表格】对话框，可以在此设置创建表格的参数，如图 5-134 所示。

在【插入表格】对话框主要选项的含义说明如下：

● 表格样式：在要创建表格的当前图形中选择表格样式。通过单击下拉列表旁边的按钮，用户可以创建新的表格样式。

● 从空表格开始：创建可以手动填充数据的空表格。

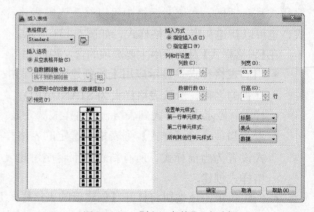

图5-134 【插入表格】对话框

● 自数据链接：从外部电子表格中的数据创建表格。

● 插入方式：指定表格位置。

● 指定插入点：指定表格左上角的位置。可以使用定点设备，也可以在命令提示下输入坐标值。

● 指定窗口：指定表格的大小和位置。

● 列和行设置：设置列和行的数目和大小。

● 列数：选定【指定窗口】选项并指定列宽时，【自动】选项将被选定，且列数由表格的宽度控制。

- 列宽：指定列的宽度。
- 数据行数：选定【指定窗口】选项并指定行高时，则选定了【自动】选项，且行数由表格的高度控制。带有标题行和表格头行的表格样式最少应有三行。最小行高为一个文字行。如果已指定包含起始表格的表格样式，则可以选择要添加到此起始表格的其他数据行的数量。
- 行高：按照行数指定行高。文字行高基于文字高度和单元边距，这两项均在表格样式中设置。
- 设置单元样式：对于那些不包含起始表格的表格样式，可以指定新表格中行的单元格式。
- 第一行单元样式：指定表格中第一行的单元样式。默认情况下，将使用标题单元样式。
- 第二行单元样式：指定表格中第二行的单元样式。默认情况下，将使用表头单元样式。
- 所有其他行单元样式：指定表格中所有其他行的单元样式。默认情况下，使用数据单元样式。
- 标题：保留新插入表格中的起始表格表头或标题行中的文字。
- 表格：对于包含起始表格的表格样式，从插入时保留的起始表格中指定表格元素。
- 数据：保留新插入表格中的起始表格数据行中的文字。

练习85 绘制建筑材料表格

STEP 01 选择【绘图→表格】菜单命令，打开【插入表格】对话框，设置列数为 2，数据行数为 3，然后单击【确定】按钮，如图 5-135 所示。

STEP 02 在绘图区指定插入表格的位置，即可创建一个表格，如图 5-136 所示。

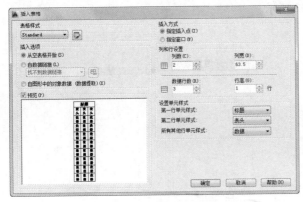

图5-135　设置表格参数

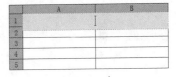

图5-136　插入表格

STEP 03 输入标题内容【基层材料】，然后在表格以外的区域单击鼠标，完成插入表格的操作，插入标题内容效果如图 5-137 所示。

STEP 04 单击表格中的单元格将其选择，如图 5-138 所示。

STEP 05 在选择的单元格中直接输入需要的文字【水泥】，如图 5-139 所示，然后在表格以外的地方单击鼠标，即可结束表格文字的输入操作。

基层材料	

图5-137　输入标题内容

图5-138　选中单元格

图5-139　输入数据内容

STEP 06 在其他单元格中输入其他相应的文字，完成后的表格效果如图 5-140 所示。

提示
在【插入表格】对话框中虽设置的数据行数为3，但是第一行和第二行分别为标题和表头对象，因此，加上3行数据行，插入的表格拥有5行对象。

基层材料	
水泥	10 包
河沙	3 吨
腻子	10 包
乳胶漆	2 桶

图5-140　创建表格

5.5　课后习题

1. 填空题

（1）创建单行文字的简化命令是＿＿＿＿＿＿＿。

（2）创建多行文字的简化命令是＿＿＿＿＿＿＿。

（3）设置标注样式的简化命令是＿＿＿＿＿＿＿。

（4）进行线性标注的简化命令是＿＿＿＿＿＿＿。

（5）进行连续标注的简化命令是＿＿＿＿＿＿＿。

（6）快速创建引线和引线注释的简化命令是＿＿＿＿＿＿＿。

2. 打开配套光盘中的"立门面 .dwg"素材文件，如图 5-141 所示，然后使用多重引线和文字命令对图形材质进行注释，效果如图 5-142 所示。

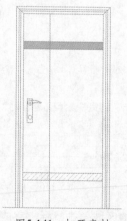

图5-141　打开素材

面板分逢填黑漆

浅灰色手扫漆

图5-142　注释材质

3. 打开配套光盘中的"平面图 .dwg"素材文件，在如图 5-143 所示平面图中标注图形尺寸并创建图形说明文字，完成后的效果如图 5-144 所示。

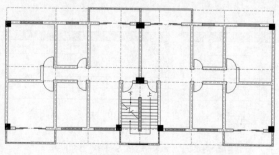

图5-143　平面图

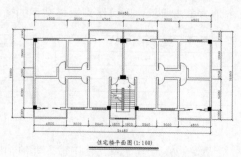

住宅楼平面图(1：100)

图5-144　标注平面图

第6章 三维图形的绘制与编辑

内容提要

➢ AutoCAD 提供了不同视角和显示图形的设置工具，可以很容易地在不同的用户坐标系和正交坐标系之间切换，从而更方便地绘制和编辑三维实体。使用强大的三维绘图和编辑功能，可以创建形状各异的三维模型，直观地表现出物体的实际形状。本章主要介绍了 AutoCAD 中的三维图形绘制与编辑知识，包括视图和显示控制、创建三维模型、创建网格对象、编辑三维模型、渲染模型和打印文件等。

6.1 视图控制

为了能够在三维空间中进行建模，可以选择进入 AutoCAD 提供的三维视图，可以使用选择视图或使用动态观察对象的方式对视图进行控制操作。

6.1.1 选择视图

在默认状态下，三维绘图命令绘制的三维图形都是俯视的平面图，可以根据系统提供的俯视、仰视、前视、后视、左视和右视 6 个正交视图和西南、西北、东南、东北 4 个等轴测视图分别从不同方位进行观察。在观察具有立体感的三维模型时，使用系统提供的西南、西北、东南和东北 4 个等轴测视图观察三维模型，可以使观察效果更加形象和直观。

可以使用以下两种常用方法切换场景中的视图：

方法 1：执行【视图→三维视图】菜单命令，然后子菜单中根据需要选择相应的视图命令，如图 6-1 所示。

方法 2：在【三维导航】工具栏中单击【视图控制】下拉按钮，然后在弹出的下拉列表中选择相应的视图选项，如图 6-2 所示。

图6-1　选择视图命令

图6-2　选择视图选项

6.1.2 动态观察模型

除了可以通过切换系统提供的三维视图来观察模型外，还可以使用动态的方式观察模型，其中包括受约束的动态观察、自由动态观察和连续动态观察 3 种模式。

1. 受约束的动态观察

受约束的动态观察是指沿 XY 平面或 Z 轴约束的三维动态观察。

执行【受约束的动态观察】的命令有以下 3 种常用方法：

方法 1：选择【视图→动态观察→受约束的动态观察】命令。

方法 2：单击【动态观察】工具栏上的【受约束的动态观察】按钮。

方法 3：输入 3dorbit 命令并确定。

执行上述任意命令后，绘图区会出现图标，如图 6-3 所示，这时拖动鼠标即可动态地观察对象，效果如图 6-4 所示，观察完毕后，按【Esc】键或【Enter】键即可退出操作。

图6-3　按住并拖动鼠标　　　　　　　图6-4　旋转视图效果

2. 自由动态观察

自由动态观察是指不参照平面，在任意方向上进行动态观察。当用户沿 XY 平面和 Z 轴进行动态观察时，视点是不受约束的。

执行【自由动态观察】的命令有以下 3 种常用方法：

方法 1：选择【视图→动态观察→自由动态观察】命令。

方法 2：单击【动态观察】工具栏上的【自由动态观察】按钮。

方法 3：输入 3dforbit 命令并确定。

执行上述任意命令后，绘图区会显示一个导航球，它被小圆分成 4 个区域，如图 6-5 所示，拖动这个导航球可以旋转视图，如图 6-6 所示。观察完毕后，按【Esc】键或【Enter】键即可退出操作。

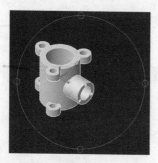
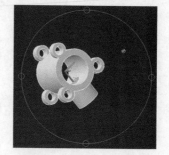

图6-5　按住并拖动鼠标　　　　　　　图6-6　自由动态观察

3. 连续动态观察

该动态观察可以让系统自动进行连续动态观察。执行连续动态观察的命令有以下 3 种常用方法：

方法 1：选择【视图→动态观察→连续动态观察】命令。

方法 2：单击【动态观察】工具栏上的【连续动态观察】按钮。

方法 3：输入 3dcorbit 命令并确定。

执行上述任意命令后，绘图区中出现⊗图标，在连续动态观察移动的方向上单击并拖动，使对象沿正在拖动的方向开始移动，然后释放鼠标，对象在指定的方向上继续沿它们的轨迹运动。其运动的速度由光标移动的速度决定。观察完毕后，按【Esc】键或【Enter】键即可退出操作。

6.2 视觉样式

在绘制三维模型时，默认状态下是以线框方式进行显示的，为了获得直观的视觉效果，可以更改视觉样式来改善显示效果。

6.2.1 应用视觉样式

执行【视图→视觉样式】菜单命令，在子菜单中可以根据需要选择相应的视图样式。在视觉样式菜单中各种视觉样式的含义说明如下：

- 二维线框：显示用直线和曲线表示边界的对象，光栅和OLE 对象、线型和线宽都是可见的，如图 6-7 所示。
- 线框：显示用直线和曲线表示边界对象的三维线框。线框效果与二维线框相似，只是在线框效果中将显示一个已着色的三维坐标，如果二维背景和三维背景颜色不同，线框与二维线框的背景颜色也不同，如图 6-8 所示。

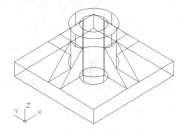

图6-7　二维线框效果

- 消隐：显示用三维线框表示的对象并隐藏表示后向面的直线，如图 6-9 所示。
- 真实：着色多边形平面间的对象，并使对象的边平滑化，将显示对象的材质，如图 6-10 所示。

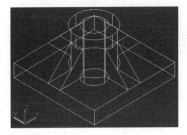

图6-8　线框效果

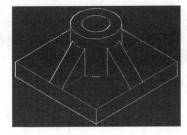

图6-9　消隐效果

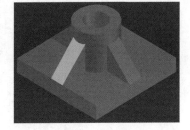

图6-10　真实效果

- 概念：着色多边形平面间的对象，并使对象的边平滑化。着色使用冷色和暖色之间的过渡。效果缺乏真实感，但是可以更方便地查看模型的细节，如图 6-11 所示。
- 着色：使用平滑着色显示对象，如图 6-12 所示。
- 带边缘着色：使用平滑着色和可见边显示对象，如图 6-13 所示。

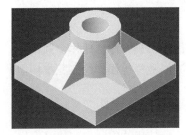

图6-11　概念效果

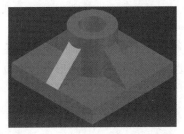

图6-12　着色效果

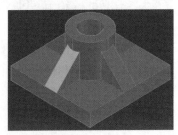

图6-13　带边缘着色效果

- 灰度：使用平滑着色和单色灰度显示对象，如图 6-14 所示。
- 勾画：使用线延伸和抖动边修改器显示手绘效果的对象，如图 6-15 所示。
- X 射线：以局部透明度显示对象，如图 6-16 所示。

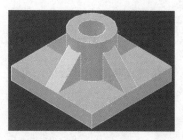
图6-14　灰度效果

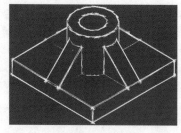
图6-15　勾画效果

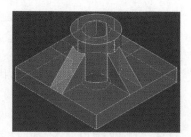
图6-16　X射线效果

6.2.2　视觉样式管理器

选择【视图→视觉样式→视觉样式管理器】命令，打开【视觉样式管理器】选项板，在其中可以创建和修改视觉样式并将视觉样式应用于视口。

练习86　创建新的视觉样式

STEP 01　选择【视图→视觉样式→视觉样式管理器】命令，将打开【视觉样式管理器】选项板，如图 6-17 所示。

STEP 02　单击选项板中的【创建新的视觉样式】按钮 ⊘，可以打开【创建新的视觉样式】对话框，用于创建新的视觉样式，如图 6-18 所示。

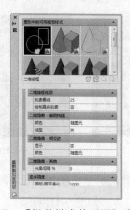
图6-17　【视觉样式管理器】选项板

图6-18　创建新的视觉样式

6.3　创建三维模型

通过 AutoCAD 提供的建模命令，可以直接绘制的模型包括多段体、长方体、球体、圆锥体、圆柱体、棱锥体、圆环体和楔体，也可以通过对二维图形进行旋转、拉伸、放样等操作绘制三维模型。

6.3.1　绘制多段体

使用【多段体】命令可以绘制三维墙状实体。可以使用创建多段线所使用的方法来创建多段体。

执行【多段体】命令有以下 3 种常用方法：

方法 1：选择【绘图→建模→多段体】命令。

方法 2：单击【建模】工具栏中的【多段体】按钮 🀙。

方法 3：执行 POLYSOLID 命令。

执行 POLYSOLID 命令后，系统将提示【指定起点或 [对象 (O)/ 高度 (H)/ 宽度 (W)/ 对正 (J)]】，其中各项含义说明如下：

- 对象：选择该项后，可以将指定的二维图形拉伸为三维实体。
- 高度：该选项用设置多段体的高度。
- 宽度：该选项用设置多段体的宽度。
- 对正：该选项用设置绘制多段线的对正方式，包括左对正、居中、右对正 3 种。

练习87 绘制墙体模型

STEP 01 执行【绘制→建模→长方体】菜单命令，系统提示【指定长方体的角点或 [中心点 (CE)]】时，单击鼠标指定长方体的起始角点坐标。

STEP 02 输入 POLYSOLID 并确定，当系统提示【指定起点或 [对象 (O)/ 高度 (H)/ 宽度 (W)/ 对正 (J)]】时，输入 h 并确定，选择【高度】选项，如图 6-19 所示，然后输入多段体的高度为 2800，如图 6-20 所示。

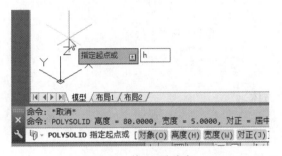

图6-19　输入h并确定

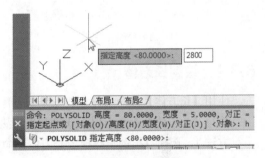

图6-20　指定宽度

STEP 03 当系统再次提示【指定起点或 [对象 (O)/ 高度 (H)/ 宽度 (W)/ 对正 (J)]】时，输入 W 并确定，选择【宽度】选项，如图 6-21 所示，然后输入多段体的宽度为 240，如图 6-22 所示。

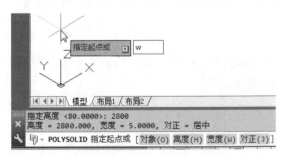

图6-21　输入w并确定

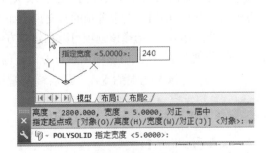

图6-22　指定宽度

STEP 04 根据系统提示指定多段体的起点，然后拖动鼠标指定多段体的下一个点，并输入该段多段体的长度并确定，如图 6-23 所示。

STEP 05 拖动鼠标指定多段体的下一个点，并输入该段多段体的长度并确定，如图 6-24 所示。

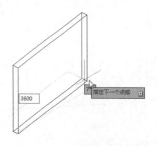

图6-23　指定第一段长度

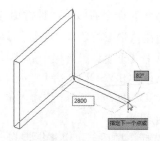

图6-24　指定下一段长度

STEP 06 拖动鼠标指定多段体的下一个点，输入多段体的长度并确定，如图 6-25 所示，然后按下空格键进行确定，完成多段体的绘制，创建多段体的效果如图 6-26 所示。

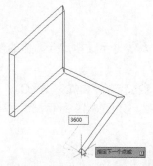

图6-25　指定下一段长度

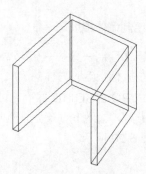

图6-26　创建多段体

6.3.2　绘制长方体

使用【长方体】命令可以创建三维长方体或立方体。

执行【长方体】命令有以下 3 种常用方法：

方法 1：选择【绘图→建模→长方体】命令。

方法 2：单击【建模】工具栏中的【长方体】按钮 □。

方法 3：执行 BOX 命令。

执行【长方体 (BOX)】命令后，系统将提示【指定长方体的角点或［中心点 (CE)］<0,0,0>】。确定立方体底面角点位置或底面中心，默认值为 <0,0,0>，输入后命令行将提示【指定角点或［立方体 (C)/ 长度 (L)］】。其中各项的含义说明如下：

- 立方体 (C)：选择该选项可以创建立方体。
- 长度 (L)：可以用该项创建长方体，创建时先输入长方体底面 X 方向的长度，然后继续输入长方体 Y 方向的宽度，最后输入正方体的高度值。

练习88　绘制指定大小的长方体

STEP 01 执行【绘制→建模→长方体】菜单命令，系统提示【指定长方体的角点或［中心点（CE)］】时，单击鼠标指定长方体的起始角点坐标。

STEP 02 当系统提示【指定角点或［立方体（C）／长度（L)］】时，输入 L 并确定，选择【长度（L)】选项。

STEP 03 当系统提示【指定长度】时，拖动鼠标指定绘制长方体的长度方向，然后输入长方体的长度值并确定，如图 6-27 所示。

STEP 04 拖动鼠标指定长方体的宽度方向，然后输入宽度值并确定，如图 6-28 所示。

STEP 05 当系统提示【指定高度】时，拖动鼠标指定长方体的高度方向，然后输入高度值并确定，如图 6-29 所示，即可完成长方体的创建，创建长方体效果如图 6-30 所示。

图6-27 指定长度

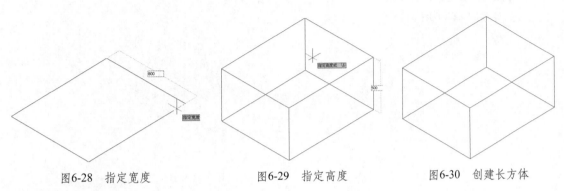

图6-28 指定宽度 　　　　图6-29 指定高度 　　　　图6-30 创建长方体

6.3.3 绘制球体

使用【球体】命令可以创建如图 6-31 所示的三维实心球体，该实体是通过半径或直径及球心来定义的。

执行【球体】命令有以下 3 种常用方法：

方法 1： 选择【绘图→建模→球体】命令。

方法 2： 单击【建模】工具栏中的【球体】按钮 ○ 。

方法 3： 执行 SPHERE 命令。

6.3.4 绘制圆柱体

使用【圆柱体】命令可以生成无锥度的圆柱体或椭圆柱体，如图 6-32 和图 6-33 所示。该实体与圆或椭圆被执行拉伸操作的结果类似。圆柱体是在三维空间中由圆的高度创建与拉伸圆或椭圆相似的实体原型。

执行【圆柱体】命令有以下 3 种常用方法：

方法 1： 选择【绘图→建模→圆柱体】命令。

方法 2： 单击【建模】工具栏中的【圆柱体】按钮 。

方法 3： 执行 CYLINDER 命令。

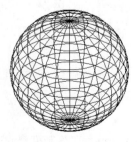

图6-31 球体 　　　　　图6-32 圆柱体 　　　　　图6-33 椭圆柱体

6.3.5 绘制圆锥体

使用 CONE(圆锥体) 命令可以创建实心圆锥体或圆台体的三维图形,该命令以圆或椭圆为底,垂直向上对称地变细直至一点, 如图 6-34 和图 6-35 所示为圆锥体和圆台体。

执行【圆锥体】命令有以下 3 种常用方法:

方法 1:选择【绘图→建模→圆锥体】命令。

方法 2:单击【建模】工具栏中的【圆锥体】按钮 。

方法 3:执行 CONE 命令。

图6-34 圆锥体　　　　　　　图6-35 圆台体

> ⭐ **提示**
>
> 创建圆锥体时,如果设置圆锥体的顶面半径为大于零的值,那么创建的对象将是一个圆台体。

6.3.6 绘制圆环体

使用【圆环体】命令可以创建圆环体对象,如图 6-36 所示。如果圆管半径和圆环体半径都是正值,且圆管半径大于圆环体半径, 结果就像一个两极凹陷的球体;如果圆环体半径为负值,圆管半径为正值,且大于圆环体半径的绝对值,则结果就像一个两极尖锐突出的球体,如图 6-37 所示。

执行【圆环体】命令有以下 3 种常用方法:

方法 1:选择【绘图→建模→圆环体】命令。

方法 2:单击【建模】工具栏中的【圆环体】按钮 ◎。

方法 3:执行 TORUS (TOR) 命令。

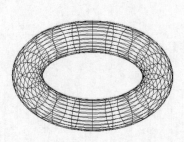

图6-36 圆环体　　　　　　　图6-37 异形圆环

6.3.7 绘制棱锥体

执行【棱锥体】命令,可以创建倾斜至一个点的棱锥体,如图 6-38 所示,在绘制模型的过程中,如果重新指定模型顶面半径为大于零的值，可以绘制出棱台体，如图 6-39 所示。

执行【棱锥体】命令有以下 3 种常用方法：

方法 1：选择【绘图→建模→棱锥体】命令。

方法 2：单击【建模】工具栏中的【棱锥体】按钮△。

方法 3：执行 PYRAMID 命令。

6.3.8 绘制楔体

执行【楔体】命令，可以创建倾斜面在 X 轴方向的三维实体，如图 6-40 所示。

执行【楔体】命令有以下 3 种常用方法：

方法 1：选择【绘图→建模→楔体】命令。

方法 2：单击【建模】工具栏中的【楔体】按钮△。

方法 3：执行 WEDGE 命令。

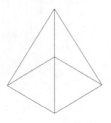
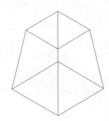
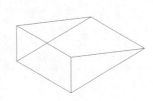

图6-38　棱锥体　　　　图6-39　棱台体　　　　图6-40　楔体

6.3.9 绘制拉伸实体

使用【拉伸】命令可以沿指定路径拉伸对象或按指定高度值和倾斜角度拉伸对象，从而将二维图形拉伸为三维实体。

执行【拉伸】命令有以下 3 种常用方法：

方法 1：选择【绘图→建模→拉伸】命令。

方法 2：单击【建模】工具栏中的【旋转】按钮 。

方法 3：执行 EXTRUDE（EXT）命令。

使用【拉伸】命令创建三维实体的过程中，命令提示中主要选项的含义说明如下：

方法 1：指定拉伸高度：默认情况下，将沿对象的法线方向拉伸平面对象。如果输入正值，将沿对象所在坐标系的 Z 轴正方向拉伸对象。如果输入负值，将沿 Z 轴负方向拉伸对象。

方法 2：方向 (D)：通过指定的两点指定拉伸的长度和方向。

方法 3：路径 (P)：选择基于指定曲线对象的拉伸路径。路径将移动到轮廓的质心。然后沿选定路径拉伸选定对象的轮廓以创建实体或曲面。

练习89　绘制两个二维图形，然后将其拉伸为实体

STEP 01　使用【多边形（POL）】命令绘制一个六边形图形，然后使用【圆（C）】命令绘制一个圆形，如图 6-41 所示。

STEP 02　执行【ISOLINES】命令，设置线框密度为 24，然后将视图转换为西南等轴测视图。

STEP 03　选择【绘图→建模→拉伸】命令，使用交叉选择的方式选择绘制的六边形和圆形，如图 6-42 所示。

STEP 04 当系统提示【指定拉伸的高度或 [方向 (D)/ 路径 (P)/ 倾斜角 (T)]：】时，输入拉伸对象的高度值并确定，如图 6-43 所示，即可完成拉伸二维图形的操作，拉伸效果如图 6-44 所示。

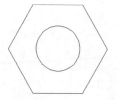
图6-41　绘制二维图形

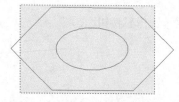
图6-42　选择图形

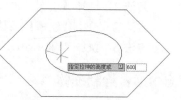
图6-43　指定高度

> ★ **提示**
> 三维实体表面以线框的形式来表示，线框密度由系统变量 ISOLINES 控制。系统变量 ISOLINES 的数值范围为 4 ～ 2047，数值越大，线框越密。

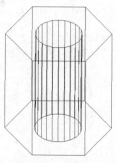
图6-44　拉伸效果

6.3.10　绘制旋转实体

使用【旋转】命令可以通过绕轴旋转开放或闭合的平面曲线来创建新的实体或曲面，并且可以同时旋转多个对象。

执行【旋转】命令有以下 3 种常用方法：

方法 1： 选择【绘图→建模→旋转】命令。

方法 2： 单击【实体】工具栏中的【旋转】按钮 。

方法 3： 执行 REVOLVE（REV）命令并确定。

练习90　绘制二维图形并将其旋转为实体

STEP 01 使用【多段线（PL）】命令绘制一段如图 6-45 所示的线条图形。

STEP 02 选择【绘图→建模→旋转】命令，选择绘制的多段线图形，如图 6-46 所示。

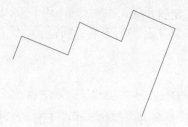
图6-45　绘制多段线

图6-46　选择图形

STEP 03 当系统提示【指定轴起点或根据以下选项之一定义轴 [对象 (O)/X/Y/Z]：】时，指定旋转轴的起点，如图 6-47 所示。当系统提示【指定轴端点 :】时，指定旋转轴的端点，如图 6-48 所示。

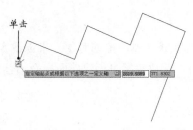

图6-47　指定轴起点

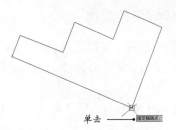

图6-48　指定轴端点

STEP **04** 当系统提示【指定旋转角度或［起点角度(ST)]：】时，指定旋转的角度为180，如图 6-49 所示，然后按空格键进行确定，完成对二维图形的旋转，旋转效果如图 6-50 所示。

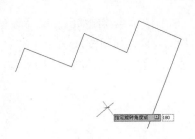

图6-49　指定旋转角度

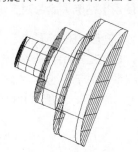

图6-50　旋转效果

6.3.11　绘制放样实体

使用【放样】命令可以通过对包含两条或两条以上横截面曲线的一组曲线进行放样来创建三维实体或曲面。其中横截面决定了放样生成实体或曲面的形状，它可以是开放的线或直线，也可以是闭合的图形，如圆，椭圆、多边形和矩形等。

执行【放样】命令有以下 3 种常用方法：

方法 1： 选择【绘图→建模→放样】命令。

方法 2： 单击【建模】工具栏中的【放样】按钮。

方法 3： 执行 LOFT 命令。

练习91　使用【放样】命令对二维图形进行放样

STEP **01** 使用【样条曲线（SPL）】命令绘制一条曲线，使用【圆（C）】命令绘制 3 个圆，如图 6-51 所示。

STEP **02** 选择【绘图→建模→放样】命令，根据提示依次选择作为放样横截面的 3 个圆，如图 6-52 所示。

STEP **03** 在弹出的菜单列表中选择【路径（P）】选项，如图 6-53 所示，然后选择曲线作为路径对象，即可完成二维图形的放样操作，放样效果如图 6-54 所示。

图6-51　绘制二维图形　　　图6-52　选择图形　　　图6-53　选择选项　　　图6-54　放样效果

6.3.12 绘制扫掠实体

使用【扫掠】命令可以通过沿指定路径延伸轮廓形状（被扫掠的对象）来创建实体或曲面。沿路径扫掠轮廓时，轮廓将被移动并与路径垂直对齐。开放轮廓可创建曲面，而闭合曲线可创建实体或曲面。

执行【扫掠】命令有以下 3 种常用方法：

方法 1： 选择【绘图→建模→扫掠】命令。

方法 2： 单击【建模】工具栏中的【扫掠】按钮 ⑤ 。

方法 3： 执行 SWEEP 命令。

练习92 使用【扫掠】命令对二维图形进行扫掠

STEP 01 使用【矩形（REC）】命令和【样条曲线（SPL）】命令绘制如图 6-55 所示的二维图形。

STEP 02 执行 SWEEP 命令，然后选择矩形作为扫掠对象，如图 6-56 所示。

STEP 03 根据系统提示输入 t 并确定，启用【扭曲 (T)】选项，如图 6-57 所示，然后输入扭曲的角度（如 30）并确定，如图 6-58 所示。

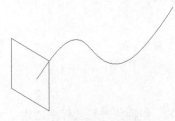
图6-55　绘制二维图形

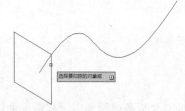
图6-56　选择扫掠对象

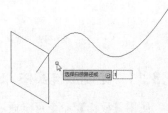
图6-57　输入t并确定

STEP 04 选择样条曲线作为扫掠的路径对象，如图 6-59 所示，即可完成扫掠的操作，扫掠效果如图 6-60 所示。

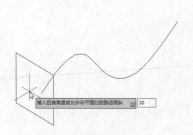
图6-58　输入扭曲的角度

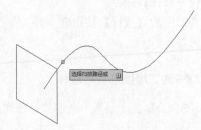
图6-59　选择扫掠路径

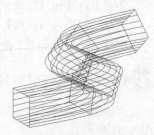
图6-60　扫掠效果

6.4　创建网格对象

通过创建网格对象可以绘制更为复杂的三维模型，可以创建的网格对象包括旋转网格、平移网格、直纹网格和边界网格对象。

6.4.1　设置网格密度

在网格对象中，可以使用系统变量 SURFTAB1 和 SURFTAB2 分别控制旋转网格在 M、N 方向的网格密度，其中旋转轴定义为 M 方向，旋转轨迹定义为 N 方向。SURFTAB1 和 SURFTAB2 的预设值为 6，网格密度越大，生成的网格面越光滑。

练习93 设置网格 1 和网格 2 的密度

STEP 01 执行 SURFTAB1 命令，然后根据系统提示输入 SURFTAB1 的新值，再按【Enter】键进行确定，如图 6-61 所示。

STEP 02 执行 SURFTAB2 命令，然后根据系统提示输入 SURFTAB2 的新值，再按【Enter】键进行确定，如图 6-62 所示。

STEP 03 设置 SURFTAB1 值为 24，设置 SURFTAB2 值为 8 后，创建的边界网格的效果如图 6-63 所示。

图6-61 输入SURFTAB1的新值

STEP 04 如果设置 SURFTAB1 值为 6，设置 SURFTAB2 值为 6，创建的边界网格的效果如图 6-64 所示。

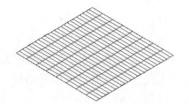
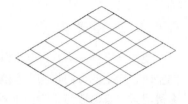

图6-62 输入SURFTAB2的新值　　　图6-63 边界网格的效果1　　　图6-64 边界网格的效果2

> **提示**
> 应先设置 SURFTAB1 和 SURFTAB2 的值，再绘制网格对象，修改 SURFTAB1 和 SURFTAB2 的值，只能改变后面绘制的网格对象的密度，而不能改变之前绘制的网格对象的密度。

6.4.2 旋转网格

旋转网格是通过将路径曲线或轮廓（直线、圆、圆弧、椭圆、椭圆弧、闭合多段线、多边形、闭合样条曲线或圆环）绕指定的轴旋转构造一个近似于旋转网格的多边形网格。

在创建三维形体时，可以使用【旋转网格】命令将形体截面的外轮廓线围绕某一指定轴旋转一定的角度生成一个网格。被旋转的轮廓线可以是圆、圆弧、直线、二维多段线、三维多段线，但旋转轴只能是直线、二维多段线和三维多段线。旋转轴选取的是多段线，那实际轴线为多段线两端点的连线。

执行【旋转网格】命令有以下两种常用方法：

方法 1：执行【绘图→建模→网格→旋转网格】菜单命令。

方法 2：执行 REVSURF 命令。

练习94 使用【旋转网格】命令绘制瓶子图形

STEP 01 在左视图中使用【样条曲线（SPL）】命令和【直线（L）】命令绘制两个线条图形，如图 6-65 所示是由一条样条曲线和一条垂直直线组成的图形。

STEP 02 执行 SURFTAB1 命令，将网络密度值 1 设置为 24，然后执行 SURFTAB2 命令，将网络密度值 2 设置为 24。

STEP 03 切换到西南等轴测视图中，执行【绘图→建模→网格→旋转网格】菜单命令，选择样条曲线作为要旋转的对象，如图 6-66 所示。

STEP 04 系统提示【选择定义旋转轴的对象：】时，选择垂直直线作为旋转轴，如图 6-67 所示。

STEP 05 保持默认起点角度和包含角并确定，完成旋转网格的创建，旋转网格的效果如图 6-68 所示。

 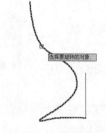 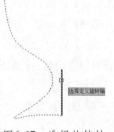 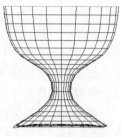

图6-65　绘制图形　　　图6-66　选择旋转对象　　　图6-67　选择旋转轴　　　图6-68　创建旋转网格

6.4.3　平移网格

使用【平移网格】命令可以创建以一条路径轨迹线沿着指定方向拉伸而成的网格，创建平移网格时，指定的方向将沿指定的轨迹曲线移动。创建平移网格时，拉伸向量线必须是直线、二维多段线或三维多段线，路径轨迹线可以是直线、圆弧、圆、二维多段线或三维多段线。拉伸向量线选取多段线则拉伸方向为两端点连线，且拉伸面的拉伸长度即为向量线长度。

执行【平移网格】命令有以下两种常用方法：

方法 1：执行【绘图→建模→网格→平移网格】菜单命令。

方法 2：执行 TABSURF 命令。

练习95　使用【平移网格】命令绘制平移网格

STEP 01 使用【多边形（POL）】命令和【直线（L）】命令创建一个多边形和一条直线，创建的效果如图 6-69 所示。

STEP 02 执行【TABSURF】命令，选择多边形对象作为轮廓曲线的对象，如图 6-70 所示。

STEP 03 当系统提示【选择用作方向矢量的对象：】时，选择如图 6-71 所示的直线作为方向矢量的对象，创建的平移网格效果如图 6-72 所示。

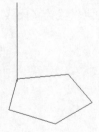 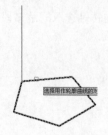 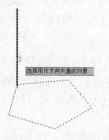 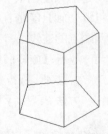

图6-69　创建图形　　　图6-70　选择多边形　　　图6-71　选择直线　　　图6-72　平移网格效果

6.4.4　直纹网格

使用【直纹网格】命令可以在两条曲线之间构造一个表示直纹网格的多边形网格，在创建直纹网格的过程中，所选择的对象用于定义直纹网格的边。

在创建直纹网格对象时，选择的对象可以是点、直线、样条曲线、圆、圆弧或多段线。如果有一个边界是闭合的，那么另一个边界必须也是闭合的。可以将一个点作为开放或闭合曲线的另一个边界，但是只能有一个边界曲线可以是一个点。

执行【直纹网格】命令有以下两种常用方法：

方法1：执行【绘图→建模→网格→直纹网格】菜单命令。

方法2：执行 RULESURF 命令。

练习96 使用【直纹网格】命令绘制创建直纹网格

STEP01 切换到西南等轴测视图中，使用【圆弧（A）】和【直线（L）】命令绘制一个圆弧和一条直线，如图 6-73 所示。

STEP02 执行 RULESURF 命令，系统提示【选择第一条定义曲线：】时，选择圆弧作为第一条定义曲线，如图 6-74 所示。

STEP03 在系统提示【选择第二条定义曲线：】时，选择直线作为第二条定义曲线，如图 6-75 所示，创建的直纹网格效果如图 6-76 所示。

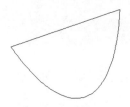   

图6-73　绘制图形　　图6-74　选择圆弧　　图6-75　选择直线　　图6-76　创建直纹网络效果

6.4.5　边界网格

使用【边界网格】命令可以创建一个三维多边形网格，此多边形网格近似于一个由四条邻接边定义的曲面片网格。

执行【边界网格】命令有以下两种常用方法：

方法1：执行【绘图→建模→网格→边界网格】菜单命令。

方法2：执行 EDGESURF 命令。

练习97 使用【边界网格】命令绘制边界网格对象。

STEP01 使用【圆弧（ARC）】命令和【直线（L）】命令创建一条弧线和三条直线组成封闭的图形，如图 6-77 所示。

STEP02 执行【EDGESURF】命令，然后选择如图 6-78 所示的弧线作为网格边界的对象 1。

STEP03 当系统提示【选择用作网格边界的对象 2】时，选择第一条直线段，如图 6-79 所示。

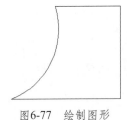 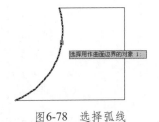 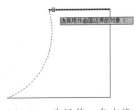

图6-77　绘制图形　　　　　图6-78　选择弧线　　　　　图6-79　选择第一条直线

STEP 04 当系统提示【选择用作网格边界的对象 3】时，选择下一条直线段，如图 6-80 所示。

STEP 05 当系统提示【选择用作网格边界的对象 4】时，选择最后一条直线段，如图 6-81 所示，即可完成边界网格的创建，效果如图 6-82 所示。

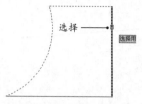

图6-80　选择第二条直线

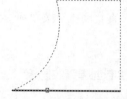

图6-81　选择第三条直线

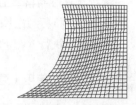

图6-82　创建边界网格效果

> **提示**
>
> 创建边界网格时，选择定义的网格片必须是四条邻接边。邻接边可以是直线、圆弧、样条曲线或开放的二维或三维多段线。这些边必须在端点处相交以形成一个拓扑形式的矩形的闭合路径。

6.5　编辑三维模型

在创建三维模型的操作中，可以对实体进行三维编辑。例如，对模型进行三维移动、三维旋转、三维镜像、三维阵列、倒角、圆角和布尔运算等，从而创建更复杂的模型。

6.5.1　三维移动模型

执行【三维移动】命令，可以将实体按钮指定方向和距离在三维空间中进行移动，从而改变对象的位置。

执行【三维移动】命令的常用方法有以下 3 种：

方法 1： 选择【修改→三维操作→三维移动】命令。

方法 2： 单击【建模】工具栏中的【三维移动】按钮 ⊕。

方法 3： 执行 3DMOVE 命令。

练习98　使用【三维移动】命令移动模型到指定位置

STEP 01 创建一个圆柱体和一个圆锥体作为操作对象。

STEP 02 执行 3DMOVE 命令，选择圆锥体作为要移动的实体对象并确定，如图 6-83 所示。

STEP 03 当系统提示【指定基点：】时，在圆锥体底面中心点处指定移动的基点，如图 6-84 所示。

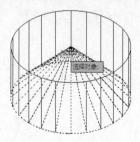

图6-83　选择对象

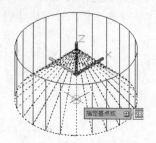

图6-84　指定基点

STEP 04 当系统提示【指定第二个点或 < 使用第一个点作为位移 >】时，向上移动鼠标捕捉圆柱体顶面中心点，指定移动的第二个点，如图 6-85 所示，移动实体后的效果如图 6-86 所示。

图6-85　指定第二个点　　　　　　图6-86　移动效果

6.5.2　三维旋转模型

使用【三维旋转】命令可以将实体绕指定轴在三维空间中进行一定方向的旋转，以改变实体对象的方向。

执行【三维旋转】命令的常用方法有以下 3 种：

方法 1：选择【修改→三维操作→三维旋转】命令。

方法 2：单击【建模】工具栏中的【三维旋转】按钮 ⊕ 。

方法 3：执行 3DROTATE 命令。

练习99　使用【三维旋转】命令旋转长方体

STEP 01 创建一个长方体作为三维旋转对象。

STEP 02 执行 3DROTATE 命令，选择创建的长方体作为要旋转的实体对象并确定。

STEP 03 当系统提示【指定基点：】时，指定旋转的基点位置，如图 6-87 所示。

STEP 04 当系统提示【拾取旋转轴：】时，选择其中一个轴作为旋转的轴，如选择 X 轴，如图 6-88 所示。

STEP 05 当系统提示【指定角的起点或键入角度：】时，输入旋转的角度，如图 6-89 所示，然后进行确定，旋转后的效果如图 6-90 所示。

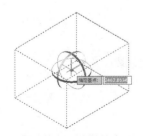
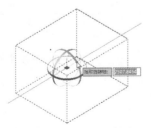
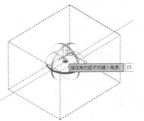
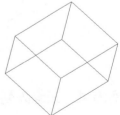

图6-87　选择基点　　　图6-88　选择旋转轴　　　图6-89　指定旋转角度　　　图6-90　旋转效果

6.5.3　三维镜像模型

使用【三维镜像】命令可以将三维实体按指定的三维平面作对称性复制。执行【三维镜像】命令有如下两种常用方法。

方法 1：选择【修改→三维操作→三维镜像】命令。

方法 2：执行 MIRROR3D 命令。

练习100 使用【三维镜像】命令对镜像复制模型

STEP 01 创建一个多段体作为镜像复制对象。

STEP 02 执行 MIRROR3D 命令，选择创建的多段体并确定。

STEP 03 在系统提示【指定镜像平面 (三点) 的第一个点或 [对象 (O)/ 最近的 (L)/Z 轴 (Z)/ 视图 (V)/XY 平面 (XY)/YZ 平面 (YZ)/ZX 平面 (ZX)/ 三点 (3)]：】时，指定镜像平面的第一个点，如图 6-91 所示。

STEP 04 在系统提示【在镜像平面上指定第二点：】时，指定镜像平面的第二个点，如图 6-92 所示。

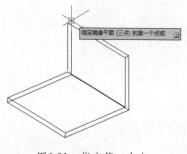
图6-91 指定第一个点

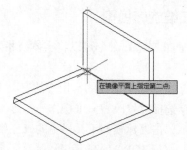
图6-92 指定第二个点

STEP 05 在系统提示【在镜像平面上指定第三点 :】时，指定镜像平面的第三个点，如图 6-93 所示。

STEP 06 保持默认选项【否（N）】并确定，完成镜像复制操作，镜像复制的效果如图 6-94 所示。

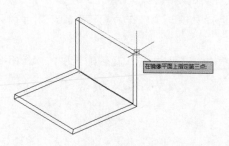
图6-93 指定第三个点

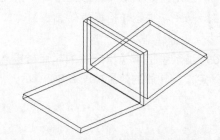
图6-94 镜像复制效果

6.5.4 三维阵列模型

【三维阵列】命令与二维图形中的阵列比较相似，可以进行矩形阵列，也可以进行环形阵列，但在三维阵列命令中，进行阵列复制操作时多了层数的设置，在进行环形阵列操作时，其阵列中心并非由一个阵列中心点可以控制，而是由阵列中心的旋转轴而确定的。

执行【三维阵列】命令的常用方法有以下 3 种：

方法 1：选择【修改→三维操作→三维阵列】命令。

方法 2：单击【建模】工具栏中的【三维阵列】按钮 ⊕。

方法 3：执行 3DARRAY 命令。

练习101 **使用【三维阵列】命令矩形阵列模型**

STEP 01 创建一个边长为 10 的立方体作为三维阵列对象。

STEP 02 执行 3DARRAY 命令，选择球体作为要阵列的实体对象并确定。

STEP 03 在弹出的菜单中选择【矩形 (R)】选项，如图 6-95 所示，当系统提示【输入行数 (---): < 当前 >】时，输入阵列的行数并确定，如图 6-96 所示。

STEP 04 当系统提示【输入列数 (---):< 当前 >】时，设置阵列的列数，如图 6-97 所示，然后设置阵列的层数，如图 6-98 所示。

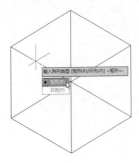

图6-95　选择阵列类型

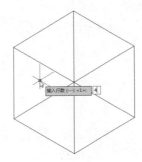

图6-96　设置阵列行数

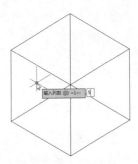

图6-97　设置阵列列数

STEP 05 当系统提示【指定行间距 (---):< 当前 >】时，设置阵列的行间距，如图 6-99 所示，然后设置阵列的列间距，如图 6-100 所示。

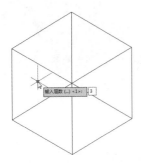

图6-98　设置阵列层数

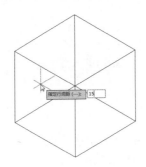

图6-99　指定行间距

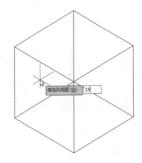

图6-100　指定列间距

STEP 06 当系统提示【指定层间距 (---):< 当前 >】时，设置阵列的层间距，如图 6-101 所示，然后进行确定，矩形阵列后的效果如图 6-102 所示。

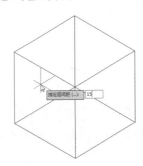

图6-101　指定层间距

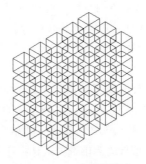

图6-102　矩形阵列效果

练习102 使用【三维阵列】命令环形阵列模型

STEP 01 创建一个圆和一个球体作为环形阵列对象。

STEP 02 执行 3DARRAY 命令，选择球体作为要阵列的对象，在弹出的菜单中选择【环形 (P)】选项，如图 6-103 所示。

STEP 03 当系统提示【输入阵列中的项目数目 :】时，设置阵列的数目，如图 6-104 所示。

STEP 04 当系统提示【指定要填充的角度（+ = 逆时针 , - = 顺时针）< 当胶 >:】时，设置阵列填充的角度，如图 6-105 所示，然后设置阵列中心点，如图 6-106 所示。

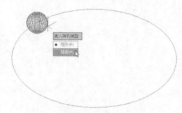

图6-103　选择阵列类型

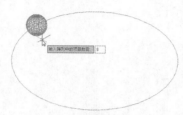

图6-104　设置阵列数目

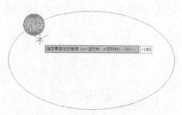

图6-105　设置阵列填充角度

STEP 05 当系统提示【指定旋转轴上的第二点 :】时，输入第二点的相对坐标，以确定第二点与第一点在垂直线上，如图 6-107 所示，然后进行确定，矩形阵列效果如图 6-108 所示。

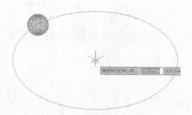

图6-106　设置阵列中心点

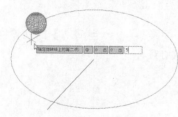

图6-107　指定第二点

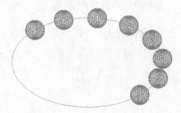

图6-108　环形阵列效果

6.5.5　倒角模型

使用【倒角边】命令可以为三维实体边和曲面边建立倒角。在创建倒角边的操作中，可以同时选择属于相同面的多条边。在设置倒角边的距离时，可以通过输入倒角距离值或单击并拖动倒角夹点来确定。

执行【倒角边】命令的常用方法有以下 3 种：

方法 1：选择【修改→实体编辑→倒角边】命令。

方法 2：单击【实体编辑】工具栏中的【倒角边】按钮◈。

方法 3：执行 CHAMFEREDGE 命令。

执行 CHAMFEREDGE 命令，系统将提示【选择一条边或 [环 (L)/ 距离 (D)]:】，其中各选项的含义说明如下：

● 选择边：选择要建立倒角的一条实体边或曲面边。

● 距离：选择该项，可以设定倒角边的距离 1 和距离的值。其默认值为 1。

● 环：对一个面上的所有边建立倒角。对于任何边，都有两种可能的循环。选择循环边后，系统将提示您接受当前选择或选择下一个循环。

练习103 对长方体的边进行倒角

STEP 01 绘制一个长度为 80、宽度为 80、高度为 60 的长方体。

STEP 02 选择【修改→实体编辑→倒角边】命令,然后选择长方体的一个边作为倒角边对象,如图 6-109 所示。

STEP 03 在系统提示【选择一条边或 [环 (L)/ 距离 (D)]:】时,输入 d 并确定,以选择【距离 (D)】选项,如图 6-110 所示。

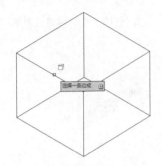

图6-109　选择倒角边对象

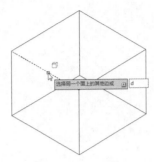

图6-110　输入d并确定

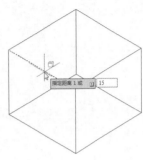

图6-111　设置距离1

STEP 04 根据系统提示输入【距离 1】的值为 15 并确定,如图 6-111 所示。

STEP 05 根据系统提示输入【距离 2】的值为 20 并确定,如图 6-112 所示。

STEP 06 当系统提示【选择同一个面上的其他边或 [环 (L)/ 距离 (D)]】时,如图 6-113 所示,连续两次按空格键进行确定,完成倒角边的操作,倒角边效果如图 6-114 所示。

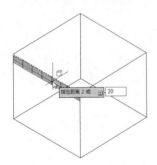

图6-112　设置距离2

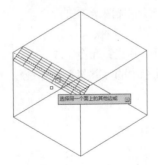

图6-113　系统提示

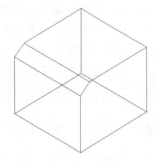

图6-114　倒角边效果

6.5.6　圆角模型

使用【圆角边】命令可以为实体对象的边制作圆角,在创建圆角边的操作中,可以选择多条边。圆角的大小可以通过输入圆角半径值或单击并拖动圆角夹点来确定。

执行【倒角边】命令的常用方法有以下 3 种:

方法 1:选择【修改→实体编辑→圆角边】命令。

方法 2:单击【实体编辑】工具栏中的【圆角边】按钮 。

方法 3:执行 FILLETEDGE 命令。

练习104 对长方体的边进行圆角

STEP 01 绘制一个长度为 80、宽度为 80、高度为 60 的长方体。

STEP 02 执行 FILLETEDGE 命令，选择长方体的一个边作为圆角边对象，如图 6-115 所示。

STEP 03 在弹出的菜单列表中选择【半径（R）】选项，如图 6-116 所示。

STEP 04 设置圆角半径的值为 15，如图 6-117 所示，然后按空格键进行确定圆角边操作，效果如图 6-118 所示。

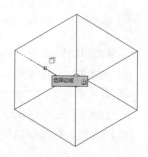

图6-115 选择圆角边对象

图6-116 选择【半径（R）】选项

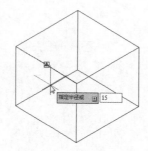

图6-117 设置圆角半径

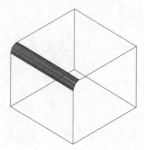

图6-118 圆角边效果

6.5.7 并集运算模型

执行【并集】命令可以将选定的两个或两个以上的实体合并成为一个新的整体。并集实体也就是两个或多个现有实体的全部体积合并起来形成的。

执行【并集】命令的常用方法有以下 3 种：

方法 1： 选择【修改→实体编辑→并集】命令。

方法 2： 单击【实体编辑】工具栏中的【并集】按钮 ◎ 。

方法 3： 执行 UNION（UNI）命令。

练习105 使用【并集】命令合并模型

STEP 01 绘制两个长方体作为并集对象，如图 6-119 所示。

STEP 02 执行 UNION 命令，选择绘制的两个长方体并确定，并集效果如图 6-120 所示。

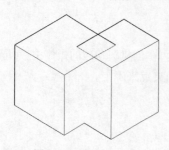

图6-119 绘制长方体

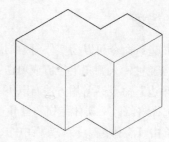

图6-120 并集长方体

6.5.8 差集运算模型

执行【差集】命令，可以将选定的组合实体或面域相减得到一个差集整体。在绘制机械模型时，常用【差集】命令对实体或面域上进行开槽、钻孔等处理。

执行【差集】命令的常用方法有以下 3 种：

方法 1：选择【修改→实体编辑→差集】命令。

方法 2：单击【实体编辑】工具栏中的【差集】按钮 ⊘ 。

方法 3：执行 SUBTRACT（SU）命令。

练习106　使用【差集】命令对模型进行差集运算

STEP 01　绘制两个相交的长方体，如图 6-121 所示。

STEP 02　执行 SUBTRACT 命令，然后选择大长方体作为被减对象，如图 6-122 所示。

STEP 03　选择小长方体作为要减去的对象，如图 6-123 所示，然后进行确定，完成差集运算，减去对象效果如图 6-124 所示。

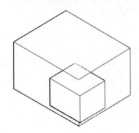 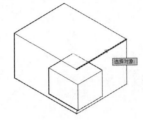 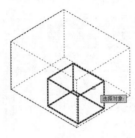 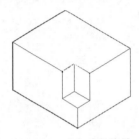

图6-121　绘制长方体　　　图6-122　选择被减对象　　图6-123　选择要减去的对象　　图6-124　减去对象结果

6.5.9　交集运算模型

执行【交集】命令可以从两个或多个实体或面域的交集中创建组合实体或面域，并删除交集外面的区域。

执行【交集】命令的常用方法有以下 3 种：

方法 1：选择【修改→实体编辑→交集】命令。

方法 2：单击【实体编辑】工具栏中的【交集】按钮 ⊘ 。

方法 3：执行 INTERSECT（IN）命令。

练习107　使用【交集】命令对模型进行交集运算

STEP 01　绘制一个长方体和一个球体，如图 6-125 所示。

STEP 02　执行 INTERSECT 命令，选择长方体和球体并确定，即可完成两个模型的交集运算，交集运算效果如图 6-126 所示。

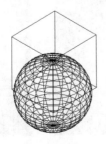 

图6-125　绘制模型　　　　　　图6-126　交集运算效果

6.6 渲染模型

在 AutoCAD 中，通过渲染功能来处理模型可以使其更具真实效果。在渲染模型前，可以对模型所处的场景、光源以及图形的材质等进行设置，以得到满意的效果。

6.6.1 添加光源

由于在 AutoCAD 中存在着默认的光源，因此在添加光源之前仍然可以看到物体，用户也可以根据自己的需要添加光源。在 AutoCAD 中，可以添加的光源包括点光源、聚光灯、平行光和阳光等类型，选择【视图→渲染→光源】命令，如图 6-127 所示，在弹出的子菜单中选择其中的命令，然后根据系统提示就可创建相应的光源。选择添加光源的命令后，系统将提示用户关闭默认光源的信息，如图 6-128 所示，关闭默认光源后，即可在需要创建光源的地方创建光源对象。

图6-127 选择命令

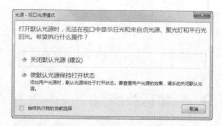

图6-128 系统提示

练习108 在场景中添加点光源

STEP 01 创建一个球体模型，然后将视图切换到西南等轴测中，再将视觉样式修改为【真实】样式，效果如图 6-129 所示。

STEP 02 选择【视图→渲染→光源→新建点光源】命令，然后关闭默认光源，并在如图 6-130 所示的位置指定光源的位置。

STEP 03 在弹出的菜单中选择【强度因子 (I)】选项，如图 6-131 所示，然后输入光源的强度为 2 并确定，如图 6-132 所示。

图6-129 创建球体

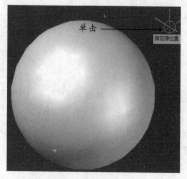

图6-130 指定光源位置

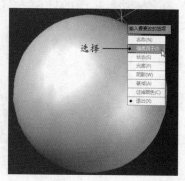

图6-131 选择选项

STEP 04 在弹出的菜单中选择【退出(X)】选项,如图6-133所示,即可添加指定的光源,效果如图6-134所示。

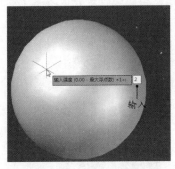

图6-132 设置光源强度

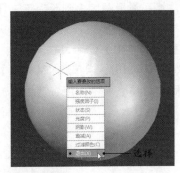

图6-133 选择选项

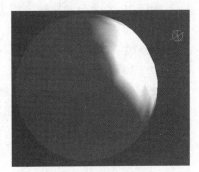

图6-134 设置光源强度

6.6.2 创建材质

在AutoCAD中渲染模型时,不仅可以为模型添加光源,还可以为模型添加材质,使模型便显得加逼真。为模型添加材质是指为其指定三维模型的材料,如瓷砖、织物、玻璃和布纹等。

选择【视图→渲染→材质浏览器】命令,或者输入【MATERIALS(MAT)】命令并确定,在打开的【材质浏览器】选项板中即可选择需要的材质,如图6-135所示。单击【材质浏览器】选项板中的按钮,在弹出的菜单中可以选择材质的视图显示效果,如图6-136所示是选择【缩略图视图】选项的效果。

单击【材质浏览器】选项板右下方的【打开/关闭材质编辑器】按钮,可以对【材质编辑器】选项板进行开关控

图6-135 材质浏览器

制,打开的【材质编辑器】选项板如图6-137所示,在【材质编辑器】选项板左下方单击【创建或复制材质】按钮,可以在弹出的列表中选择要编辑的材质对象,如图6-138所示。

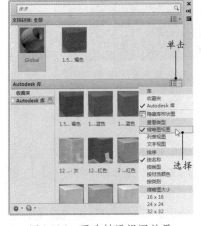

图6-136 更改材质视图效果

图6-137 材质编辑器

图6-138 选择要编辑的材质

练习109 为圆柱体添加陶瓷材质

STEP 01 创建一个圆柱体模型，然后将视图切换到西南等轴测中，再将视觉样式修改为【真实】样式，效果如图 6-139 所示。

STEP 02 选择【视图→渲染→材质浏览器】命令，在打开的【材质浏览器】选项板左下方的【在文档中创建新材质】按钮，然后在弹出的列表中选择【陶瓷】选项，如图 6-140 所示。

STEP 03 选择圆柱体模型，然后在材质列表中使用右键单击需要的材质，在弹出的菜单中选择【指定给当前选择】命令，如图 6-141 所示，即可将指定的材质赋予选择的圆柱体，效果如图 6-142 所示。

图6-139 创建圆柱体

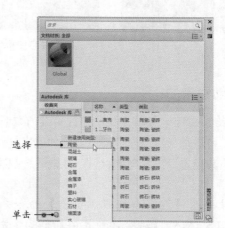

图6-140 选择【陶瓷】选项

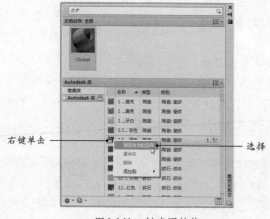

图6-141 创建圆柱体

图6-142 指定材质后的效果

6.6.3 渲染设置

对三维模型添加光源和材质后，可以使其更加逼真，如果要取得更好的效果，就需要对其进行渲染处理。渲染模型后，如果效果不太满意，可以返回绘图区对光源与材质等进行修改，以得到满意的效果。

选择【视图→渲染→渲染】命令，或者输入【RENDER】并确定，即可在打开的【渲染】对话框中对模型进行渲染处理，如图 6-143 所示。在打开的渲染窗口中选择【文件→保存】命令，可以打开【渲染输出文件】对话框，对渲染的效果进行保存，如图6-144 所示。

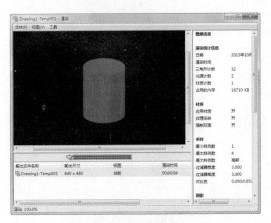

图6-143　渲染模型

图6-144　保存渲染效果

6.7　打印文件

由于不同的打印设备会影响图形的可打印区域，所以在打印图形时，首先需要选择相应的打印机或绘图仪等打印设备，然后设置打印尺寸、范围等，在设置完这些内容后，可以进行打印预览，查看打印出来的效果，如果预览效果满意，即可将图形打印出来。

执行【打印】命令，主要有以下 3 种方式：

方法 1：选择【文件→打印】命令。

方法 2：在【标准】工具栏中单击【打印】按钮 。

方法 3：执行【PRINT】或【PLOT】命令。

6.7.1　选择打印设备

执行【打印（PLOT）】命令，打开【打印－模型】对话框。在【打印机/绘图仪】选项栏的【名称】下拉列表中，AutoCAD 系统列出了已安装的打印机或 AutoCAD 内部打印机的设备名称。可以在该下拉列表框中选择需要的打印输出设备，如图 6-145 所示。

6.7.2　设置打印尺寸

在【图纸尺寸】的下拉列表中可以选择不同的打印图纸，可以根据需要设置图纸的打印尺寸，如图 6-146 所示。

图6-145　选择打印设备

6.7.3　设置打印比例

通常情况下，最终的工程图不可能按照 1：1 的比例绘出，图形输出到图纸上必须遵循一定的比例。所以，正确地设置图层打印比例，能使图形更加美观。设置合适的打印比例，可以在出图时使图形更完整地显示出来。因此，在打印图形文件时，需要在【打印－模型】对话框中的"打印比例"区域中设置打印出图的比例，如图 6-147 所示。

6.7.4　设置打印范围

设置好打印参数后，在【打印范围】下拉列表中选择以何种方式选择打印图形的范围，如图 6-148 所示。如果选择【窗口】选项，单击列表框右方的【窗口】按钮，即可在绘图区指定打印的窗口范围，确定打印范围后将回到【打印－模型】对话框，单击【确定】按钮即可开始打印图形。

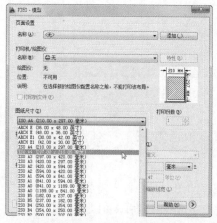

图6-146　设置打印尺寸

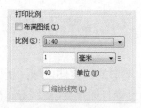

图6-147　设置打印比例

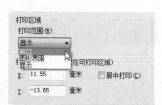

图6-148　选择打印范围的方式

提示

在打印图形之前，可以单击【打印－模型】对话框左下方的【预览】按钮，打开【打印预览】窗口，在此可以观看到图形的打开效果，如果对设置的效果不满意可以重新设置打印参数，从而避免不必要的资源浪费。

6.8　课后习题

1. 填空题

（1）在观察具有立体感的三维模型时，使用系统提供的＿＿＿＿＿＿＿、＿＿＿＿＿＿＿、＿＿＿＿＿＿＿和＿＿＿＿＿＿＿＿4 个等轴测视图观察三维模型，可以使观察效果更加形象和直观。

（2）执行【三维移动】命令，可以将实体按钮指定＿＿＿＿＿＿＿＿在三维空间中进行移动，从而改变对象的位置。

（3）使用【三维旋转】命令可以将实体绕指定＿＿＿＿＿＿＿＿在三维空间中进行一定方向的旋转，以改变实体对象的方向。

（4）使用【倒角边】命令可以为三维实体边和曲面边建立＿＿＿＿＿＿＿＿。

（5）使用【圆角边】命令可以为实体对象的边制作圆角，圆角的大小可以通过输入＿＿＿＿＿＿或单击并拖动圆角夹点来确定。

2. 绘制如图 6-149 所示的屏风模型，首先使用二维绘图命令绘制屏风的二维线框，然后使用拉伸实体命令将线框拉伸为三维模型。

3. 绘制如图 6-150 所示的椅子模型，使用放样操作绘制椅子靠背模型，并对其边缘进行圆角，然后使用各种建模命令绘制椅子脚模型。

图6-149　绘制屏风模型　　　　　图6-150　绘制椅子模型

4. 打开配套光盘中的【沙发 .dwg】素材模型，效果如图 6-151 所示，然后对沙发模型添加灯光和材质，并对其进行渲染，效果如图 6-152 所示。

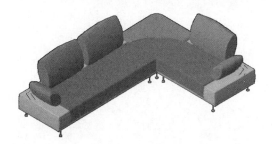

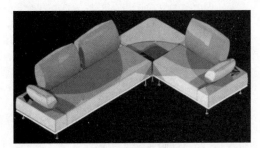

图6-151　素材效果　　　　　　　　图6-152　渲染效果

第 7 章 　绘制室内平面图块

内容提要

➢ 在室内设计中，通常会使用到多种平面图块。为了提高绘图工作效率，需要绘制并收集大量的图块以便后期调用。本章将学习常用室内平面图块的绘制方法，包括室内家具平面图块、室内洁具平面图块和室内灯具平面图块的绘制

7.1　绘制圆形餐桌椅平面图

本实例将介绍绘制圆形餐桌椅子平面图的操作，实例效果如图 7-1 所示。首先使用绘图命令绘制出椅子和圆桌图形，然后使用【阵列】命令对椅子图形进行环形阵列即可。

图7-1　绘制圆形餐桌椅平面图

练习110　绘制圆形餐桌椅平面图

STEP 01 执行【矩形（REC）】命令，设置矩形的圆角半径为 50，然后绘制一个长为 500、宽为 400 的圆角矩形，如图 7-2 所示。

STEP 02 参照如图 7-3 所示的效果，绘制一个圆角半径为 10、长为 500、宽为 40 的圆角矩形。

图7-2　绘制椅子座面

图7-3　绘制椅子靠背

STEP 03 执行【设置（SE）】命令，打开【草图设置】对话框，选择【启用对象捕捉】、【中点】和【圆心】选项并确定，如图 7-4 所示。

STEP 04 选择图形下方的圆角矩形，并将光标移至下方线段中点的夹点处，在弹出的菜单中选择【转换为圆弧】选项，如图 7-5 所示。

STEP 05 参照如图 7-6 所示的效果，向下移动圆弧段的中点并单击鼠标确定。

STEP 06 使用同样的操作，将下方圆角矩形的上方线段转换为圆弧，然后适当移动圆弧段的中点，如图 7-7 所示。

图7-4　设置对象捕捉方式

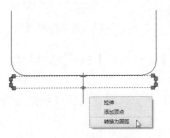

图7-5　选择【转换为圆弧】选项

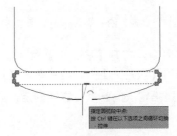

图7-6　指定圆弧段中点

图7-7　修改上方线段

> **提示**
> 将矩形直线段修改为圆弧的操作过程中，也可以先拖动矩形中点处的夹点，然后通过按【Ctrl】键将直线段修改为圆弧线段。

STEP 07 执行【圆（C）】命令，在椅子图形上方绘制一个半径为 600 的圆，效果如图 7-8 所示。

STEP 08 执行【阵列（AR）】命令，选择图形下方的椅子图形并确定，在弹出的菜单中选择【极轴】选项，如图 7-9 所示。

STEP 09 根据系统提示，在圆形的圆心处指定阵列的中心点，如图 7-10 所示。

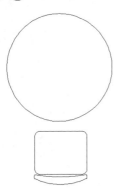

图7-8　绘制圆形

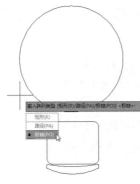

图7-9　选中【极轴】选项

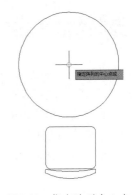

图7-10　指定阵列中心点

STEP 10 根据系统提示【选择夹点以编辑阵列或 [关联 (AS)/ 基点 (B)/ 项目 (I)/ 项目间角度 (A)/ 填充角度 (F)/ 行 (ROW)/ 层 (L)/ 旋转项目 (ROT)/ 退出 (X)]】，输入 i 并确定，选择【项目】选项，如图 7-11 所示。

STEP ⑪ 根据系统提示输入阵列的项目数为 8 并确定，如图 7-12 所示。

STEP ⑫ 根据系统提示进行确定，完成极轴阵列操作，效果如图 7-13 所示。

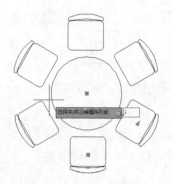
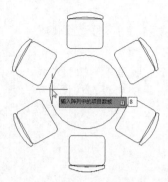

图7-11　输入i并确定　　　　图7-12　输入阵列的项目数　　　　图7-13　极轴阵列效果

STEP ⑬ 执行【块（B）】命令，打开【块定义】对话框，单击【选择对象】按钮，选择绘制的所有图形并确定，在返回的【块定义】对话框中单击【拾取点】按钮，如图 7-14 所示。

STEP ⑭ 在绘图区的圆心处指定块的基点位置并确定，如图 7-15 所示，完成餐桌椅平面图块的绘制。

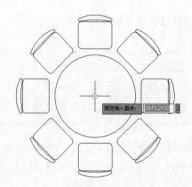

图7-14　【块定义】对话框　　　　图7-15　指定块的基点

7.2　绘制方形餐桌椅平面图

　　本实例将介绍绘制方形餐桌椅子平面图的操作，效果如图 7-16 所示。在绘制椅子图形时，使用【矩形】命令绘制圆角矩形作为椅子平面图，使用【拉伸】命令对矩形的顶点进行拉抻，对矩形的形状进行修改，在绘制椅子靠背时，通过拖动夹点的方式修改图形的形状，最后对椅子进行复制即可。

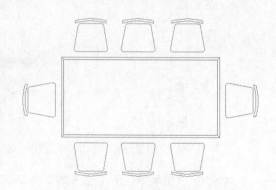

图7-16　绘制方形餐桌椅平面图

练习111 绘制方形餐桌椅平面图

STEP 01 执行【矩形（REC）】命令，绘制一个长为 2400、宽为 1200 的矩形，如图 7-17 所示。

STEP 02 执行【偏移（O）】命令，设置偏移距离为 40，将矩形向内偏移 40，并将小矩形的颜色修改为浅灰色，如图 7-18 所示。

图7-17 绘制矩形

图7-18 偏移矩形

提示

在绘图的过程中，对图形的颜色进行修改，可以使图形效果更加分明。在通常情况下，图形的主要线条应该使用深色，次要线条则应该使用浅色。

STEP 03 使用【直线（L）】命令通过捕捉矩形之间的边角端点，绘制 4 条线段连接两个矩形，效果如图 7-19 所示。

STEP 04 执行【矩形（REC）】命令，设置圆角半径为 40，然后绘制一个长为 520、宽为 420 的圆角矩形，效果如图 7-20 所示。

STEP 05 执行【修改→拉伸】命令，然后使用从右下方向左上方拖动鼠标的方式选择矩形的左上角，如图 7-21 所示。

图7-19 绘制线段

STEP 06 单击鼠标指定拉伸的基点，然后向右拖动鼠标，输入拉伸对象的距离为 60 并确定，如图 7-22 所示。

图7-20 绘制圆角矩形

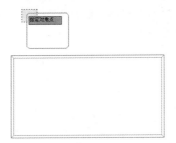

图7-21 交叉选择矩形边角

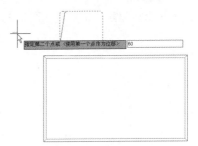

图7-22 移动矩形边角

STEP 07 拖动矩形边角后按空格键进行确定，效果如图 7-23 所示。然后使用同样的方法向左拖动矩形的右上角，效果如图 7-24 所示。

STEP 08 执行【矩形（REC）】命令，绘制一个长度为 500、宽度为 50 的矩形，如图 7-25 所示。

图7-23　拉伸矩形左上角　　　　图7-24　拉伸矩形右上角　　　　图7-25　绘制矩形

STEP 09 选择矩形，然后将鼠标移向矩形上方中点处的夹点，在弹出的菜单中选择 转换为圆弧 选项，如图 7-26 所示。

STEP 10 选择矩形上方中点处的夹点，然后向上拖动该夹点，效果如图 7-27 所示。单击鼠标进行确定，拖动夹点后的效果如图 7-28 所示。

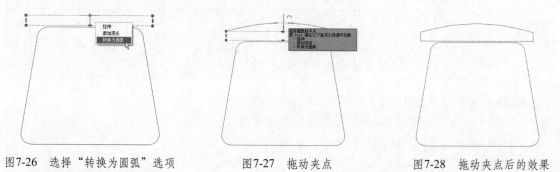

图7-26　选择"转换为圆弧"选项　　　图7-27　拖动夹点　　　　图7-28　拖动夹点后的效果

STEP 11 使用同样的操作方法，将矩形下方的直线段修改为圆弧线段，完成椅子的绘制，效果如图 7-29 所示。

STEP 12 执行【复制（CO）】命令，然后选择椅子图形，将其向右复制两次，效果如图 7-30 所示。

STEP 13 执行【镜像（MI）】命令，选择绘制好的椅子图形，然后在桌子的中点处指定镜像线的第一个点和第二个点，如图 7-31 所示，对椅子进行镜像复制，效果如图 7-32 所示。

图7-29　修改矩形另一条直线段　　　图7-30　复制椅子图形　　　　图7-31　指定镜像线

STEP 14 将左上方的椅子复制一次，然后执行【旋转（RO）】命令，将复制得到的椅子沿逆时针方向旋转 90 度，效果如图 7-33 所示。

STEP 15 使用【镜像（MI）】命令将左方的椅子镜像复制到右方，完成本实例的制作，效果如图 7-34 所示。

图7-32　镜像复制椅子　　　　图7-33　复制并旋转椅子　　　　图7-34　镜像复制椅子效果

7.3　绘制沙发平面图

本例将绘制如图 7-35 所示的沙发平面图，首先使用【矩形】、【圆角】和【修剪】命令绘制三人沙发，然后使用【矩形】、【直线】和【圆】命令绘制小茶几和台灯图形，并使用【复制】命令对其进行复制，再绘制剩下的图形。

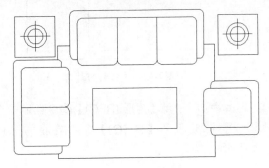

图7-35　绘制沙发平面图

练习112　绘制沙发平面图

STEP 01　使用【矩形 (REC)】命令绘制一个长为 2200、宽为 800、圆角半径为 70 的圆角矩形，如图 7-36 所示。

STEP 02　执行【矩形 (REC)】命令，设置圆角半径为 0，然后输入 from 并确定，启用【捕捉自】功能，在如图 7-37 所示的端点处指定绘制矩形的基点。

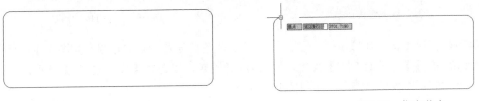

图7-36　绘制圆角矩形　　　　　　　　　图7-37　指定基点

STEP 03　在系统提示【< 偏移 >:】时，输入偏移基点的坐标为【@40,-120】，如图 7-38 所示，然后指定矩形另一个角点的坐标为【@660,-750】，绘制的矩形如图 7-39 所示。

图7-38　指定偏移距离　　　　　　　　　图7-39　绘制矩形

STEP 04　执行【圆角 (F)】命令，设置圆角半径为 70，对矩形的 3 个直角进行圆角处理，效果如图 7-40 所示。

STEP 05 参照如图 7-41 所示的效果，依次绘制两个矩形，并对其进行圆角处理。

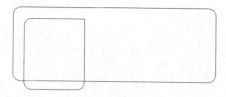
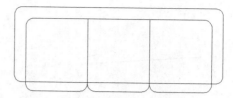

图7-40 圆角矩形　　　　　　　　图7-41 绘制并圆角矩形

STEP 06 执行【修剪 (TR)】命令，选择左右两方的小矩形作为修剪边界，如图 7-42 所示，然后对大矩形下方的线段进行修剪，效果如图 7-43 所示。

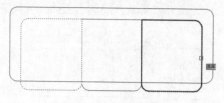
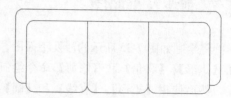

图7-42 选择修剪边界　　　　　　图7-43 修剪后的效果

STEP 07 使用【矩形 (REC)】命令绘制一个长度为 650 的正方形，如图 7-44 所示。

STEP 08 使用【圆 (C)】命令在正方形中绘制两个半径分别为 120 和 180 的同心圆，如图 7-45 所示。

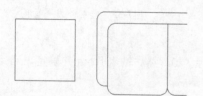
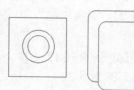

图7-44 绘制正方形　　　　　　　图7-45 绘制两个圆

STEP 09 使用【直线 (L)】命令从圆心向外绘制两条长度为 240 的直线，如图 7-46 所示。

STEP 10 执行【拉长 (LEN)】命令，输入 de 并确定，以选择【增量 (DE)】选项，然后将线段反向拉长 240，绘制台灯图形，如图 7-47 所示。

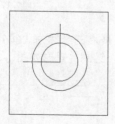
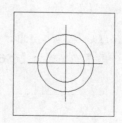

图7-46 绘制线段　　　　　　　　图7-47 拉长线段

STEP 11 执行【复制 (CO)】命令，将绘制的小茶几和台灯图形复制到沙发的右方，效果如图 7-48 所示。

STEP 12 使用前面绘制沙发的方法，继续绘制一组单人沙发和双人沙发，其尺寸和效果如图 7-49 所示。

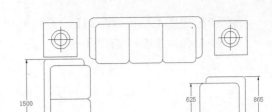

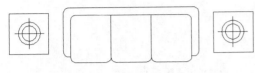

图7-48　复制小茶几和灯具

图7-49　绘制另外两组沙发

STEP 13 执行【矩形 (REC)】命令，绘制一个长为 1400、宽为 650 的矩形和一个长为 2600、宽为 1400 的矩形，分别作为茶几和地毯的图形，如图 7-50 所示。

STEP 14 执行【修剪 (TR)】命令，对地毯图形进行修剪，效果如图 7-51 所示，完成沙发平面图的绘制。

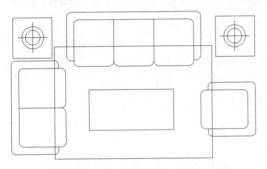

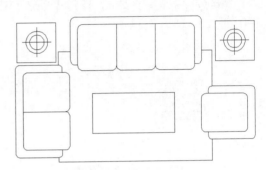

图7-50　绘制地毯和茶几

图7-51　修剪图形后的效果

7.4　绘制办公桌椅平面图

本例将绘制如图 7-52 所示的办公桌椅平面图,本实例先使用【矩形】命令绘制桌面轮廓,再使用【图案填充】命令对图形进行填充,最后使用转换线段类型的方式绘制椅子靠背。

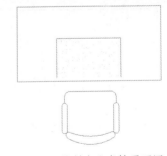

练习113　绘制办公桌椅平面图

STEP 01 使用【矩形（REC）】命令绘制一个长为 1800、宽为 900 的矩形，如图 7-53 所示。

STEP 02 使用【偏移（O）】命令将矩形向内偏移 50，并修改偏移得到的矩形的颜色，如图 7-54 所示。

图7-52　绘制办公桌椅平面图

图7-53　绘制矩形

图7-54　偏移矩形

STEP **03** 使用【矩形（REC）】命令绘制一个长为 800、宽为 600 的矩形，如图 7-55 所示。

STEP **04** 使用【修剪（TR）】命令对矩形的线段进行修剪，效果如图 7-56 所示。

图7-55 绘制矩形

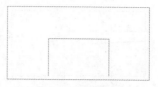

图7-56 修剪矩形

STEP **05** 执行【图案填充（H）】命令，打开【图案填充和渐变色】对话框，选择 AR-SAND 图案，设置比例为 50，如图 7-57 所示。

STEP **06** 单击【拾取一个内部点】按钮，在图形中指定填充的区域，填充图案后的效果如图 7-58 所示。

STEP **07** 绘制椅子图形，使用【矩形（REC）】命令在办公桌下方绘制一个长为 650、宽为 140 的矩形，如图 7-59 所示。

图7-57 设置填充参数

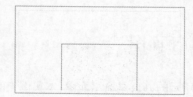

图7-58 填充图案后的效果

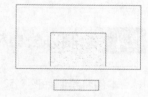

图7-59 绘制矩形

STEP **08** 使用【分解（X）】命令将矩形分解，然后将下方的线段删除，如图 7-60 所示。

STEP **09** 执行【圆角（F）】命令，设置圆角半径为 65，然后对线段进行圆角处理，效果如图 7-61 所示。

STEP **10** 使用【矩形（REC）】命令绘制一个长为 65、宽为 365、圆角半径为 32 的圆角矩形，如图 7-62 所示。

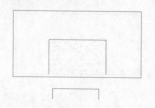

图7-60 修改图形

图7-61 圆角处理图形后的效果

图7-62 绘制圆角矩形

STEP **11** 使用【复制（CO）】命令将圆角矩形复制到图形右方，如图 7-63 所示。

STEP 12 使用【矩形（REC）】命令绘制一个长为 620、宽为 80、圆角半径为 40 的圆角矩形，如图 7-64 所示。

STEP 13 选择矩形，然后将鼠标移向矩形中点处的夹点，在弹出的菜单中选择 转换为圆弧选项，如图 7-65 所示。

图7-63　复制圆角矩形

图7-64　绘制圆角矩形

图7-65　转换线段类型

STEP 14 向下拖动矩形中点处的夹点并单击鼠标进行确定，效果如图 7-66 所示。

STEP 15 使用同样的方法，拖动矩形下方中点处的夹点，效果如图 7-67 所示，然后单击鼠标进行确定，完成本实例的制作，效果如图 7-68 所示。

图7-66　修改线段形状

图7-67　拖动夹点

图7-68　修改线段形状后的效果

7.5　绘制会议桌椅平面图

本例将绘制如图 7-69 所示的会议桌椅平面图，本实例主要使用【椭圆】、【直线】和【修剪】命令创建会议桌的桌面图形，然后使用【复制】、【镜像复制】和【旋转】命令创建会议桌的椅子图形。

练习114　绘制会议桌椅平面图

STEP 01 执行【椭圆（EL）】命令，绘制一个轴 1 长为 4300、轴 2 长度为 1800 的椭圆，如图 7-70 所示。

STEP 02 使用【偏移（O）】命令将椭圆向内偏移两次，偏移距离分别为 160 和 260，效果如图 7-71 所示。

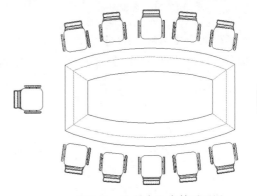
图7-69　绘制会议桌椅平面图

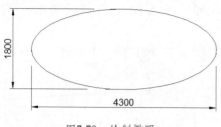

图7-70　绘制椭圆

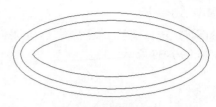

图7-71　偏移椭圆

STEP 03 执行【直线（L）】命令，通过捕捉椭圆上方和下方的中点绘制一条垂直线段，如图 7-72 所示。

STEP 04 使用【偏移（O）】命令将线段向左右两方分别偏移 1600 个单位，如图 7-73 所示。

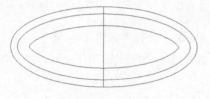

图7-72　绘制线段

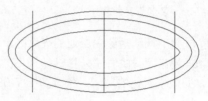

图7-73　偏移线段

STEP 05 执行【修剪（TR）】命令，选择最大的椭圆和两方的线段作为边界，然后对图形进行修剪，再使用【删除（E）】命令将中间的线段删除，效果如图 7-74 所示。

STEP 06 使用【偏移（O）】命令将两方的线段向内偏移两次，偏移距离分别为 160 和 260，效果如图 7-75 所示。

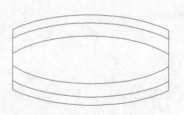

图7-74　修剪图形

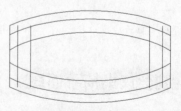

图7-75　偏移线段

STEP 07 执行【修剪（TR）】命令，对图形进行修剪，效果如图 7-76 所示。

STEP 08 使用【直线（L）】命令绘制 4 条线段，效果如图 7-77 所示。

图7-76　修剪线段

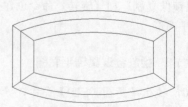

图7-77　绘制线段

STEP 09 选择如图 7-78 所示的线段，然后将其颜色改为浅灰色。

STEP 10 打开配套光盘中的【椅子 .dwg】素材文件，然后选择椅子图形，按【Ctrl+C】组合键复制图形，然后切换到绘制的会议桌图形中，按【Ctrl+V】组合键将椅子图形粘贴到当前文件中，效果如图 7-79 所示。

STEP**11** 使用【复制（CO）】命令将椅子图形复制两次，效果如图 7-80 所示。

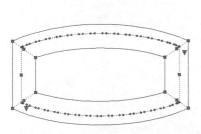

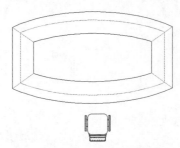

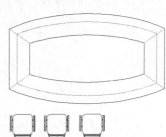

图7-78 选择并修改线段颜色　　　图7-79 复制椅子素材到图形中　　　图7-80 复制椅子

STEP**12** 使用【旋转（RO）】命令对椅子进行适当旋转，效果如图 7-81 所示。

STEP**13** 执行【镜像（MI）】命令，选择左方的两张椅子图形，在会议桌中点指定镜像线的第一点和第二点，如图 7-82 所示，然后对椅子图形进行镜像复制，效果如图 7-83 所示。

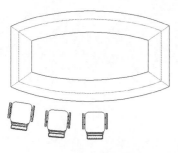

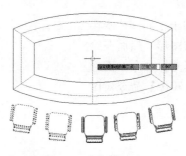

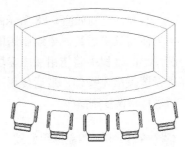

图7-81 旋转椅子　　　　　　图7-82 指定镜像线　　　　　　图7-83 镜像复制椅子

STEP**14** 执行【镜像（MI）】命令，选择图形下方的椅子，然后对椅子图形进行镜像复制，效果如图 7-84 所示。

STEP**15** 使用【复制（CO）】命令将左上方的椅子图形复制一次，效果如图 7-85 所示。

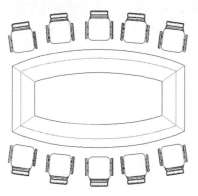

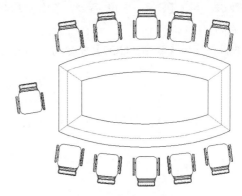

图7-84 镜像复制椅子　　　　　　　　　图7-85 复制椅子

STEP**16** 使用【旋转（RO）】命令将椅子图形沿逆时针旋转 90 度，效果如图 7-86 所示。

STEP**17** 执行【镜像（MI）】命令，选择左方的椅子图形，然后将其镜像复制一次，效果如图 7-87 所示，完成本实例的制作。

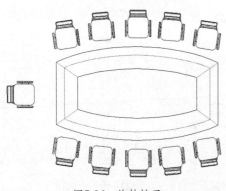

图7-86　旋转椅子

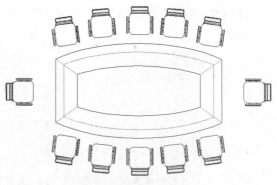

图7-87　镜像复制椅子

7.6　绘制床平面图

　　本例将绘制如图 7-88 所示的床平面图。本实例先使用【矩形】命令绘制床的图形，然后在绘制图形的过程中将使用【图案填充】命令对图形进行图案填充操作，最后使用【镜像】命令对图形进行镜像复制操作。

练习115　绘制床平面图

　　STEP 01 使用【矩形（REC）】命令绘制一个长为 1800、宽为 2200 的矩形，如图 7-89 所示。然后在矩形中绘制一个长为 650、宽为 350 的矩形，如图 7-90 所示。

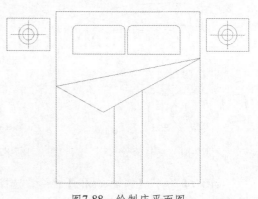

图7-88　绘制床平面图

　　STEP 02 执行【圆角（F）】命令，设置圆角半径为 60，对矩形上方的边角进行圆角处理，效果如图 7-91 所示。

　　STEP 03 使用【复制（CO）】命令将圆角处理后的矩形向右复制一次，效果如图 7-92 所示。

图7-89　绘制大矩形

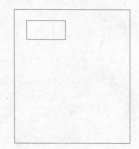

图7-90　绘制小矩形

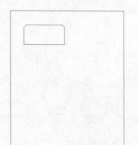

图7-91　圆角处理矩形

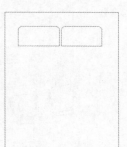

图7-92　复制矩形

　　STEP 04 使用【直线（L）】命令绘制 3 条线段作为被子图形，效果如图 7-93 所示。然后绘制两条如图 7-94 所示的垂直线段作为被子的图案。

　　STEP 05 执行【图案填充（H）】命令，在打开的【图案填充和渐变色】对话框中设置填充图案为 CROSS、颜色为黄色、比例为 350，如图 7-95 所示。

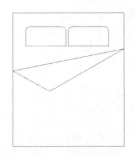

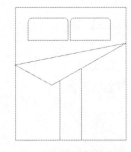

图7-93 绘制被子图形　　　　图7-94 绘制两条垂直线　　　　图7-95 设置图案填充参数

STEP 06 单击对话框中的　拾取一个内部点　按钮，进入绘图区对枕头和被子图案进行填充，效果如图 7-96 所示。

STEP 07 使用【矩形（REC）】命令绘制一个长为 540、宽为 400 的矩形作为床头柜平面图，如图 7-97 所示。

STEP 08 设置当前绘图颜色为洋红色，然后使用【直线（L）】命令绘制两条线段相互垂直的线段，效果如图 7-98 所示。

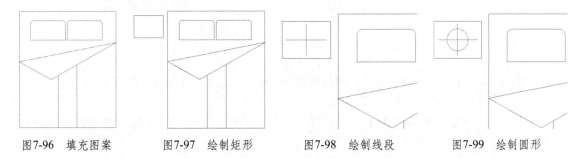

图7-96 填充图案　　　　图7-97 绘制矩形　　　　图7-98 绘制线段　　　　图7-99 绘制圆形

STEP 09 执行【圆（C）】命令，通过捕捉线段的交点指定圆形的圆心，然后绘制一个半径为 120 的圆形，如图 7-99 所示。

STEP 10 执行【偏移（O）】命令，设置偏移距离为 50，将圆形向内偏移一次，效果如图 7-100 所示。

STEP 11 执行【镜像（MI）】命令，选择床头柜和灯具图形，再在床的中点处指定镜像线的第一个点和第二个点，如图 7-101 所示，然后进行镜像复制操作，效果如图 7-102 所示，完成本实例的制作。

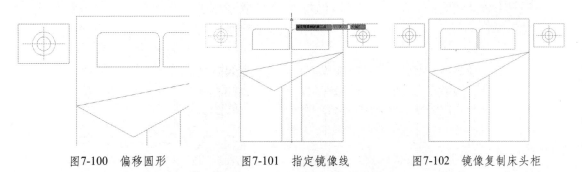

图7-100 偏移圆形　　　　图7-101 指定镜像线　　　　图7-102 镜像复制床头柜

7.7 绘制躺椅平面图

本例将绘制如图 7-103 所示的躺椅平面图。本实例先使用【矩形】命令绘制躺椅图形的轮廓，在绘图过程中，还会应用【圆角】和【修剪】命令对图形进行修改，并使用【镜像】命令对椅子图形进行镜像复制，最后使用【图案填充】命令对茶几图形进行图案填充。

图7-103 绘制躺椅平面图

练习116 绘制躺椅平面图

STEP 01 使用【矩形（REC）】命令绘制一个长为 440、宽为 190、圆角半径为 40 的圆角矩形，如图 7-104 所示。

STEP 02 使用【矩形（REC）】命令绘制一个长为 870、宽为 440、圆角半径为 0 的直角矩形，如图 7-105 所示。

图7-104 绘制圆角矩形

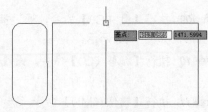

图7-105 绘制直角矩形

STEP 03 执行【分解（X）】命令，将直角矩形分解，然后使用【偏移（O）】命令将矩形左方的线段向右偏移300，效果如图 7-106 所示。

STEP 04 执行【矩形（REC）】命令，输入 from 并确定，然后指定绘图的基点位置，如图 7-107 所示。

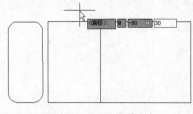

图7-106 偏移线段

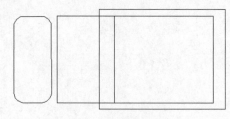

图7-107 指定绘图基点

STEP 05 设置偏移的坐标为 @-80,30 ，如图 7-108 所示，然后绘制一个长为 650、宽为500 的矩形，效果如图 7-109 所示。

图7-108 设置偏移坐标

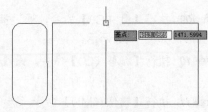

图7-109 绘制矩形

STEP 06 执行【修剪（TR）】命令，对绘制的矩形进行修剪，效果如图 7-110 所示。

STEP 07 执行【圆角（F）】命令，设置圆角半径为 30，然后对矩形右方的两个夹角进行圆角处理，效果如图 7-111 所示。

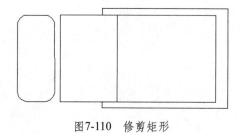

图7-110　修剪矩形

图7-111　圆角处理图形

STEP 08 执行【偏移（O）】命令，将圆角处理后的矩形向内偏移 25，效果如图 7-112 所示。

STEP 09 执行【旋转（RO）】命令，选择创建的椅子图形，将其沿逆时针方向旋转 60 度，效果如图 7-113 所示。

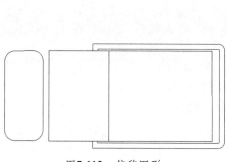

图7-112　偏移图形

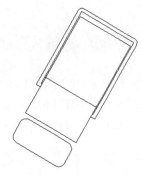

图7-113　旋转椅子

STEP 10 执行【镜像（MI）】命令，选择椅子图形，然后将其镜像复制一次，效果如图 7-114 所示。

STEP 11 执行【圆（C）】命令，绘制两个半径分别为 300 和 280 的同心圆，效果如图 7-115 所示。

图7-114　镜像复制图形

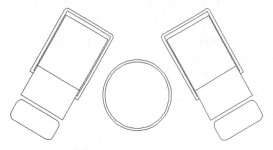

图7-115　绘制圆形茶几

STEP 12 执行【图案填充（H）】命令，在打开的　图案填充和渐变色　对话框中选择 AR-RROOF 图案，设置图案角度为 45、比例为 15，如图 7-116 所示。

STEP 13 单击　拾取一个内部点　按钮⊞，然后在圆形内指定图案的填充区域，图案填充效果如图 7-117 所示，完成本实例的制作。

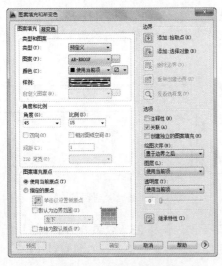

图7-116 设置图案参数

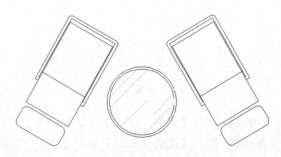

图7-117 填充图案

7.8 绘制水池平面图

本例将绘制如图 7-118 所示的水池平面图，本实例首先使用【矩形】、【偏移】和【圆角】命令绘制出水池的轮廓，然后绘制水池的水龙头，再使用【圆】命令绘制水池的排水孔。

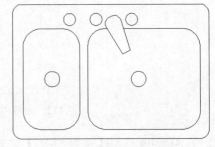

图7-118 绘制水池平面图

练习117 绘制水池平面图

STEP 01 使用【矩形（REC）】命令绘制一个长为800、宽为500、圆角半径为30的大圆角矩形，效果如图 7-119 所示。

STEP 02 使用【矩形（REC）】命令绘制一个长为380、宽为320、圆角半径为70的小圆角矩形，并适当调整矩形的位置，效果如图 7-120 所示。

STEP 03 使用【复制（CO）】命令将圆角矩形左方的图形向左复制一次，效果如图 7-121 所示。

STEP 04 执行【拉伸（S）】命令，使用交叉选择方式选择左方矩形的右边图形部分，如图 7-122 所示。

图7-119 绘制大圆角矩形

图7-120 绘制小圆角矩形

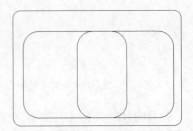

图7-121 复制矩形

STEP 05 向左拖动鼠标，指定拉伸图形的位置，如图 7-123 所示，然后单击鼠标进行确定，拉伸矩形后的效果如图 7-124 所示。

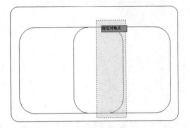

图7-122　选择拉伸区域

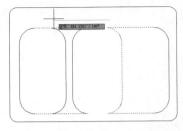

图7-123　指定拉伸的位置

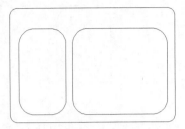

图7-124　拉伸矩形后的效果

STEP 06 执行【矩形（REC）】命令，绘制一个长为 60、宽为 150 的矩形，效果如图 7-125 所示。

STEP 07 执行【圆角（F）】命令，设置圆角半径为 25，对矩形上方的两个顶角进行圆角处理，如图 7-126 所示。

STEP 08 执行【拉伸（S）】命令，对矩形下方的两个顶角向中间适当拉伸，效果如图 7-127 所示。

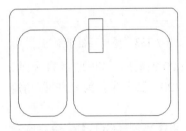

图7-125　绘制矩形

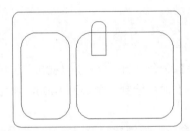

图7-126　圆角矩形

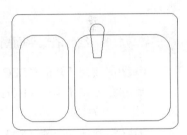

图7-127　拉伸顶角

STEP 09 执行【旋转（RO）】命令，选择修改后的矩形，将其旋转 25 度，效果如图 7-128 所示。

STEP 10 执行【修剪（TR）】命令，以旋转的矩形为边界对图形进行修剪，效果如图 7-129 所示。

STEP 11 使用【圆（C）】命令绘制一个半径为 25 的圆形，如图 7-130 所示。

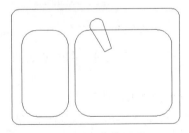

图7-128　旋转图形

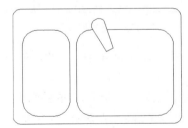

图7-129　修剪图形

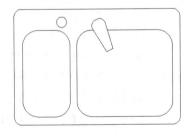

图7-130　绘制圆形

STEP 12 执行【复制（CO）】命令，将绘制的圆形复制两次并适当分布其位置，效果如图 7-131 所示。

STEP 13 使用【圆（C）】命令在各个面盆内绘制一个半径为 30 的圆形作为排水孔，如图 7-132 所示，完成本实例的制作。

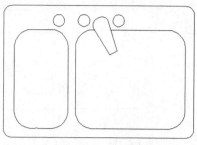

图7-131　复制圆形

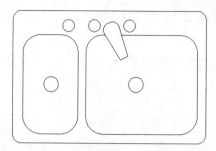

图7-132　绘制圆形

7.9　绘制浴缸平面图

本例将绘制如图 7-133 所示的浴缸平面图，本实例首先使用【矩形】、【偏移】和【圆角】命令绘制出浴缸的轮廓，然后绘制浴缸的水龙头，再使用【圆】命令绘制浴缸的排水孔。

图7-133　绘制浴缸平面图

练习118　绘制浴缸平面图

STEP 01　使用【矩形（REC）】命令绘制一个长为 1800、宽为 820 的矩形，如图 7-134 所示。

STEP 02　使用【矩形（REC）】命令绘制一个长为 1400、宽为 720、圆角半径为 80 的圆角矩形，效果如图 7-135 所示。

STEP 03　执行【分解（X）】命令，将圆角矩形分解开，然后使用【复制（CO）】命令将圆角矩形左方的图形向左复制一次，效果如图 7-136 所示。

图7-134　绘制矩形

图7-135　绘制圆角矩形

图7-136　复制图形

STEP 04　执行【圆角（F）】命令，设置圆角半径为 80，对矩形左边线和矩形水平线段进行圆角处理，效果如图 7-137 所示。

STEP 05　执行【圆（C）】命令，绘制一个半径为 25 的圆，效果如图 7-138 所示。

STEP 06　使用【复制（CO）】命令将圆形复制两次，然后将 3 个圆形适当分布，效果如图 7-139 所示。

图7-137　圆角处理图形

图7-138　绘制圆形

图7-139　复制圆形

STEP 07 执行【圆（C）】命令，绘制一个半径为 20 的圆，效果如图 7-140 所示。

STEP 08 使用【圆弧（A）】命令绘制两条不同大小的圆弧连接圆形，如图 7-141 所示。

STEP 09 使用【镜像（MI）】命令对绘制的两条圆弧进行镜像复制，并适当调整各个图形之间的位置，效果如图 7-142 所示。

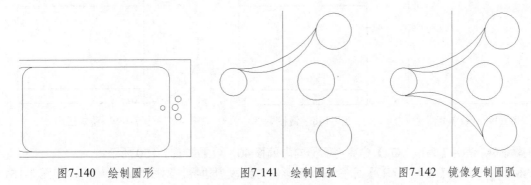

图7-140　绘制圆形　　　　　图7-141　绘制圆弧　　　　　图7-142　镜像复制圆弧

STEP 10 使用【直线（L）】命令绘制两条折线段连接上下两个圆形，如图 7-143 所示。

STEP 11 执行【修剪（TR）】命令，以圆弧为边界，对浴缸线段和水龙头中的圆形进行修剪，效果如图 7-144 所示。

STEP 12 使用【圆（C）】命令绘制一个半径为 50 的圆形作为排水孔，如图 7-145 所示，完成本实例的制作。

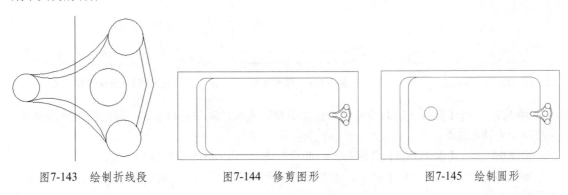

图7-143　绘制折线段　　　　图7-144　修剪图形　　　　　图7-145　绘制圆形

7.10　绘制蹲便器平面图

本例将绘制如图 7-146 所示的蹲便器平面图。本实例首先使用【矩形】、【圆形】和【修剪】命令创建蹲便器的平面轮廓。在绘制踏板时，可以先创建一方的踏板图形，然后对其进行镜像复制。

练习119　绘制蹲便器平面图

STEP 01 使用【矩形（REC）】命令绘制一个长为 380、宽为 350 的矩形，如图 7-147 所示。

STEP 02 使用【分解（X）】命令将矩形分解，然后使

图7-146　绘制蹲便器平面图

用【偏移（O）】命令将矩形上下两条线段向内偏移 40，如图 7-148 所示。

STEP 03 执行【圆（C）】命令，以矩形左方线段的中点为圆心，绘制一个半径为 175 的圆，效果如图 7-149 所示。

图7-147 绘制矩形

图7-148 偏移矩形

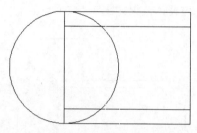

图7-149 绘制圆形

STEP 04 使用【偏移（O）】命令将圆形向内偏移 40，效果如图 7-150 所示。

STEP 05 执行【修剪（TR）】命令，以矩形左方线段为边界，对图形进行修剪，如图 7-151 所示。

STEP 06 执行【镜像（MI）】命令，以矩形的水平中点为镜像轴，对左方的两条圆弧进行镜像复制，效果如图 7-152 所示。

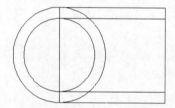

图7-150 偏移圆形

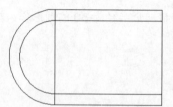

图7-151 修剪圆形

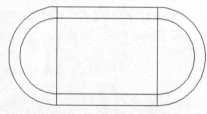

图7-152 镜像复制圆弧

STEP 07 执行【删除（E）】命令，选择两条垂直线段，然后进行确定，将选择的线段删除，效果如图 7-153 所示。

STEP 08 执行【直线（L）】命令，参照如图 7-154 所示的效果绘制 3 条线段。

STEP 09 执行【圆角（F）】命令，设置圆角半径为 40，然后对绘制的线段进行圆角，效果如图 7-155 所示。

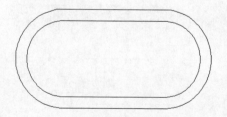

图7-153 删除线段

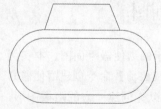

图7-154 绘制线段

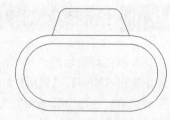

图7-155 圆角线段

STEP 10 执行【直线（L）】命令，参照如图 7-156 所示的效果绘制一条线段，然后对其进行复制。

STEP 11 执行【镜像（MI）】命令，以矩形的水平中点为镜像轴，对上方的踏板图形进行镜像复制，效果如图 7-157 所示。

STEP ⑫ 执行【圆（C）】命令，绘制一个半径为 40 的圆形作为排水孔，效果如图 7-158 所示，完成本实例的制作。

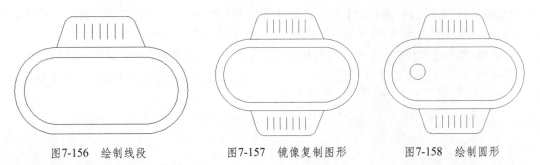

图7-156　绘制线段　　　　　图7-157　镜像复制图形　　　　图7-158　绘制圆形

7.11 绘制座便器平面图

本例将绘制如图 7-159 所示的座便器平面图。本实例首先使用【矩形】、【椭圆】和【修剪】命令绘制座便部分的图形，然后绘制座便器的水箱图形，最后使用【直线】命令绘制两条线段连接两个部分的图形即可。

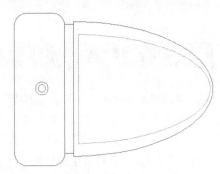

图7-159　绘制座便器平面图

练习120 绘制座便器平面图

STEP ① 使 用【矩 形（REC）】命令绘制一个长为 1100、宽为 500 的矩形，如图 7-160 所示。

STEP ② 执行【椭圆（EL）】命令，通过捕捉矩形的端点和中点指定椭圆的形状和大小，如图 7-161 所示。

STEP ③ 执行【直线（L）】命令，通过捕捉矩形上方和下方线段的中点绘制一条垂直线段，如图 7-162 所示。

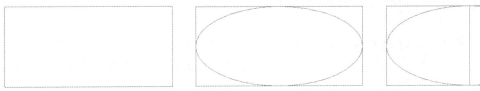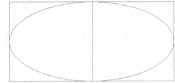

图7-160　绘制矩形　　　　　图7-161　绘制椭圆　　　　　图7-162　绘制线段

STEP ④ 使用【修剪（TR）】命令对图形进行修剪，效果如图 7-163 所示。

STEP ⑤ 使用【偏移（O）】命令将左方的线段向右偏移 20，如图 7-164 所示。

STEP ⑥ 执行【椭圆（EL）】命令，参照如图 7-165 所示的效果绘制一个椭圆。

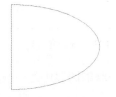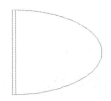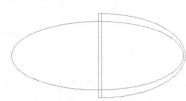

图7-163　修剪图形　　　图7-164　偏移线段　　　　　图7-165　绘制椭圆

STEP 07 使用【修剪（TR）】命令对图形进行修剪，然后将修剪得到的图形的颜色改为浅灰色，如图 7-166 所示。

STEP 08 执行【矩形（REC）】命令，设置圆角半径为 50，在图形左方绘制一个长为 200，宽为 580、圆角半径为 50 的矩形作为水箱图形，效果如图 7-167 所示。

STEP 09 使用【直线（L）】命令绘制两条线段连接水箱和座便器图形，如图 7-168 所示。

STEP 10 使用【圆（C）】命令绘制一个半径为 25 的圆形，然后使用【偏移（O）】命令将圆向内偏移 10，效果如图 7-169 所示，完成本实例的制作。

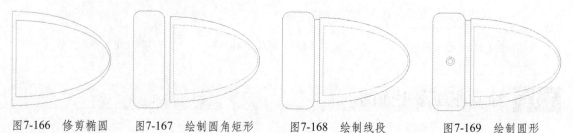

图7-166 修剪椭圆   图7-167 绘制圆角矩形   图7-168 绘制线段   图7-169 绘制圆形

7.12 绘制灶具平面图

本例将绘制如图 7-170 所示的灶具平面图。本实例由矩形和圆形对象组成。在绘图过程中，首先使用【阵列】命令对矩形进行阵列，创建出炉盘图形，然后使用【复制】命令对创建的炉盘进行复制，在使用【矩形】命令创建旋钮图形时，可以设置矩形的角度。

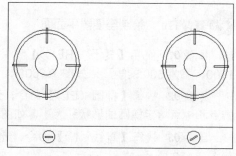

图7-170 绘制灶具平面图

练习121 绘制灶具平面图

STEP 01 使用【矩形（REC）】命令绘制一个长为 600、宽为 400 的矩形作为燃气灶轮廓，如图 7-171 所示。

STEP 02 执行【直线（L）】命令，输入 from 并确定，在图 7-172 所示的位置指定绘图的基点。

STEP 03 向右移动鼠标，指定直线的下一个点，如图 7-173 所示，然后按空格键进行确定，绘制的线段如图 7-174 所示。

图7-171 绘制矩形   图7-172 指定绘图基点   图7-173 指定直线的下一个点

STEP 04 执行【圆（C）】命令，在矩形左方位置绘制一个半径为 80 的圆形作为燃气灶的灶心，如图 7-175 所示。

STEP 05 使用【偏移（O）】命令将绘制的圆向内依次偏移10和50，效果如图7-176所示。

图7-174　绘制水平线段

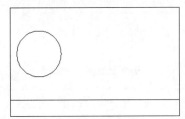

图7-175　绘制圆形

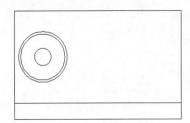

图7-176　偏移圆形

STEP 06 使用【矩形（REC）】命令绘制燃气灶上的矩形对象，矩形长为50、宽为5，效果如图7-177所示。

STEP 07 执行【阵列（AR）】命令，选择绘制的矩形并确定，在弹出的菜单中选择【极轴】选项，如图7-178所示。

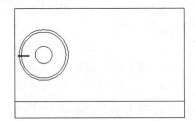

图7-177　绘制矩形

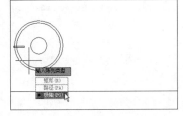

图7-178　选择阵列方式

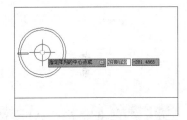

图7-179　指定阵列的中心点

STEP 08 在圆心处指定阵列的中心点，如图7-179所示，然后设置阵列的项目数量为4，阵列的填充角度为360，阵列的效果如图7-180所示。

STEP 09 使用【复制（CO）】命令将绘制好的炉盘向右复制一次，如图7-181所示。

STEP 10 使用【圆（C）】命令在各个炉盘下方绘制一个半径为20的圆形，如图7-182所示。

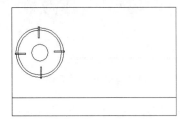

图7-180　阵列矩形

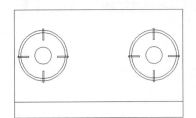

图7-181　复制炉盘

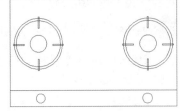

图7-182　绘制圆形

STEP 11 使用【矩形（REC）】命令在左方圆形内绘制一个长度为25、宽度为4的矩形作为旋钮图形，如图7-183所示。

STEP 12 执行【矩形（REC）】命令，在右方圆形内指定矩形的第一个角点，如图7-184所示。

STEP 13 输入R并确定，如图7-185所示，然后启用【旋转】功能，输入旋转矩形的角度为45并确定，如图7-186所示。

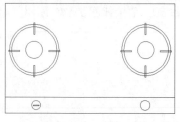

图7-183　绘制矩形

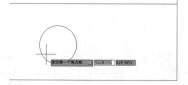

图7-184　指定矩形的第一个角点

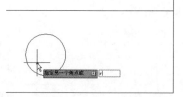

图7-185　输入R并确定

STEP 14 指定矩形的另一个角点，如图 7-187 所示，创建的旋转矩形如图 7-188 所示，完成本实例的制作。

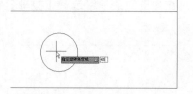

图7-186　设置旋转矩形的角度

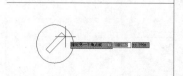

图7-187　指定另一个角点

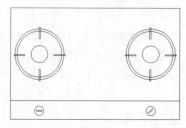

图7-188　绘制旋转矩形

7.13　绘制冰箱平面图

本例将绘制如图 7-189 所示的冰箱平面图。本实例先使用【矩形】命令创建冰箱的平面轮廓，再使用【分解】命令将矩形分解，然后对线段进行偏移和修剪，绘制出冰箱平面图形；使用【矩形】命令绘制冰箱门图形，使用【圆】和【修剪】命令创建出冰箱拉手，最后对图形进行旋转和修剪。

练习122　绘制冰箱平面图

STEP 01 执行【矩形（REC）】命令，绘制一个长为650、宽为600的矩形，效果如图 7-190 所示。

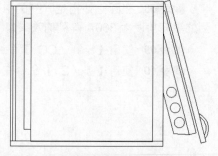

图7-189　绘制冰箱平面图

STEP 02 执行【分解（X）】命令，将矩形分解，然后使用【偏移（O）】命令将左方线段向右依次偏移 10、10、66，再将右方线段向左偏移 44，如图 7-191 所示。

STEP 03 使用【偏移（O）】命令将上方线段向下偏移 20，再将下方线段向上偏移 20，如图 7-192 所示。

图7-190　绘制矩形

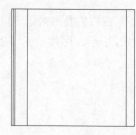

图7-191　偏移垂直线段

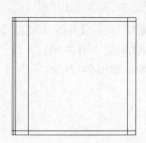

图7-192　偏移水平线段

STEP 04 执行【修剪（TR）】命令，以中间两条水平线段为修剪边界，对垂直线段进行修剪，效果如图 7-193 所示。

STEP 05 使用【偏移（O）】命令将左方第 4 条线段向左偏移 30，将上和下两方的线段向内偏移 70，如图 7-194 所示。

STEP 06 执行【修剪（TR）】命令，对图形中的线段进行修剪，效果如图 7-195 所示。

图7-193　修剪线段

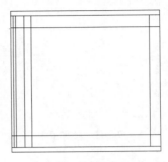

图7-194　偏移线段

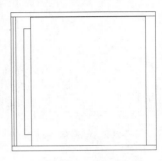

图7-195　修剪线段

STEP 07 执行【矩形（REC）】命令，在图形右方绘制一个长为 90、宽为 500 的矩形，如图 7-196 所示。

STEP 08 使用【分解（X）】命令将矩形分解，然后使用【偏移（O）】命令将右方线段向左偏移 30，如图 7-197 所示。

STEP 09 执行【圆（C）】命令，绘制一个半径为 20 的圆形，如图 7-198 所示。

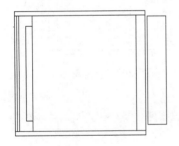

图7-196　绘制矩形

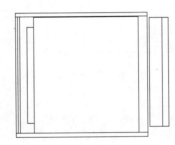

图7-197　偏移线段

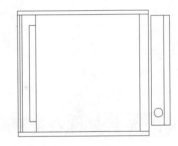

图7-198　绘制圆形

STEP 10 使用【复制（CO）】命令将圆形向上复制两次，效果如图 7-199 所示。

STEP 11 执行【圆（C）】命令，绘制一个半径为 50 的圆形，然后适当调整其位置，并将其向内偏移 10，效果如图 7-200 所示。

STEP 12 使用【修剪（TR）】命令对圆形进行修剪，效果如图 7-201 所示。

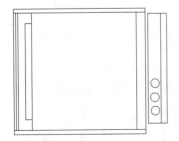

图7-199　复制圆形

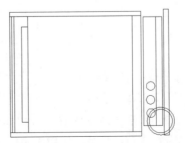

图7-200　绘制圆形

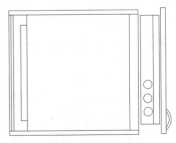

图7-201　修剪圆形

STEP⑬ 执行【直线（L）】命令，绘制一条斜线段，效果如图 7-202 所示。

STEP⑭ 执行【修剪（TR）】命令，对斜线段和矩形进行修剪，效果如图 7-203 所示。

STEP⑮ 执行【旋转（RO）】命令，选择冰箱门图形，如图 7-204 所示，然后将其沿逆时针方向旋转 15 度，效果如图 7-205 所示。

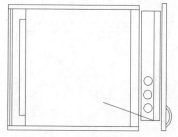
图7-202　绘制斜线段

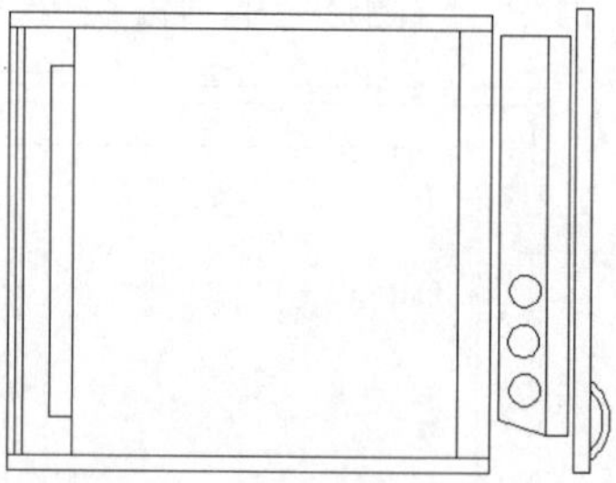

图7-203　修剪图形

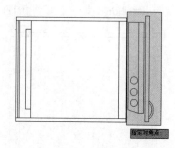
图7-204　旋转图形

STEP⑯ 执行【移动（M）】命令，选择冰箱门图形，将其向左适当移动，效果如图 7-206 所示。

STEP⑰ 执行【修剪（TR）】命令，对冰箱门图形进行修剪，如图 7-207 所示，完成本实例的制作。

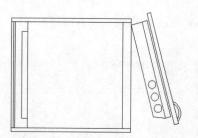
图7-205　偏移椭圆

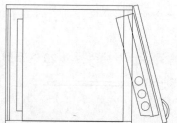
图7-206　移动图形

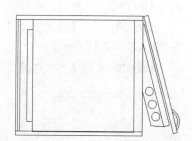
图7-207　修剪图形

7.14　绘制洗衣机平面图

本例将绘制如图 7-208 所示的洗衣机平面图。本实例先使用【矩形】、【分解】、【偏移】和【修剪】命令创建洗衣机的平面轮廓，并对其中的次要线段进行颜色修改，然后使用【圆形】和【矩形】命令绘制出洗衣机的开关旋钮图形，最后对其进行复制并适当旋转。

练习123　绘制洗衣机平面图

STEP① 执行【矩形（REC）】命令，绘制一个长为 670、宽为 510 的矩形，效果如图 7-209 所示。

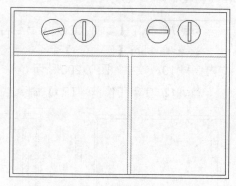
图7-208　绘制洗衣机平面图

STEP② 使用【偏移（O）】命令将矩形向内偏移 10，效果如图 7-210 所示。

STEP③ 执行【分解（X）】命令，将矩形分解，使用【偏移（O）】命令将上方第二条线段向下依次偏移 120、10，如图 7-211 所示。

图7-209　绘制矩形

图7-210　偏移矩形

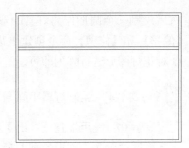

图7-211　偏移水平线段

STEP 04 使用【偏移（O）】命令将左方第二条线段向右依次偏移350和10，如图7-212所示。

STEP 05 执行【修剪（TR）】命令，对偏移得到的线段进行修剪，并将下方两条折弯线修改为浅灰色，效果如图7-213所示。

STEP 06 执行【C（圆）】命令，绘制一个半径为35的圆形，效果如图7-214所示。

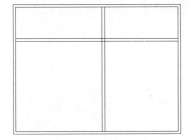

图7-212　偏移垂直线段

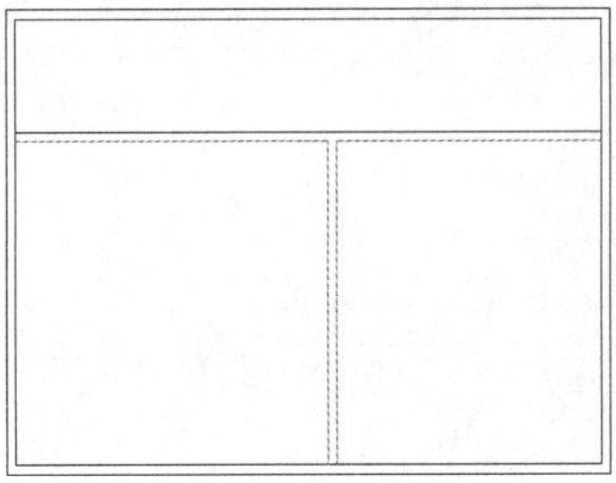

图7-213　修剪线段

图7-214　绘制圆形

STEP 07 执行【矩形（REC）】命令，在圆形内绘制一个长为10、宽为60的矩形，如图7-215所示。

STEP 08 执行【复制（CO）】命令，将创建的旋钮图形向右复制3次，效果如图7-216所示。

STEP 09 执行【旋转（RO）】命令，将第2个旋钮图形以圆心为基点旋转90度，如图7-217所示。

STEP 10 重复执行【旋转（RO）】命令，将第4个旋钮图形以圆心为基点旋转15度，效果如图7-218所示，完成本实例的制作。

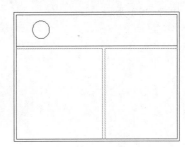

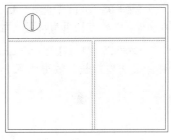

图7-215　绘制矩形

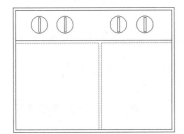

图7-216　复制旋钮图形

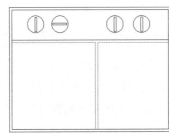

图7-217　旋转旋钮图形

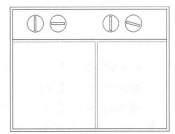

图7-218　旋转旋钮图形

7.15　绘制灯具平面图

本例将绘制如图7-219所示的灯具平面图。本实例首先绘制两条互相垂直线段进行图形定位，然后绘制一个圆形作为灯具的形状，再使用【圆】、【直线】、【偏移】和【修剪】命令创建出花灯图形，并使用【阵列】命令对花灯图形进行阵列即可。

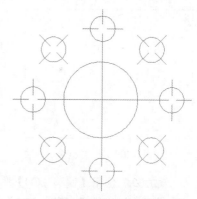

图7-219　绘制灯具平面图

练习124　绘制灯具平面图

STEP 01　使用【直线（L）】命令绘制一条长为 430 的水平线段和一条长为 430 的垂直线段，如图 7-220 所示。

STEP 02　执行【圆（C）】命令，以线段的交叉点为圆心，绘制一个半径为 120 的圆形，如图 7-221 所示。

STEP 03　执行【圆（C）】命令，以水平线段的左端点为圆心，绘制一个半径为 40 的圆形，如图 7-222 所示。

STEP 04　执行【偏移（O）】命令，设置偏移距离为 25，将小圆形向内偏移一次，效果如图 7-223 所示。

图7-220　绘制线段　　　图7-221　绘制圆形　　　图7-222　绘制圆形　　　图7-223　偏移圆形

STEP 05　执行【直线（L）】命令，以左方圆的圆心为起点，分别向上和向左各绘制一条长为 60 的水平线段和垂直线段，如图 7-224 所示。

STEP 06　执行【拉长（LEN）】命令，输入 DE 并确定，设置拉长的增长为 60，然后将绘制的线段反方向拉长，效果如图 7-225 所示。

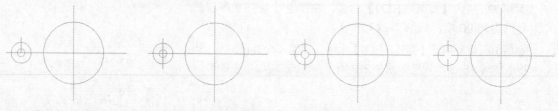

图7-224　绘制线段　　　图7-225　拉长线段　　　图7-226　修剪线段　　　图7-227　删除小圆形

STEP 07　使用【修剪（TR）】命令对小圆形内的线段进行修剪，效果如图 7-226 所示。

STEP 08　执行【删除（E）】命令，选择小圆形将其删除，效果如图 7-227 所示。

STEP 09　执行【阵列（AR）】命令，选择左方的花灯图形并确定，在弹出的菜单中选择【极轴】选项，如图 7-228 所示。

STEP 10　在大圆形的圆心处指定阵列的中心点，如图 7-229 所示。

STEP 11　设置阵列的项目数量为 8，如图 7-230 所示，然后设置阵列的填充角度为 360，阵列的效果如图 7-231 所示，完成本实例的制作。

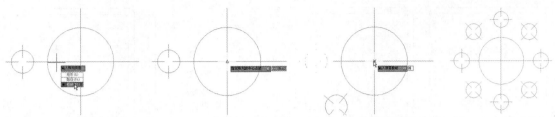

图7-228　选择阵列方式　　图7-229　指定阵列中心点　　图7-230　设置阵列项目数　　图7-231　阵列花灯图形

7.16　绘制浴霸平面图

本例将绘制如图 7-232 所示的浴霸平面图。本实例首先绘制圆角矩形和对角线图形，然后参照对角线绘制照明灯和浴霸灯图形，并对浴霸灯进行阵列。

练习125　绘制浴霸平面图

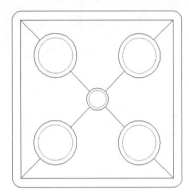

图7-232　绘制浴霸平面图

STEP 01 执行【矩形（REC）】命令，设置矩形的圆角半径为 20，然后绘制一个长度为 420 的圆角正方形，如图 7-233 所示。

STEP 02 执行【偏移（O）】命令，设置偏移距离为 20，将矩形向内偏移，如图 7-234 所示。

STEP 03 使用【直线（L）】命令绘制两条对角线，效果如图 7-235 所示。

STEP 04 执行【圆（C）】命令，以对角线的交点为圆心，绘制一个半径为 25 的圆，效果如图 7-236 所示。

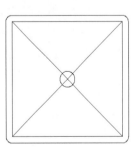

图7-233　绘制圆角矩形　　图7-234　偏移圆角矩形　　图7-235　绘制对角线　　图7-236　绘制圆形

STEP 05 执行【圆（C）】命令，在对角线上的左上方处指定圆心位置，如图 7-237 所示，然后绘制一个半径为 50 的圆，效果如图 7-238 所示。

STEP 06 执行【阵列（AR）】命令，选择大圆形并确定，在弹出的菜单中选择　极轴　选项，如图 7-239 所示。

STEP 07 在对角线的交点处指定阵列的中心点，阵列的项目数为 4，阵列的填充角度为 360，阵列的效果如图 7-240 所示。

 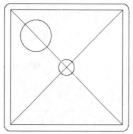  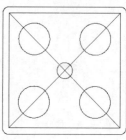

图7-237 指定圆心　　图7-238 绘制圆形　　图7-239 选择"极轴"选项　　图7-240 阵列圆形

STEP 08 执行【修剪（TR）】命令，对圆形中的线段进行修剪，效果如图 7-241 所示。

STEP 09 执行【偏移（O）】命令，将 4 个大圆形向内偏移 10，将小圆形向内偏移 5，然后将偏移得到的圆形修改为浅灰色，效果如图 7-242 所示，完成本实例的制作。

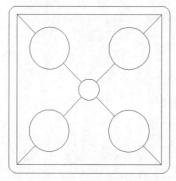 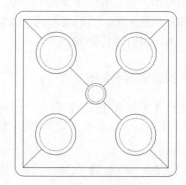

图7-241 修剪圆形　　　　　　　　图7-242 偏移圆形

7.17 课后习题

参考本章中所学的室内平面图块知识，完成如下的上机操作。

1. 绘制如图 7-243 所示的衣柜平面图。提示：先使用【矩形】和【偏移】命令创建衣柜平面轮廓，再使用【椭圆】命令绘制衣架平面图形，然后对衣架进行复制并旋转即可。

2. 绘制如图 7-244 所示的小便器平面图。提示：先使用【矩形】、【偏移】和【修剪】命令确定小便器的宽度，然后使用"样条曲线"命令创建小便器的轮廓，再使用【圆】和【圆弧】命令绘制小便器的排水孔即可。

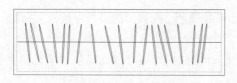 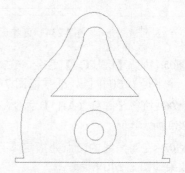

图7-243 绘制衣柜平面图　　　　　图7-244 绘制小便器平面图

3. 绘制如图 7-245 所示的电视机平面图。提示：首先绘制矩形作为电视的轮廓，然后使用【拉伸】命令对图形进行修改，再使用【矩形】命令绘制出电视机的散热孔，最后使用【阵列】命令对散热孔进行阵列即可。

4. 绘制如图 7-246 所示的牛眼射灯平面图。提示：先绘制牛眼射灯的轮廓图和光线，然后使用【图案填充】命令对图形进行填充即可。

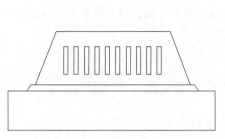 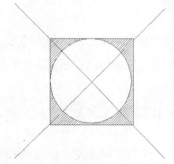

图 7-245　绘制电视机平面图　　　　图 7-246　绘制牛眼射灯平面图

第8章 绘制室内立面图块

内容提要

➢ 本章主要介绍绘制室内立面图块的方法，包括室内家具立面图块，室内洁具立面图块、室内电器立面图块和室内灯具立面图块的绘制方法。

8.1 绘制沙发立面图

本实例将介绍绘制沙发立面图的操作。实例效果如图 8-1 所示。在绘制时先使用【矩形】命令绘制图形轮廓，再使用【偏移】命令对图形进行偏移，创建图形的细节，最后使用【镜像】命令对左方图形进行镜像复制。

图8-1　绘制沙发立面图

练习126　绘制沙发立面图

STEP 01　使用【矩形（REC）】命令绘制一个长为 1820、宽为 800 的矩形，如图 8-2 所示。

STEP 02　使用【分解（X）】命令将矩形分解，然后执行【圆角（F）】命令，设置圆角半径为 80，对矩形上方的夹角进行圆角处理，如图 8-3 所示。

STEP 03　执行【偏移（O）】命令，将下方的线段向上偏移两次，偏移距离分别为 220 和 230，效果如图 8-4 所示。

图8-2　绘制矩形　　　　　　图8-3　圆角处理图形　　　　　　图8-4　偏移线段

STEP 04　执行【偏移（O）】命令，设置偏移距离为 600，然后将左方的线段向右方偏移两次，效果如图 8-5 所示。

STEP 05　执行【修剪（TR）】命令，对图形进行修剪，效果如图 8-6 所示。

STEP 06　执行【圆角（F）】命令，设置圆角半径为 50，对中间的坐垫图形进行圆角处理，如图 8-7 所示。

图8-5　偏移线段　　　　　　图8-6　修剪图形　　　　　　图8-7　圆角处理图形

STEP 07 使用【复制（CO）】命令对中间的坐垫图形进行复制，效果如图8-8所示。

STEP 08 使用【矩形（REC）】命令在图形左方绘制一个长为660、宽为220的矩形，效果如图8-9所示。

STEP 09 使用【矩形（REC）】命令在矩形上方绘制一个长为240、宽为50的矩形，效果如图8-10所示。

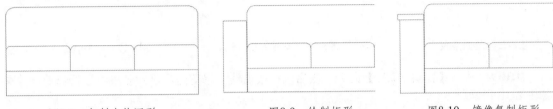

图8-8　复制坐垫图形　　　　图8-9　绘制矩形　　　　图8-10　镜像复制矩形

STEP 10 执行【圆角（F）】命令，设置圆角半径为40，对左上方的矩形进行圆角处理，如图8-11所示。

STEP 11 执行【矩形（REC）】命令，在图形左下方分别绘制一个长为100、宽为25和一个长为65、宽为40的矩形作为沙发脚，效果如图8-12所示。

STEP 12 执行【镜像（MI）】命令，选择左方的图形，然后以图形的中点为镜像轴，对左方的图形进行镜像复制，效果如图8-13所示，完成本实例的制作。

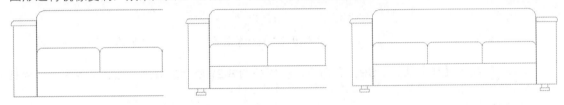

图8-11　圆角处理图形　　　图8-12　绘制沙发脚图形　　　图8-13　镜像复制沙发脚图形

8.2 绘制床立面图

本实例将介绍绘制床立面图的操作，实例效果如图8-14所示。首先使用【多段线】命令绘制床头立面轮廓，然后对其进行偏移，然后使用【样条曲线】命令绘制床上的被子和被单图形；最后使用复制和粘贴方式将已有的素材图形复制过来，并对图形进行镜像复制。

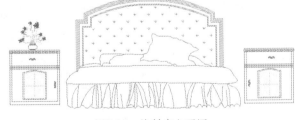

图8-14　绘制床立面图

练习127 绘制床立面图

STEP 01 执行【多段线（PL）】命令，参照如图8-15所示的尺寸和效果，绘制一条带弧线的多段线。

STEP 02 执行【偏移（O）】命令，将多段线向内偏移3次，偏移距离依次为12、30、12，效果如图8-16所示。

STEP 03 执行【样条曲线（SPL）】命令，参照如图 8-17 所示的效果，绘制多条曲线作为被子图形。

图8-15 绘制多段线 　　　　图8-16 偏移线段 　　　　图8-17 绘制被子图形

STEP 04 执行【修剪（TR）】命令，然后以样条曲线为修剪边界，对多段线进行修剪，效果如图 8-18 所示。

STEP 05 执行【样条曲线（SPL）】命令，参照如图 8-19 所示的效果，绘制出被单的轮廓。

STEP 06 执行【样条曲线（SPL）】命令，参照如图 8-20 所示的效果，绘制多条曲线作为被单纹路图形。

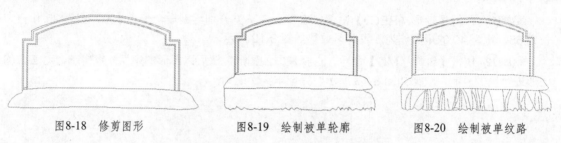

图8-18 修剪图形 　　　　图8-19 绘制被单轮廓 　　　　图8-20 绘制被单纹路

STEP 07 执行【样条曲线（SPL）】命令，参照如图 8-21 所示的效果，绘制多条曲线作为枕头图形。

STEP 08 执行【图案填充（H）】命令，打开 图形填充和渐变色 对话框，选择 GRASS 图案，设置比例为 100，如图 8-22 所示。

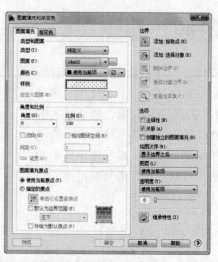

图8-21 绘制枕头图形 　　　　图8-22 设置图案参数

STEP 09 单击【拾一个内部点】按钮，在如图 8-23 所示的位置指定填充图案的区域，然后进行确定，填充图案后的效果如图 8-24 所示。

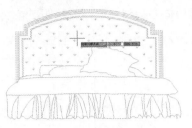 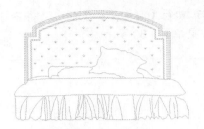

图8-23　指定填充区域　　　　　图8-24　填充图案

STEP 10 打开　床头柜立面　素材图形，然后选择其中的图形，按【Ctrl+C】键复制图形，然后切换到当前正在绘制的图形中，按【Ctrl+V】键将选择的床头柜立面图复制过来，如图 8-25 所示。

STEP 11 执行【镜像（MI）】命令，只选择床头柜图形，然后以床立面为中心对选择的图形进行镜像复制，效果如图 8-26 所示，完成本实例的制作。

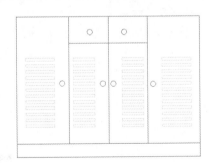 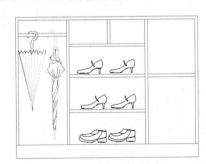

图8-25　复制素材图形　　　　　　　　图8-26　镜像复制图形

8.3　绘制鞋柜立面图

本例将绘制如图 8-27 所示的鞋柜内立面和外立面图，首先使用【矩形】命令绘制出鞋柜的轮廓，再使用【偏移】和【修剪】命令创建鞋柜外立面抽屉和门图形，使用【矩形】和【阵列】命令创建外立面百叶窗的效果，然后在已经创建好的鞋柜外立面基础上进行修改，最后在图形中添加鞋类素材。

 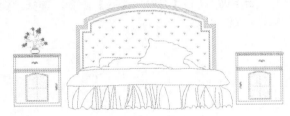

图8-27　绘制鞋柜立面图

练习128　绘制鞋柜立面图

STEP 01 使用【矩形（REC）】命令绘制一个长为 1450、宽为 1100 的矩形，如图 8-28 所示。

STEP 02 偏移水平线段。使用【分解（X）】命令将矩形分解，然后执行【偏移（O）】命令，将下方线段向上偏移两次，偏移的距离依次为 100 和 850，效果如图 8-29 所示。

STEP 03 执行【偏移（O）】命令，将左方的线段向右偏移 3 次，偏移距离依次为 400、300 和 300，效果如图 8-30 所示。

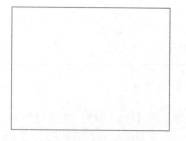

图8-28 绘制矩形

图8-29 偏移线段

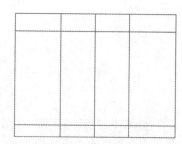

图8-30 偏移垂直线段

STEP 04 执行【修剪（TR）】命令，对图形进行修剪，效果如图 8-31 所示。

STEP 05 使用【矩形（REC）】命令绘制一个长为 220、宽为 20 的矩形，如图 8-32 所示。

STEP 06 执行【阵列（AR）】命令，选择刚绘制的矩形并确定，在弹出菜单中选择 矩形 选项，如图 8-33 所示。

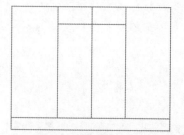

图8-31 修剪图形

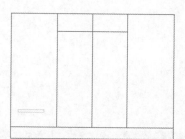

图8-32 绘制矩形

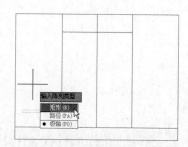

图8-33 选择阵列方式

STEP 07 设置阵列的行数为 12，行间距为 45，阵列参数如图 8-34 所示，阵列矩形后的效果如图 8-35 所示。

STEP 08 执行【镜像（MI）】命令，选择阵列的图形，然后以图形的中点为镜像轴，如图 8-36 所示，对阵列的图形进行镜像复制，效果如图 8-37 所示。

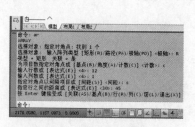

图8-34 设置阵列参数

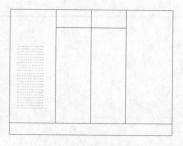

图8-35 阵列矩形

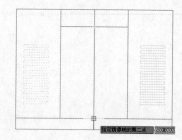

图8-36 指定镜像轴

STEP 09 使用【矩形（REC）】命令绘制一个长为 160、宽为 20 的矩形，如图 8-38 所示。

STEP 10 使用【阵列（AR）】命令对矩形进行阵列，设置阵列行数为 12、行偏移为 45，阵列的效果如图 8-39 所示。

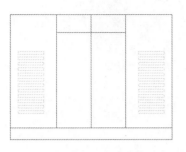

图8-37　镜像复制图形

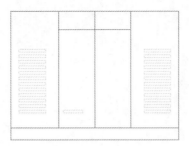

图8-38　绘制矩形

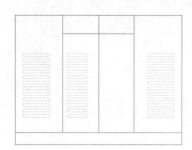

图8-39　阵列矩形

STEP 11 执行【镜像（MI）】命令，选择阵列的图形，然后以图形的中点为镜像轴，对阵列的图形进行镜像复制，效果如图 8-40 所示。

STEP 12 使用【圆（C）】命令绘制一个半径为 20 的圆形作为抽屉的拉手，然后使用【复制（CO）】命令对圆形进行复制，创建其他的拉手图形，如图 8-41 所示。

STEP 13 复制前面绘制的鞋柜外立面图，然后将拉手和百叶窗图形删除，效果如图 8-42 所示。

图8-40　镜像复制图形

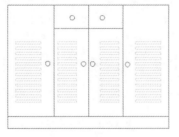

图8-41　绘制圆形拉手

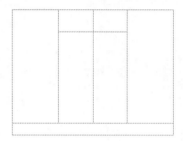

图8-42　修改图形

STEP 14 使用【偏移（O）】命令将图形两方的线段向内偏移20，将上方的水平线段向下偏移20，效果如图 8-43 所示。

STEP 15 执行【偏移（O）】命令，将中间的 3 条垂直线段分别向左和向右偏移10，效果如图 8-44 所示。

STEP 16 执行【修剪（TR）】命令，对图形进行修剪，效果如图 8-45 所示。

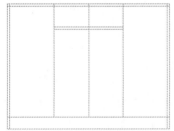

图8-43　偏移线段

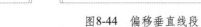

图8-44　偏移垂直线段

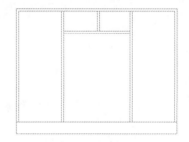

图8-45　修剪图形

STEP 17 执行【偏移（O）】命令，将下方第 2 条线段向上依次偏移 500 和 20，如图 8-46 所示。

STEP 18 执行【修剪（TR）】命令，对图形进行修剪，效果如图 8-47 所示。

STEP 19 执行【偏移（O）】命令，将下方第 2 条线段向上依次偏移 240 和 20，如图 8-48 所示。

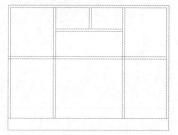

图8-46　偏移线段

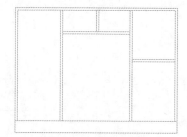

图8-47　修剪图形

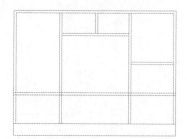

图8-48　偏移线段

STEP **20** 执行【修剪（TR）】命令，对图形进行修剪，效果如图 8-49 所示。

STEP **21** 执行【复制（CO）】命令，将刚才修剪后的两条线段向上复制一次，设置复制的距离为 260，效果如图 8-50 所示。

STEP **22** 执行【偏移（O）】命令，将上方第 2 条线段向下依次偏移 100 和 20，如图 8-51 所示。

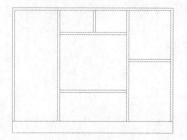

图8-49　修剪图形

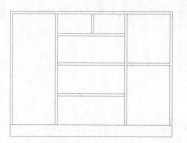

图8-50　复制线段

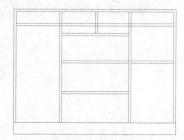

图8-51　偏移线段

STEP **23** 执行【修剪（TR）】命令，对图形进行修剪，效果如图 8-52 所示。

STEP **24** 打开配套光盘中的 鞋柜素材 文件，将各种素材图形复制并粘贴到当前图形中，对其中的素材进行复制并分布，效果如图 8-53 所示，完成本实例的制作。

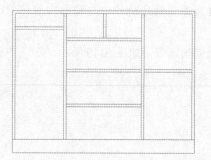

图8-52　修剪图形

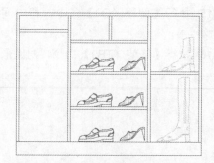

图8-53　复制素材图形

8.4　绘制酒柜立面图

本例将绘制如图 8-54 所示的酒柜立面图。在创建酒柜立面图的过程中，先使用【矩形】、【偏移】和【修剪】命令绘制出酒柜的轮廓，然后使用【图案填充】命令对酒柜门进行填充，最后添加酒瓶和酒具等素材到图形中。

图8-54　绘制酒柜立面图

练习129　　绘制酒柜立面图

STEP 01　执行【矩形（REC）】命令，绘制一个长为 2420、宽为 2280 的矩形，如图 8-55 所示。

STEP 02　执行【分解（X）】命令将矩形分解，执行【偏移（O）】命令，将矩形的下方线段向上依次偏移 100、750、20、1300，效果如图 8-56 所示。

STEP 03　执行【偏移（O）】命令，将矩形的左方线段向右依次偏移 100、650、900、650，效果如图 8-57 所示。

图8-55　绘制矩形

图8-56　偏移水平线段

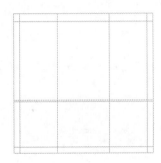

图8-57　偏移垂直线段

STEP 04　执行【修剪（TR）】命令，对图形中的线段进行修剪，如图 8-58 所示。

STEP 05　执行【直线（L）】命令，以水平线段的中点为端点绘制一条线段，如图 8-59 所示。

STEP 06　执行【偏移（O）】命令，设置偏移距离为 185，将下方第 2 条线段向上偏移 3 次，如图 8-60 所示。

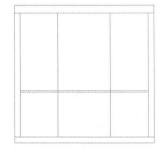

图8-58　修剪线段

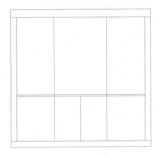

图8-59　绘制线段

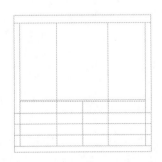

图8-60　偏移线段

STEP 07 执行【修剪（TR）】命令，对图形中的线段进行修剪，效果如图8-61所示。

STEP 08 执行【圆（C）】命令，绘制一个半径为15的圆形作为抽屉的拉手，如图8-62所示。

STEP 09 执行【复制（CO）】命令，对拉手图形进行复制，效果如图8-63所示。

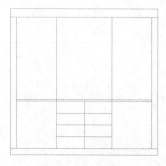

图8-61 修剪线段

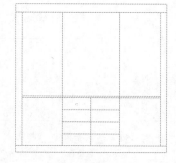

图8-62 绘制圆形

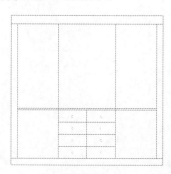

图8-63 复制圆形

STEP 10 执行【偏移（O）】命令，设置偏移距离为325，将左方第2条线段向右偏移一次，如图8-64所示。

STEP 11 使用【修剪（TR）】命令对线段进行修剪，效果如图8-65所示。

STEP 12 执行【矩形（REC）】命令，在图形左下方绘制一个长为630、宽为200的矩形，如图8-66所示。

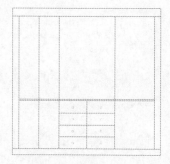

图8-64 偏移段线

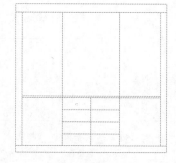

图8-65 修剪线段

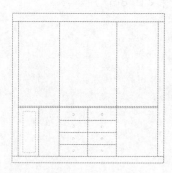

图8-66 绘制矩形

STEP 13 使用【偏移（O）】命令将矩形向内偏移15，如图8-67所示。

STEP 14 执行【复制（CO）】命令，对矩形进行复制，效果如图8-68所示。

STEP 15 执行【镜像（MI）】命令，以水平线段的中点为镜像轴，对创建的门进行镜像复制，如图8-69所示。

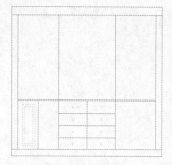

图8-67 偏移矩形

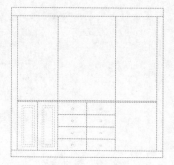

图8-68 复制矩形

图8-69 镜像复制门图形

STEP 16 执行【矩形（REC）】命令，绘制一个长为200、宽为18的矩形作为拉手，效果如图8-70所示。

STEP 17 执行【复制（CO）】命令，对拉手进行复制，如图8-71所示。

STEP 18 执行【偏移（O）】命令，将左方第2条线段向右偏移325，如图8-72所示。

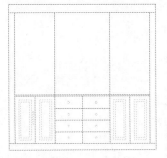 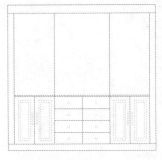 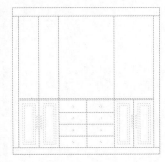

图8-70 绘制拉手　　　　　　图8-71 复制拉手　　　　　　图8-72 偏移线段

STEP 19 使用【修剪（TR）】命令对偏移得到的线段进行修剪，效果如图8-73所示。

STEP 20 执行【矩形（REC）】命令，绘制一个长为1200、宽为200的矩形，如图8-74所示。

STEP 21 执行【偏移（O）】命令，将矩形向内偏移15，如图8-75所示。

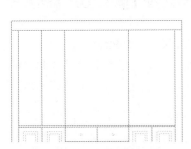 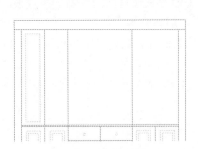 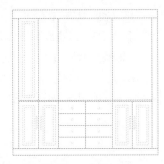

图8-73 修剪线段　　　　　　图8-74 绘制矩形　　　　　　图8-75 偏移矩形

STEP 22 执行【复制（CO）】命令，对矩形图形进行复制，效果如图8-76所示。

STEP 23 执行【镜像（MI）】命令，对刚创建的图形进行镜像复制，如图8-77所示。

STEP 24 执行【矩形（REC）】命令，绘制一个长为200、宽为18的矩形作为门的拉手，如图8-78所示。

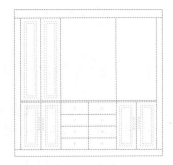 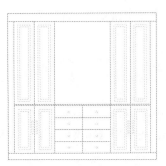 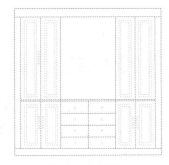

图8-76 复制矩形　　　　　　图8-77 镜像复制图形　　　　　　图8-78 绘制拉手

STEP 25 执行【复制（CO）】命令，对拉手进行复制，如图8-79所示。

STEP㉖ 执行【图案填充（H）】命令，在打开的 图案填充和渐变色 对话框中设置填充图案为 AR-RROOF、角度为 45、比例为 300，如图 8-80 所示。

STEP㉗ 单击对话框中的 拾取一个内部点 按钮⊞，然后进入绘图区指定填充的区域，图案填充效果如图 8-81 所示。

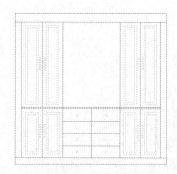

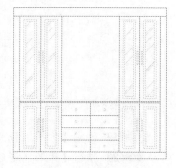

图8-79　复制拉手　　　　图8-80　设置图案填充参数　　　　图8-81　填充图案

STEP㉘ 使用【直线（L）】命令在玻璃门内绘制一条直线，然后使用【偏移（O）】命令将其向上偏移 20，创建出隔板图形，如图 8-82 所示。

STEP㉙ 执行【复制（CO）】命令，对创建的隔板进行复制，效果如图 8-83 所示。

STEP㉚ 打开配套光盘中的 酒柜素材 图形文件，将其中的酒瓶、杯子和花瓶等复制并粘贴到当前图形中，如图 8-84 所示。

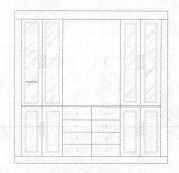

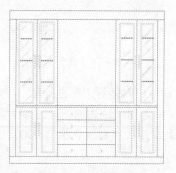

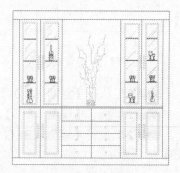

图8-82　绘制隔板　　　　图8-83　复制隔板　　　　图8-84　复制素材

8.5 绘制书柜立面图

本例将绘制如图 8-85 所示的书柜立面图。在创建书柜立面的过程中，首先使用【矩形】、【偏移】和【修剪】命令绘制出书柜的轮廓，再使用【图案填充】命令对书柜门进行填充，最后添加书籍等素材到图形中。

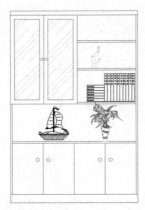

图8-85　绘制书柜立面图

练习130　**绘制书柜立面图**

STEP 01　执行【矩形（REC）】命令，绘制一个长为 2250、宽为 1540 的矩形，如图 8-86 所示。

STEP 02　使用【分解（X）】命令将矩形分解，执行【偏移（O）】命令，将矩形的下方线段向上依次偏移 100、600、20、440、20、340、20、340、20、300，如图 8-87 所示。

STEP 03　执行【偏移（O）】命令，将矩形的左方线段向右依次偏移 20、370、370、370、370，效果如图 8-88 所示。

STEP 04　执行【修剪（TR）】命令，对图形中的线段进行修剪，效果如图 8-89 所示。

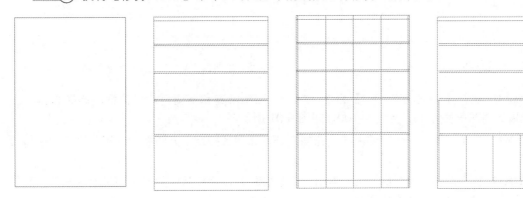

图8-86　绘制矩形　　　图8-87　偏移水平线段　　　图8-88　偏移垂直线段　　　图8-89　修剪线段

STEP 05　执行【偏移（O）】命令，设置偏移距离为 400，然后将矩形的左方线段向右偏移两次，如图 8-90 所示。

STEP 06　执行【修剪（TR）】命令，对图形中的线段进行修剪，效果如图 8-91 所示。

STEP 07　执行【矩形（REC）】命令，输入 from 并确定，指定绘图的基点位置，如图 8-92 所示，设置偏移基点的坐标为 @50,50，然后绘制一个长为 940、宽为 300 的矩形，如图 8-93 所示。

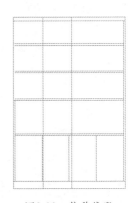

图8-90　偏移线段

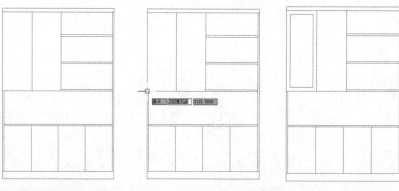

图8-91 修剪线段　　　图8-92 指定绘图基点位置　　　图8-93 绘制矩形

STEP 08 执行【复制（CO）】命令，将矩形复制到右侧方框内，如图 8-94 所示。

STEP 09 执行【圆（C）】命令，绘制一个半径为 20 的圆形作为拉手图形，如图 8-95 所示。

STEP 10 执行【复制（CO）】命令，对拉手进行复制，效果如图 8-96 所示。

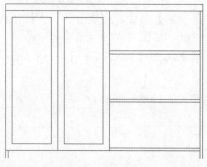

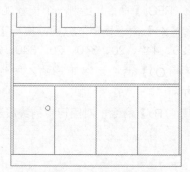

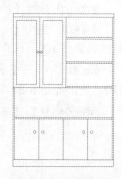

图8-94 复制矩形　　　　　图8-95 绘制圆形　　　　　图8-96 复制圆形

STEP 11 执行【图案填充（H）】命令，打开 图案填充和渐变色 对话框，选择 CLAY 图案，设置图案的角度为 45、比例为 100，如图 8-97 所示。

STEP 12 单击 拾取一个内部点 按钮，进入绘图区指定填充图案的区域，填充效果如图 8-98 所示。

STEP 13 打开配套光盘中的 书柜素材 图形文件，然后将其中的书籍和其他装饰品图形复制并粘贴到当前图形中，效果如图 8-99 所示。

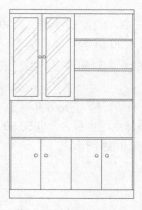

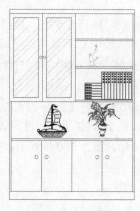

图8-97 复制拉手　　　　图8-98 图案填充效果　　　　图8-99 复制素材

8.6 绘制衣柜立面图

本例将绘制如图 8-100 所示的衣柜立面图，在绘制衣柜外立面的过程中，先使用【矩形】、【偏移】和【修剪】命令绘制出衣柜的轮廓，再使用【图案填充】命令对衣柜门进行填充；在绘制衣柜内立面的过程中，先绘制出衣柜内部的结构，再将素材图形复制到当前图形中。

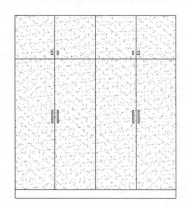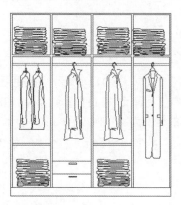

图8-100 绘制衣柜立面图

练习131 绘制衣柜立面图

STEP 01 执行【矩形（REC）】命令，创建一个长为 2200、宽为 1900 的矩形，如图 8-101 所示。

STEP 02 执行【分解（X）】命令将矩形分解，然后执行【偏移（O）】命令，将矩形的下方线段向上偏移两次，偏移距离依次为 100 和 1500，如图 8-102 所示。

STEP 03 执行【偏移（O）】命令，设置偏移距离为 475，然后将矩形的左方线段向右依次偏移 3 次，如图 8-103 所示。

STEP 04 执行【修剪（TR）】命令，对图形下方的线段进行修剪，效果如图 8-104 所示。

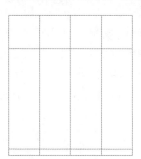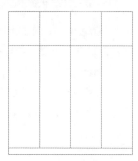

图8-101 绘制矩形　　　图8-102 偏移线段　　　图8-103 偏移垂直线段　　　图8-104 修剪线段

STEP 05 执行【矩形（REC）】命令，绘制一个长为 45、宽为 12 的矩形作为衣柜上方拉手，如图 8-105 所示。

STEP 06 执行【矩形（REC）】命令，绘制一个长为 150、宽为 12 的矩形，作为衣柜下方拉手，如图 8-106 所示。

STEP 07 执行【镜像（MI）】命令，选择绘制的两个拉手图形，参照如图 8-107 的效果指定镜像轴，对拉手图形进行镜像复制后的效果如图 8-108 所示。

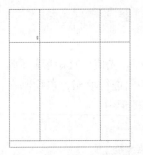

图8-105　绘制上方拉手　　图8-106　绘制下方拉手　　图8-107　指定镜像轴　　图8-108　镜像复制拉手

STEP 08 执行【复制（CO）】命令，将拉手图形复制到图形右方的门图形上，如图 8-109 所示。

STEP 09 执行【图案填充（H）】命令，打开"图案填充和渐变色"对话框，选择 AR-SAND 图案，设置图案的比例为 40，如图 8-110 所示。

STEP 10 单击"拾取一个内点"按钮，进入绘图区指定填充图案的区域，填充效果如图 8-111 所示。

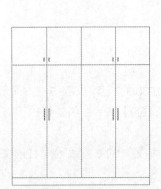

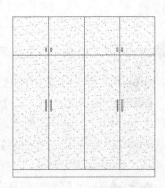

图8-109　复制拉手　　　图8-110　设置图案填充参数　　　图8-111　填充图形

STEP 11 将前面创建的衣柜外立面图形复制一次，并将拉手和图案删除，再执行【偏移（O）】命令，设置偏移距离为 20，然后对衣柜中的线段进行偏移，效果如图 8-112 所示。

STEP 12 执行【修剪（TR）】命令，然后对衣柜中交叉的线段进行修剪，效果如图 8-113 所示。

STEP 13 执行【偏移（O）】命令，设置偏移距离为 150，将下方第 2 条线段向上偏移两次，效果如图 8-114 所示。

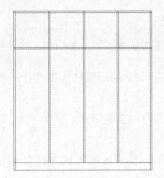
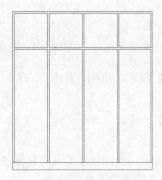
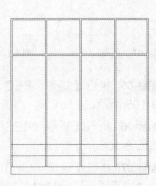

图8-112　修改图形　　　　图8-113　修剪线段　　　　图8-114　偏移线段

STEP⑭ 执行【修剪（TR）】命令，对偏移的线段进行修剪，效果如图 8-115 所示。

STEP⑮ 执行【矩形（REC）】命令，绘制两个长为 90、宽为 12 的矩形作为衣柜抽屉的拉手，如图 8-116 所示。

STEP⑯ 执行【偏移（O）】命令，选择图 8-117 所示的线段，然后将其向依次上偏移 480 和 20，效果如图 8-118 所示。

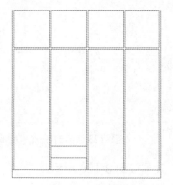

图8-115　修剪线段

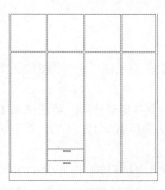

图8-116　绘制拉手

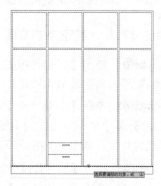

图8-117　选择线段

STEP⑰ 执行【修剪（TR）】命令，对偏移的线段进行修剪，效果如图 8-119 所示。

STEP⑱ 执行【直线（L）】命令，在各柜子内绘制两条线段作为挂衣杆图形，如图 8-120 所示。

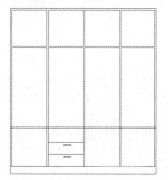

图8-118　偏移线段

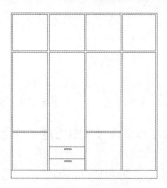

图8-119　修剪线段

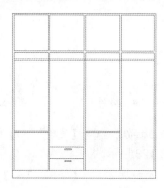

图8-120　绘制线段

STEP⑲ 执行【修剪（TR）】命令，对挂衣杆线段进行修剪，效果如图 8-121 所示。

STEP⑳ 打开配套光盘的　衣柜素材　图形文件，将其中的衣服和被子图形复制并粘贴到当前图形中，如图 8-122 所示。

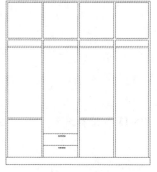

图8-121　修剪线段

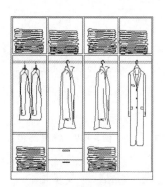

图8-122　复制素材

8.7 绘制洗衣机立面图

本例将绘制如图 8-123 所示的洗衣机立面图。在创建洗衣机立面图的过程中，先绘制出洗衣机的轮廓，再绘制洗衣机的门及拉手图形，最后绘制洗衣机的细节。

练习132 绘制洗衣机立面

STEP 01 使用【矩形（REC）】命令绘制一个长为 810、宽为 750 的矩形，如图 8-124 所示。

STEP 02 使用【分解（X）】命令将矩形分解，然后使用【偏移（O）】命令将上方线段向下依次偏移 70、12、140，将中间的线段改为绿色，如图 8-125 所示。

STEP 03 执行【圆（C）】命令，绘制一个半径为 200 的圆，效果如图 8-126 所示。

STEP 04 使用【偏移（O）】命令将圆形向内偏移 35，效果如图 8-127 所示。

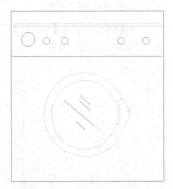

图8-123 绘制洗衣机立面

图8-124 绘制矩形

图8-125 偏移线段

图8-126 绘制圆形

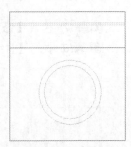

图8-127 偏移圆形

STEP 05 结合【直线（L）】和【样条曲线（SPL）】命令绘制出洗衣机门拉手图形，效果如图 8-128 所示。

STEP 06 执行【修剪（TR）】命令，对图形进行修剪，如图 8-129 所示。

STEP 07 执行【圆（C）】命令，绘制一个半径为 32 和 4 个半径为 16 的圆作为洗衣机按钮，效果如图 8-130 所示。

STEP 08 使用【直线（L）】命令绘制 4 条线段，完成本实例的制作，如图 8-131 所示。

图8-128 绘制门拉手

图8-129 修剪图形

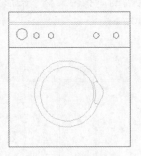

图8-130 绘制圆形

图8-131 绘制线段

8.8 绘制冰箱立面图

本例将绘制如图 8-132 所示的冰箱立面图，在本实例的制作过程中，主要使用【矩形】命令绘制出冰箱轮廓；使用【偏移】和【修剪】命令对图形进行修改；在绘制冰箱门拉手时，需要使用【圆角】命令对图形顶角进行圆角。

练习133 绘制冰箱立面图

STEP 01 使用【矩形（REC）】命令绘制一个长为 1180、宽为 580 的矩形，如图 8-133 所示。

STEP 02 使用【分解（X）】命令将矩形分解。

STEP 03 使用【偏移（O）】命令将上方线段向下依次偏移 20、400、5，如图 8-134 所示。

图8-132　绘制冰箱立面图

STEP 04 使用【偏移（O）】命令将右方线段向左依次偏移 70，如图 8-135 所示。

STEP 05 执行【修剪（TR）】命令，以上方第 2 条水平线段和中间两条水平线段为边界，对右方第 2 条垂直线段进行修剪，效果如图 8-136 所示。

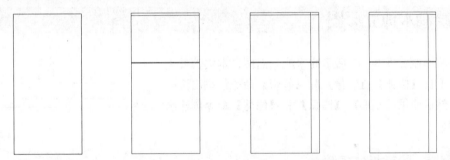

图8-133　绘制矩形　　图8-134　偏移线段　　图8-135　偏移线段　　图8-136　修剪线段

STEP 06 执行【矩形（REC）】命令，设置圆角半径为 5，绘制一个长为 230、宽为 40、圆角半径为 5 的矩形作为门拉手，如图 8-137 所示。

STEP 07 执行【圆角（F）】命令，设置圆角半径为 20，对门拉手右上角进行圆角，如图 8-138 所示。

STEP 08 执行【复制（CO）】命令，将拉手图形向下复制一次，如图 8-139 所示。

STEP 09 使用【矩形（REC）】命令在图形左下方绘制一个长 30 的正方形作为冰箱脚轮廓，如图 8-140 所示。

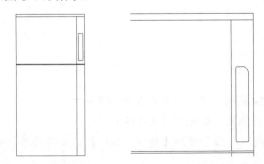
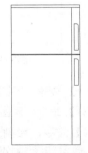

图8-137　绘制圆角矩形　　图8-138　圆角处理顶角　　图8-139　复制拉手　　图8-140　绘制正方形

STEP 10 执行【分解（X）】命令，将矩形分解。

STEP 11 使用【偏移（O）】命令对线段进行偏移，两端的偏移距离为 2.5，中间的偏移距离为 5，然后使用【复制（CO）】命令将冰箱脚向右复制一次，效果如图 8-141 所示。

STEP 12 使用【直线（L）】命令在图形中绘制多条斜线，表示反光的光线，效果如图 8-142 所示，完成本实例的制作。

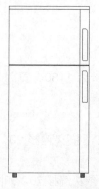
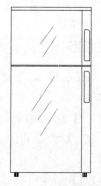

图8-141　复制冰箱脚　　　　图8-142　绘制反光光线

8.9　绘制水池立面图

本例将绘制如图 8-143 所示的水池立面图，本实例首先使用【矩形】、【圆弧】、【镜像】和【修剪】命令绘制出洗面盆图形，然后使用【矩形】、【圆弧】和【修剪】命令创建水龙头图形。

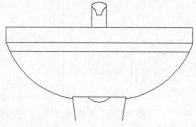

图8-143　绘制水池立面图

练习134　绘制水池立面图

STEP 01 使用【矩形（REC）】命令绘制一个长为 600、宽为 240 的矩形，如图 8-144 所示。

STEP 02 使用【分解（X）】命令将矩形分解，然后使用【偏移（O）】命令将上方线段向下偏移两次，偏移距离依次为 50 和 30，效果如图 8-145 所示。

STEP 03 执行【圆弧（A）】命令，绘制一条如图 8-146 所示的圆弧。

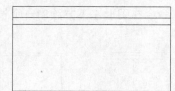
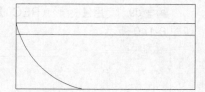

图8-144　绘制矩形　　　　　图8-145　偏移线段　　　　　图8-146　绘制圆弧

STEP 04 执行【镜像（MI）】命令，将圆弧镜像复制一次，效果如图 8-147 所示。

STEP 05 执行【修剪（TR）】命令，对图形进行修剪，效果如图 8-148 所示。

STEP 06 执行【直线（L）】命令，绘制一条线段，然后使用【镜像（MI）】命令将线段镜像复制一次，创建下水管图形，效果如图 8-149 所示。

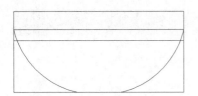

图8-147 镜像复制圆弧

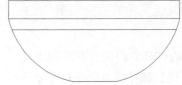

图8-148 修剪图形

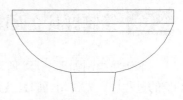

图8-149 绘制线段

STEP 07 执行【圆弧（A）】命令，在下水管处绘制一条圆弧，如图 8-150 所示。

STEP 08 执行【矩形（REC）】命令，在图形正上方绘制一个长为 70、宽为 50 的矩形，效果如图 8-151 所示。

STEP 09 执行【椭圆（EL）】命令，通过捕捉矩形两方的端点，确定椭圆的第一条轴，然后确定另一条轴，绘制的椭圆如图 8-152 所示。

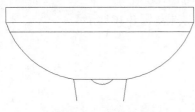

图8-150 绘制圆弧

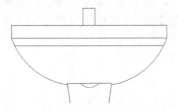

图8-151 绘制矩形

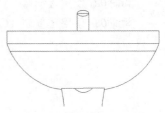

图8-152 绘制椭圆

STEP 10 使用【分解（X）】命令将矩形分解，然后使用【偏移（O）】命令将矩形上方线段向下偏移 30，效果如图 8-153 所示。

STEP 11 使用【圆弧（A）】命令绘制一条圆弧，效果如图 8-154 所示。

STEP 12 使用【镜像（MI）】命令将圆弧镜像复制一次，效果如图 8-155 所示。

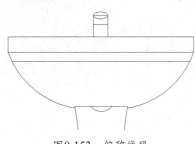

图8-153 偏移线段

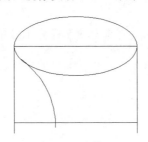

图8-154 绘制圆弧

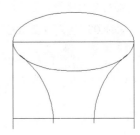

图8-155 镜像复制圆弧

STEP 13 使用【修剪（TR）】命令对图形进行修剪，效果如图 8-156 所示。

STEP 14 执行【删除（E）】命令，选择水龙头中的横线并确定，将其删除，完成本实例的制作，如图 8-157 所示。

图8-156 修剪图形

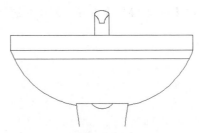

图8-157 实例效果

8.10 绘制灯具立面图

本例将绘制如图 8-158 所示的灯具立面图，在绘制本实例的过程中，先使用【圆】、【直线】和【样条曲线】命令绘制图形，然后使用【复制】和【镜像】命令对图形进行复制。

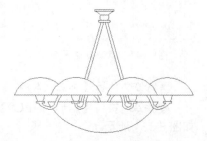

练习135 绘制灯具立面图

STEP 01 使用【圆（C）】命令绘制一个半径为 55 的圆形，然后使用【直线（L）】命令绘制一条线段，效果如图 8-159 所示。

图8-158 绘制灯具立面图

STEP 02 使用【修剪（TR）】命令对图形进行修剪，效果如图 8-160 所示。

STEP 03 使用【复制（CO）】命令对创建的图形进行复制，效果如图 8-161 所示。

图8-159 绘制圆形和线段

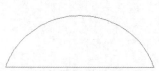

图8-160 修剪图形

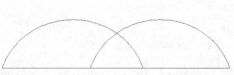

图8-161 复制图形

STEP 04 使用【修剪（TR）】命令对图形进行修剪，效果如图 8-162 所示。

STEP 05 使用【多段线（PL）】、【矩形（REC）】和【修剪（TR）】命令创建灯具的吊索图形，效果如图 8-163 所示。

STEP 06 使用【圆（C）】命令绘制一个半径为 135 的圆形，如图 8-164 所示。

图8-162 修剪图形

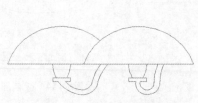

图8-163 创建吊索图形

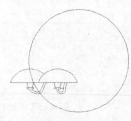

图8-164 绘制圆形

STEP 07 使用【直线（L）】命令绘制一条线段，效果如图 8-165 所示。

STEP 08 使用【修剪（TR）】命令对图形进行修剪，效果如图 8-166 所示。

STEP 09 使用【镜像（MI）】命令，对小灯进行镜像复制，效果如图 8-167 所示。

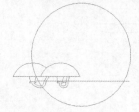

图8-165 绘制线段

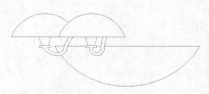

图8-166 修剪效果

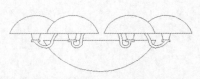

图8-167 镜像复制图形

STEP⑩ 使用【直线（L）】命令绘制 4 条线段作为吊灯线，效果如图 8-168 所示。

STEP⑪ 使用【矩形（REC）】命令在图形上方绘制一个长为 20、宽为 4、圆角半径为 2 的圆角矩形，如图 8-169 所示。

STEP⑫ 使用【圆弧（A）】命令在图形中绘制一段圆弧，然后使用 MI（镜像）命令对圆弧进行镜像复制，效果如图 8-170 所示。

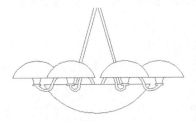 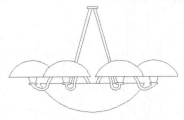 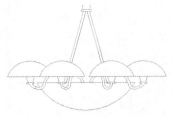

图8-168　绘制吊灯线　　　　　图8-169　绘制圆角矩形　　　　　图8-170　创建圆弧

STEP⑬ 使用【直线（L）】命令连接两段圆弧，然后使用 REC（矩形）在图形上方绘制一个矩形，效果如图 8-171 所示。

STEP⑭ 使用【圆弧（A）】命令在图形中绘制一段圆弧，然后使用 MI（镜像）命令对圆弧进行镜像复制，完成本实例的制作，效果如图 8-172 所示。

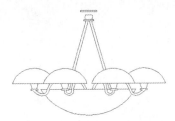 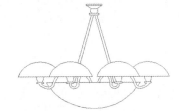

图8-171　绘制线段和矩形　　　　　图8-172　实例效果

8.11　课后习题

1. 绘制如图 8-173 所示的餐桌立面图。提示：本实例可以先使用【矩形】、【圆角】和【修剪】命令创建椅子立面图形，然后使用【样条曲线】和【图案填充】命令绘制桌布图形。

2. 绘制如图 8-174 所示的座便器立面图。提示：本实例先使用【矩形】、【偏移】和【修剪】命令绘制座便器的主体图形，然后使用【矩形】、【偏移】和【倒角】命令绘制座便器的水箱图形。

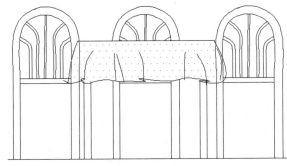 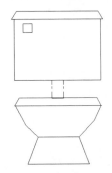

图8-173　绘制餐桌平面图　　　　　　图8-174　绘制座便器立面图

3. 绘制如图 8-175 所示的门立面图。提示：本实例首先绘制矩形作为门的轮廓，然后使用【分解】和【偏移】命令对矩形进行修改，最后使用【图案填充】命令填充装饰孔图案。

4. 绘制如图 8-176 所示的吊灯立面图。提示：本实例首先使用【圆弧】命令绘制吊灯的轮廓图和灯泡图形，然后使用【样条曲线】和【直线】命令绘制吊灯的拉线。

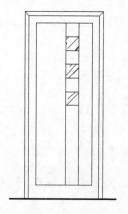

图8-175　绘制门立面图　　　　图8-176　绘制吊灯立面图

第9章　绘制建筑图块

前面学习了室内平面图块和立面图块的绘制方法，本章将继续学习建筑图块的绘制方法，主要包括标高符号、详图标志、烟道、门窗、楼梯、路灯和栏杆等图形。

9.1 绘制建筑详图标志

本实例将介绍绘制建筑详图标志的操作，实例效果如图 9-1 和图 9-2 所示。详图编号由圆形和字母或数字组成；详图索引标志由详图编号和表示剖示方向的线段组成，其中的粗线表示剖示方向；剖（立）面详图标志由字母和箭头组成。

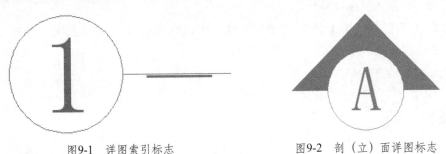

图9-1　详图索引标志　　　　　　　图9-2　剖（立）面详图标志

练习136 绘制建筑详图标志

STEP 01 使用【圆（C）】命令绘制一个半径为 400 的圆形，如图 9-3 所示。

STEP 02 执行【文字（T）】命令，在圆形内输入详图的编号，如图 9-4 所示。

STEP 03 使用【直线（L）】命令绘制一条线段，如图 9-5 所示。

图9-3　绘制圆形　　　　图9-4　输入详图编号　　　　　　　图9-5　绘制线段

STEP 04 执行【多段线（PL）】命令，设置线段的宽度为 5，然后通过指定线段的起点和终点绘制一条如图 9-6 所示的多段线。

STEP 05 执行【直线（L）】命令，绘制一个封闭的三角形，如图 9-7 所示。

STEP 06 执行【圆（C）】命令，以三角形下方线段的中点为圆心，绘制一个圆，效果如图 9-8 所示。

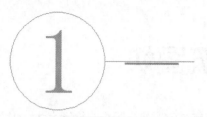
图9-6　绘制多段线

图9-7　绘制三角形

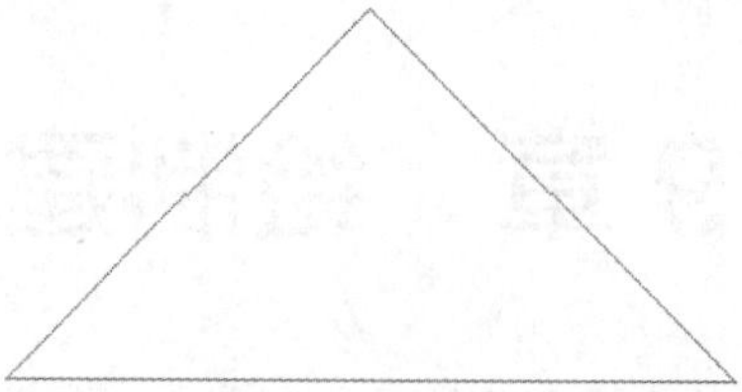

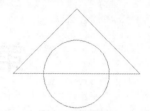
图9-8　绘制圆形

STEP 07 执行【修剪（TR）】命令，对圆形内的线段进行修剪，如图9-9所示。

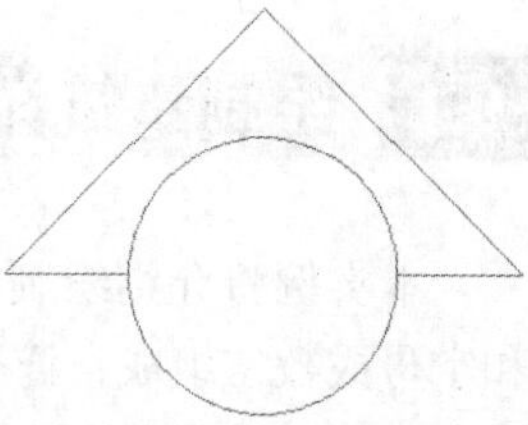

STEP 08 执行【图案填充（H）】命令，打开【图案填充和渐变色】对话框，选择SOLID图案，设置图案颜色为红色，如图9-10所示。

STEP 09 单击【添加：拾取点】按钮，进入绘图区指定填充图案的区域，填充效果如图9-11所示。

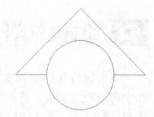
图9-9　修剪线段

STEP 10 执行【文字（T）】命令，在圆形内输入剖（立）面的内容，完成实例的制作，如图9-12所示。

图9-10　设置图案参数

图9-11　填充效果

图9-12　剖（立）面详图标志

9.2　绘制弹簧门

本实例将介绍绘制弹簧门的操作，实例效果如图9-13和图9-14所示。在绘制弹簧门的过程中，先使用直线表示门图形，使用弧线表示门的运动路径，然后将门和路径镜像复制一次，将另一方的门和路径改为虚线即可。

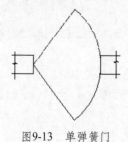
图9-13　单弹簧门

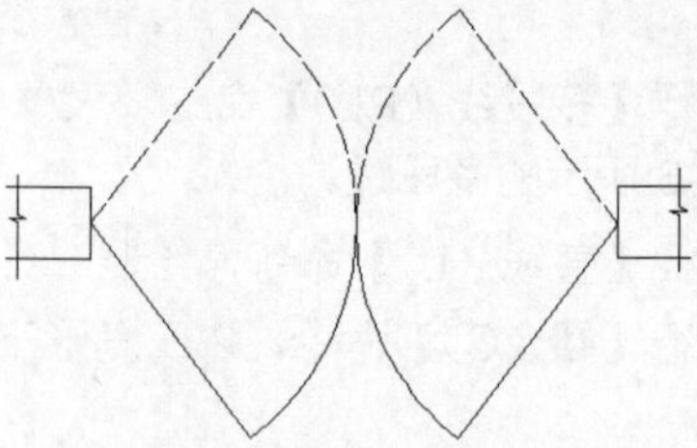

图9-14　双弹簧门

练习137 绘制弹簧门

STEP 01 使用【直线（L）】命令绘制一条长为 1200 的线段，然后使用【偏移（O）】命令将线段向下偏移 240 作为墙线，如图 9-15 所示。

STEP 02 使用【直线（L）】命令绘制一条线段，然后使用【偏移（O）】命令将线段向右偏移 900，如图 9-16 所示。

STEP 03 使用【修剪（TR）】命令对图形进行修剪，如图 9-17 所示。

图9-15 创建墙线   图9-16 创建线段   图9-17 修剪图形

STEP 04 使用【直线（L）】和【修剪（TR）】命令在图形两端创建折断线，如图 9-18 所示。

STEP 05 执行【圆（C）】命令，在如图 9-19 所示的线段中点处指定圆的圆心，然后绘制一个半径为 900 的圆，如图 9-20 所示。

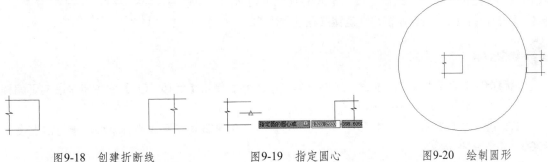

图9-18 创建折断线   图9-19 指定圆心   图9-20 绘制圆形

STEP 06 使用【直线（L）】命令在圆形内绘制一条斜线，如图 9-21 所示。

STEP 07 使用【修剪（TR）】命令对图形进行修剪，如图 9-22 所示。

STEP 08 使用【镜像（MI）】命令对斜线和圆弧进行镜像复制，效果如图 9-23 所示。

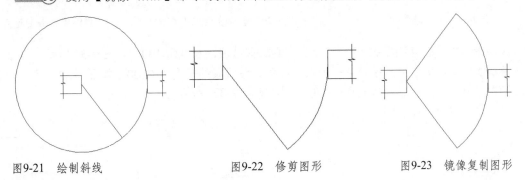

图9-21 绘制斜线   图9-22 修剪图形   图9-23 镜像复制图形

STEP 09 选择上方的斜线和圆弧，然后将其线型改为虚线效果，完成单弹簧门的绘制，如图 9-24 所示。

STEP 10 将单扇弹簧门复制一次，然后将右方墙体向右移动 900，如图 9-25 所示。

STEP 11 使用【镜像（MI）】命令对弹簧门和门的运动路径线进行镜像复制，完成实例的制作，效果如图 9-26 所示。

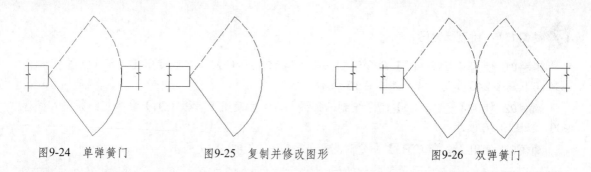

图9-24 单弹簧门   图9-25 复制并修改图形   图9-26 双弹簧门

9.3 绘制飘窗

本实例将介绍绘制飘窗的操作，实例效果如图 9-27 所示。飘窗是卧室中常见的窗户，充分利用飘窗可以增加房间的使用面积。飘窗的表现形式同普通窗户表现形式相似，都是由 4 条平行线段组成。不同的是飘窗是向墙体外进行延伸的，而普通窗户则是镶嵌在墙体内的。

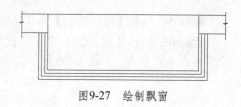

图9-27 绘制飘窗

练习138 绘制飘窗

STEP 01 使用【直线（L）】命令绘制一条线段，然后使用【偏移（O）】命令将线段向下偏移 240 作为墙线图形，如图 9-28 所示。

STEP 02 使用【直线（L）】和【修剪（TR）】命令创建窗洞和两端的折断线，窗洞的宽度为 2000，如图 9-29 所示。

STEP 03 执行【多段线（PL）】命令，在如图 9-30 所示的端点处指定多段线的起点。

图9-28 创建墙线   图9-29 创建窗洞和折断线   图9-30 指定起点

STEP 04 向下指定多段线的下一个点，设置该段线段的长度为 480，如图 9-31 所示。

STEP 05 向右指定多段线的下一个点，设置该段线段的长度为 2000，如图 9-32 所示，然后向上捕捉右方墙体的端点，结束多段线的绘制，如图 9-33 所示。

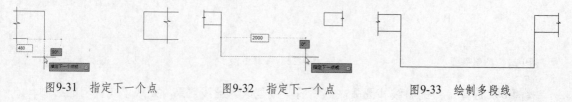

图9-31 指定下一个点   图9-32 指定下一个点   图9-33 绘制多段线

STEP 06 使用【偏移（O）】命令将多段线向外偏移 3 次，偏移距离均为 40，效果如图 9-34 所示。

STEP 07 使用【直线（L）】命令在图形上方绘制一条水平线连接两方的墙体，完成实例的制作，效果如图 9-35 所示。

图9-34　偏移多段线 　　　　　　　　　　图9-35　飘窗效果

9.4 绘制栏杆

　　本例将绘制如图 9-36 所示的栏杆，在绘制栏杆的过程中，可以使用多段线作为栏杆的立柱，在绘制多段线时，需要设置多段线的宽度。

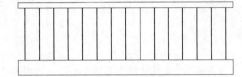

练习139　绘制栏杆

图9-36　绘制栏杆

STEP 01 执行【矩形（REC）】命令，创建一个长为 3000、宽为 200 的矩形，如图 9-37 所示。

STEP 02 执行【多段线（PL）】命令，在矩形右上方的位置指定多段线的起点，如图 9-38 所示。

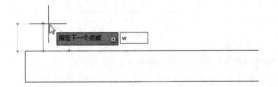

图9-37　创建矩形 　　　　　　　　　　　图9-38　指定多段线的起点

STEP 03 根据系统提示输入 w 并确定，选择【宽度（W）】选项，如图 9-39 所示，然后输入起点宽度为 2 并确定，如图 9-40 所示。

图9-39　输入w并确定 　　　　　　　　　图9-40　输入起点宽度

STEP 04 设置多段线的端点宽度为 2，然后向上指定多段线的方向并输入其长度为 700 且确定，如图 9-41 所示，按空格键完成多段线的绘制，如图 9-42 所示。

图9-41　输入多段线长度 　　　　　　　　图9-42　绘制多段线

STEP 05 执行【阵列（AR）】命令，选择多段线并确定，在弹出的菜单列表中选择【矩形】选项，如图 9-43 所示，设置阵列的列数为 15、列间距为 200，阵列效果如图 9-44 所示。

STEP 06 执行【复制（CO）】命令，将下方的矩形向上复制一次，效果如图 9-45 所示。

图9-43 选择【矩形】选项

图9-44 阵列效果

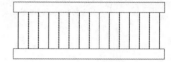

图9-45 复制矩形

STEP 07 执行【拉伸（S）】命令，使用交叉选择的方式选择矩形上方的边缘，如图 9-46 所示。

STEP 08 向下移动光标，并输入拉伸第二点的距离为 120，如图 9-47 所示，按下空格键进行确定，完成本例的操作，效果如图 9-48 所示。

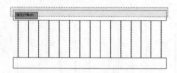

图9-46 交叉选择图形

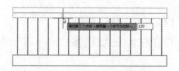

图9-47 指定拉伸距离

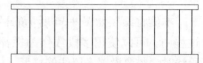

图9-48 拉伸后的效果

9.5 绘制楼梯

本例将绘制如图 9-49 所示的楼梯图形，在创建楼梯的过程中，首先使用【直线】和【阵列】命令创建出楼梯的梯步，然后使用【快速引线】命令绘制出楼梯的走向，最后再进行文字标注即可。

练习140 绘制楼梯

STEP 01 打开光盘中的 楼梯 .dwg 素材图形文件，如图 9-50 所示。

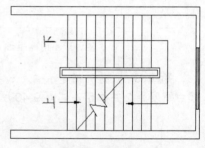

图9-49 绘制楼梯

STEP 02 执行【直线（L）】命令，绘制一条直线作为梯步图形，如图 9-51 所示。

STEP 03 执行【阵列（AR）】命令，选择绘制的直线并确定，在弹出的菜单列表中选择 矩形 选项，如图 9-52 所示。

图9-50 打开素材

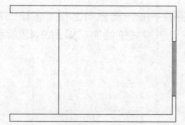

图9-51 绘制直线

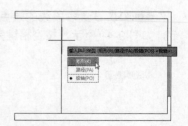

图9-52 选择"矩形"选项

STEP 04 设置阵列线段的列数为 10、列间距为 280，阵列后的效果如图 9-53 所示。

STEP 05 执行【矩形（REC）】命令，在绘图区绘制一个长为 3000、宽为 280 的矩形，如图 9-54 所示。

STEP 06 执行【偏移（O）】命令，将绘制的矩形向内偏移 60，效果如图 9-55 所示。

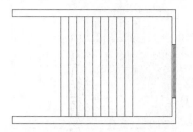

图9-53 阵列矩形线段

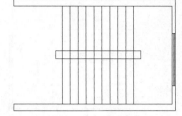

图9-54 绘制矩形

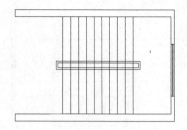

图9-55 偏移矩形

STEP 07 执行【修剪（TR）】命令，对楼梯踏步线条进行修剪，效果如图 9-56 所示。

STEP 08 执行【直线（L）】命令，绘制 4 条斜线，效果如图 9-57 所示。

STEP 09 执行【修剪（TR）】命令，对绘制的折线进行修剪，创建折断线图形，效果如图 9-58 所示。

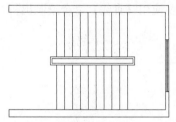

图9-56 修剪线段

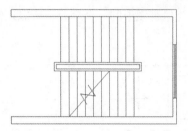

图9-57 绘制斜线

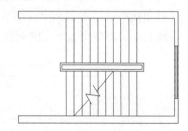

图9-58 创建折断线图形

STEP 10 执行【标注样式（D）】命令，打开【标注样式管理器】对话框，选择 Standard 样式，然后单击【修改】按钮，如图 9-59 所示。

STEP 11 打开【修改新标注样式】对话框，选择【符号和箭头】选项卡，设置引线箭头为实心闭合、大小为 200 并确定，如图 9-60 所示。

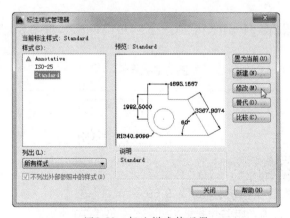

图9-59 标注样式管理器

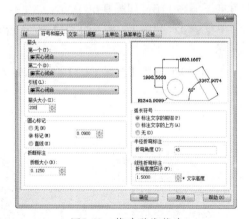

图9-60 修改引线箭头

STEP 12 执行【快速引线（QLEADER）】命令，在楼梯图形中创建楼梯走向的线段，如图 9-61 所示。

STEP 13 重复执行【快速引线（QLEADER）】命令，创建另一段楼梯走向线段，如图 9-62 所示。

STEP 14 执行【单行文字（DT）】命令，对楼梯走向进行文字说明，完成实例的制作，如图 9-63 所示。

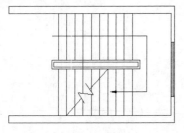

图9-61　创建楼梯走向

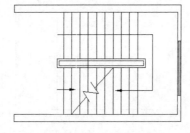

图9-62　创建楼梯走向

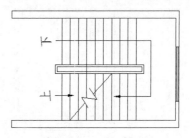

图9-63　楼梯图形

9.6 绘制烟道

本实例将介绍绘制烟道的操作，实例效果如图9-64和图9-65所示。烟道由矩形（或圆形）和对角线组成，本实例中的烟道为建筑图中的一个部分，所以还需要使用【直线】命令绘制出折断线表示周围有未画出来的对象。

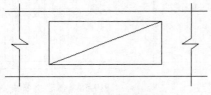

图9-64　绘制矩形烟道

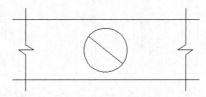

图9-65　绘制圆形烟道

练习141　绘制烟道

STEP 01 使用【直线（L）】命令绘制一条长度为370的线段，然后使用【偏移（O）】命令将其向下偏移110，如图9-66所示。

STEP 02 使用【矩形（REC）】命令在两条线段内绘制一个长为200、宽为75的矩形，如图9-67所示。

STEP 03 使用【直线（L）】命令在矩形内绘制一条对角线，如图9-68所示。

图9-66　绘制线段　　　　　　　图9-67　绘制矩形　　　　　　　图9-68　绘制对角线

STEP 04 使用【直线（L）】命令在图形左方绘制4条线段，如图9-69所示。

STEP 05 使用【修剪（TR）】命令对图形进行修剪，创建出折断线图形，如图9-70所示。

STEP 06 使用同样的方法创建另一条折断线，完成矩形烟道的绘制，如图9-71所示。

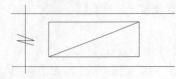

图9-69　绘制线段

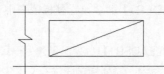

图9-70　修剪线段

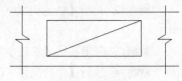

图9-71　矩形烟道

STEP 07 使用【复制（CO）】命令将矩形烟道复制一次，然后将中间的矩形和对角线删除，如图 9-72 所示。

STEP 08 使用【圆（C）】命令在图形中绘制一个半径为 35 的圆，然后使用【直线（L）】命令在圆内绘制一条斜线，完成实例的制作，如图 9-73 所示。

图9-72 复制并修改图形

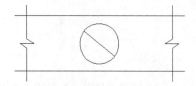

图9-73 绘制圆形烟道

9.7 绘制路灯

本例将绘制如图 9-74 所示的路灯，在绘制路灯的过程中，可以先绘制一个灯具图，然后绘制路灯的支架，再对绘制好的灯具进行复制。

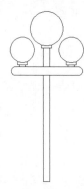

练习142 绘制路灯

STEP 01 执行【圆（C）】命令，绘制一个半径为 200 的圆，效果如图 9-75 所示。

STEP 02 使用【矩形（REC）】命令在圆的下方绘制一个长为 180、宽为 70 的矩形，如图 9-76 所示。

STEP 03 执行【修剪（TR）】命令，以圆为边界，对矩形进行修剪，如图 9-77 所示。

图9-74 绘制路灯

STEP 04 使用【矩形（REC）】命令在矩形的下方绘制一个长为 120、宽为 40 的矩形，如图 9-78 所示。

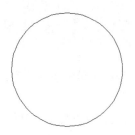

图9-75 绘制圆

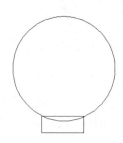

图9-76 绘制矩形

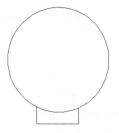

图9-77 修剪矩形

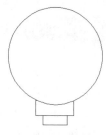

图9-78 绘制矩形

STEP 05 参照如图 9-79 所示的效果，使用【矩形（REC）】命令绘制一个长为 1180、宽为 150 的矩形。

STEP 06 执行【分解（X）】命令，选择下方的矩形并将其分解。

STEP 07 执行【圆角（F）】命令，直接选择分解矩形上方和下方的两条水平线段，得到的圆角处理效果如图 9-80 所示。

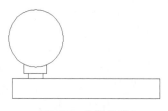

图9-79 绘制矩形

STEP 08 重复执行【圆角（F）】命令，在分解矩形的另一方进行圆角处理，效果如图 9-81 所示。

STEP 09 使用【删除（F）】命令将下方矩形的两条垂直线段删除，效果如图 9-82 所示。

图9-80　圆角处理图形　　　　图9-81　圆角处理图形　　　　图9-82　删除垂直线段

STEP 10 执行【矩形（REC）】命令，参照如图 9-83 所示的效果，绘制一个长为 2400、宽为 115 的矩形。

STEP 11 执行【修剪（TR）】命令，对矩形的交叉位置进行修剪，效果如图 9-84 所示。

STEP 12 执行【镜像（MI）】命令，参照如图 9-85 所示的效果，将左方的灯具镜像复制到右方。

STEP 13 执行【复制（CO）】命令，参照如图 9-86 所示的效果，对灯具进行复制，完成本例的制作。

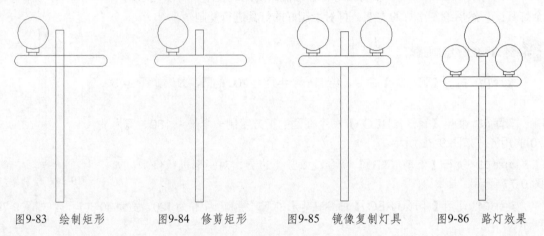

图9-83　绘制矩形　　　　图9-84　修剪矩形　　　　图9-85　镜像复制灯具　　　　图9-86　路灯效果

9.8 课后习题

1. 绘制如图 9-87 所示的游泳池。提示：本实例可以先使用【样条曲线】命令绘制游泳池的轮廓，再使用【偏移】命令对其进行偏移，最后使用【圆弧】命令绘制游泳池的梯步。

2. 绘制如图 9-88 所示的旋转楼梯。提示：本实例可以先绘制两个圆形确定楼梯的轮廓，然后创建楼梯的梯步，再绘制楼梯的走向。

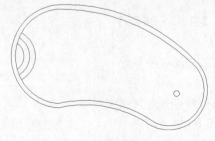

图9-87　绘制游泳池

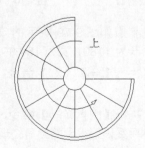

图9-88　绘制旋转楼梯

第 10 章 绘制三维建筑模型

本章主要介绍三维建筑模型的绘制方法，包括墙体、沙发、椅子、窗户、台阶、罗马柱等模型。

10.1 绘制墙体模型

本实例将介绍绘制建筑墙体模型的操作，实例效果如图 10-1 所示。在绘制墙体的操作过程中，可以使用【多段线】命令参照平面结构图绘制模型，通过视图切换可以在不同的视图中观看和绘制模型。

图10-1 建筑墙体模型

练习143 绘制墙体模型

STEP 01 打开配套光盘中的 平面结构图 .dwg 素材图形，如图 10-2 所示。

STEP 02 单击 图层 工具栏中的下拉按钮，在弹出的列表中将 图层 0 锁定，如图 10-3 所示，然后将 墙体 图层设置为当前层。

图10-2 打开素材图形

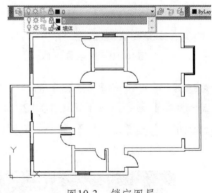

图10-3 锁定图层

STEP 03 选择【绘图→建模→多段体】命令，然后根据系统提示输入 h 并确定，选择【高度】选项，如图 10-4 所示。

STEP 04 根据系统提示输入多段体的高度为 2800 并确定，如图 10-5 所示。

STEP 05 根据系统提示输入 w 并确定，选择【宽度】选项，如图 10-6 所示，然后输入多段体的宽度为 240 并确定，如图 10-7 所示。

图10-4 输入h并确定

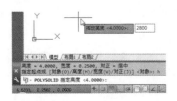

图10-5 输入多段体的高度

图10-6 输入w并确定

STEP 06 在平面结构图的左下角指定多段体的起点，如图 10-8 所示，然后向上移动光标指定多段体的下一个点，如图 10-9 所示。

图10-7 输入多段体的宽度　　图10-8 指定多段体的起点　　图10-9 指定多段体的下一个点

STEP 07 参照平面结构图的效果，继续指定多段体的其他点，如图 10-10 所示。

STEP 08 选择【视图→三维视图→西南等轴测】命令，改变视图后的效果如图 10-11 所示。

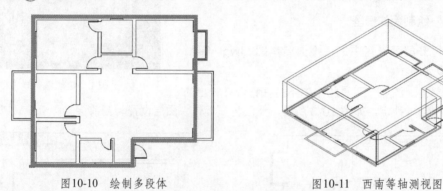

图10-10 绘制多段体　　　　　　　　图10-11 西南等轴测视图

STEP 09 重复执行【多段体】命令，继续绘制其他宽度为 240 的墙体，然后选择【视图→视觉样式→真实】命令，效果如图 10-12 所示。

STEP 10 执行【多段体】命令，设置多段体的宽度为 120，然后绘制卫生间的墙体，完成实例的制作，如图 10-13 所示。

图10-12 绘制其他240墙体　　　　　　图10-13 绘制120墙体

10.2 绘制沙发模型

本实例将介绍绘制沙发模型的操作，实例效果如图 10-14 所示。在绘制沙发模型的过程中，首先可以对视图进行设置，以方便进行绘图操作，然后使用【长方体】命令绘制沙发坐垫、靠背和扶手模型，使用【圆角边】命令对长方体模型进行倒圆边，最后使用【圆柱体】命令绘制沙发脚模型。

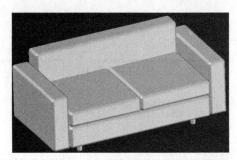

图10-14　绘制沙发模型

练习144　绘制沙发模型

STEP 01　选择【视图→视口→新建视口】命令，打开【视口】对话框，在【标准视口】列表中选择【四个：相等】选项，如图10-15所示。

STEP 02　在【视口】对话框中单击【确定】按钮，得到如图10-16所示的视图效果。

图10-15　【视口】对话框

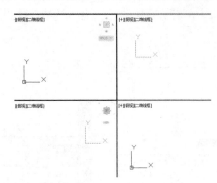

图10-16　视图效果

STEP 03　在右上方的视口中单击视口名称【俯视】，在弹出的菜单中选择【前视】命令，如图10-17所示。

STEP 04　使用同样的方法将左下方的视口切换为【左视】，将右下方的视口切换为【西南等轴测】，效果如图10-18所示。

图10-17　选择【前视】命令

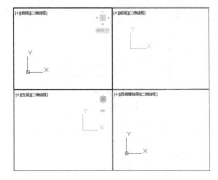

图10-18　切换视口效果

STEP 05　选择【绘图→建模→长方体】命令，在【俯视】视口中单击鼠标指定长方体的第一个角点，然后输入其他角点为【@1800，900】并确定，如图10-19所示。

STEP 06　根据系统提示输入长方体的高度为260，如图10-20所示，按空格键进行确定，绘制的长方体如图10-21所示。

STEP 07　选择【修改→实体编辑→圆角边】命令，根据系统提示输入 r 并确定，选择【半径】选项，如图10-22所示。

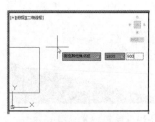

图10-19 指定其他角点

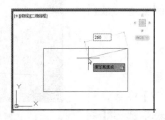

图10-20 指定长方体高度

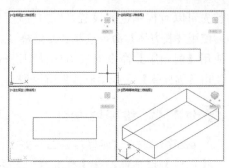

图10-21 绘制长方体

STEP 08 根据系统提示输入圆角的半径为 35 并确定，如图 10-23 所示，然后在【西南等轴测】视口中单击长方体的各个边，对其进行圆角处理，效果如图 10-24 所示。

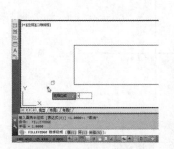

图10-22 输入r并确定

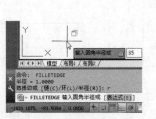

图10-23 输入圆角半径

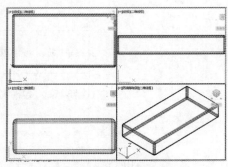

图10-24 圆角边长方体

STEP 09 选择【绘图→建模→长方体】命令，在【俯视】视口中绘制一个长和宽为 900、高为 180 的长方体，并在【前视】视口中对长方体进行适当移动，如图 10-25 所示。

STEP 10 选择【修改→实体编辑→圆角边】命令，对长方体的各个边进行圆角，如图 10-26 所示。

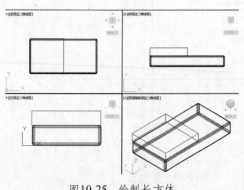

图10-25 绘制长方体

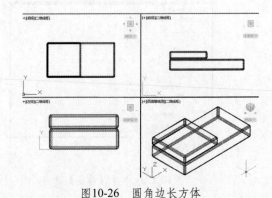

图10-26 圆角边长方体

STEP 11 执行【复制（CO）】命令，将上方的圆角边长方体向右复制一次，效果如图 10-27 所示。

STEP 12 选择【绘图→建模→长方体】命令，在【俯视】视口中绘制一个长为 1800、宽为 150、高为 800 的长方体作为沙发靠背，如图 10-28 所示。

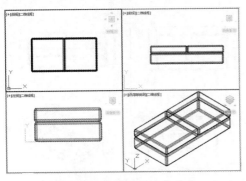

图10-27　复制圆角边长方体

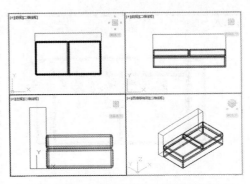

图10-28　绘制沙发靠背

STEP 13 选择【修改→实体编辑→圆角边】命令，对沙发靠背的各个边进行圆角，如图
10-29所示。

STEP 14 选择【绘图→建模→长方体】命令，在【俯视】视口中绘制一个长为900、宽为
150、高为650的长方体作为沙发扶手，如图10-30所示。

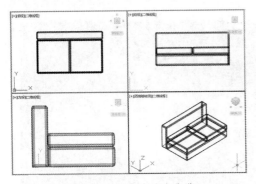

图10-29　圆角边沙发靠背

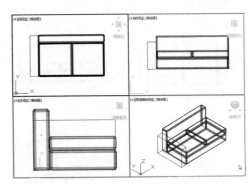

图10-30　绘制沙发扶手

STEP 15 选择【修改→实体编辑→圆角边】命令，对沙发扶手的各个边进行圆角，如图10-31
所示。

STEP 16 执行【复制（CO）】命令，将沙发扶手向右复制一次，效果如图10-32所示。

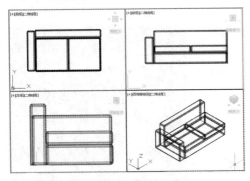

图10-31　圆角边沙发扶手

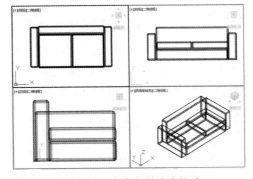

图10-32　向右复制沙发扶手

STEP 17 选择【绘图→建模→圆柱体】命令，参照如图10-33所示的效果，在【俯视】视口
中指定圆柱体的底面中心点。设置圆柱体的高度为100，绘制的圆柱体作为沙发脚模型，如
图10-34所示。

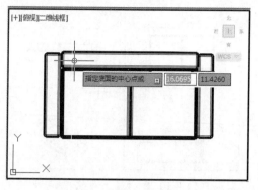

图10-33 指定底面的中心点

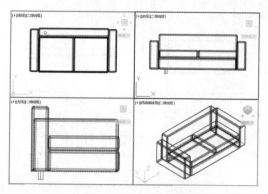

图10-34 绘制沙发脚模型

STEP 18 执行【复制（CO）】命令，对沙发脚进行复制，效果如图 10-35 所示。

STEP 19 单击【西南等轴测】视口，选择【视图→动态观察→自由动态观察】命令，对该视口进行适当调整，然后选择【视图→视觉样式→真实】命令，更改视图的效果，如图 10-36 所示，完成本例的制作。

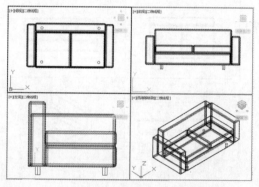

图10-35 复制沙发脚

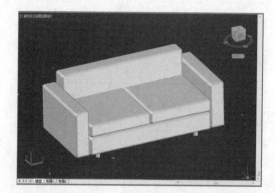

图10-36 更改视图效果

10.3 绘制木椅模型

本实例将介绍绘制木椅模型的操作，实例效果如图 10-37 所示。在绘制椅子模型的过程中，可以先使用【长方体】和【圆角边】命令绘制椅子坐面模型，然后使用【矩形】和【拉伸】命令绘制椅子脚和靠背模型，最后为椅子模型添加【木材】材质。

练习145 绘制木椅模型

STEP 01 选择【视图→视口→新建视口】命令，打开【视口】对话框，在【标准视口】列表中选择【四个：相等】选项并确定，如图 10-38 所示。

STEP 02 在视图中将右上方的视口切换为【前视】，将左下方的视口切换为【左视】，将右下方的视口切换为【西南等轴测】，效果如图 10-39 所示。

图10-37 绘制木椅模型

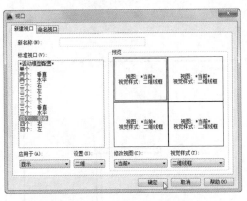

图10-38 【视口】对话框

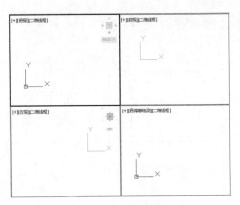

图10-39 设置视图

STEP 03 选择【绘图→建模→长方体】命令，在【俯视】视口中绘制一个长为600、宽为550、高为50的长方体，如图10-40所示。

STEP 04 选择【修改→实体编辑→圆角边】命令，设置圆角半径为10，然后对长方体的各个边进行圆角处理，如图10-41所示。

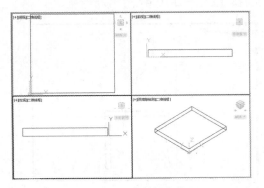

图10-40 绘制长方体

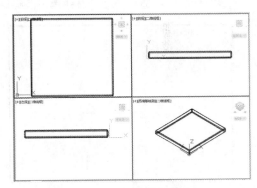

图10-41 圆角边长方体

STEP 05 选择【绘图→建模→长方体】命令，在【俯视】视口中绘制一个长和宽为50、高为400的长方体作为椅子脚模型，并在【前视】视口中对长方体进行适当移动，如图10-42所示。

STEP 06 选择【修改→实体编辑→圆角边】命令，对长方体的各个边进行圆角，如图10-43所示。

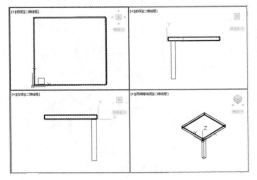

图10-42 绘制长方体

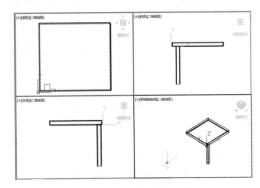

图10-43 圆角边长方体

STEP 07 执行【复制（CO）】命令，在【俯视】视口中将椅子脚模型向右复制一次，如图10-44所示。

STEP **08** 选择【绘图→矩形】命令，在【左视】视口中绘制一个长为 900、宽为 50 的矩形，如图 10-45 所示。

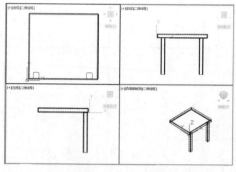

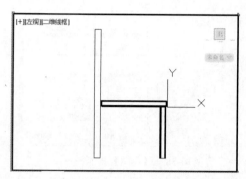

图10-44　复制椅子脚模型　　　　　　　　图10-45　绘制矩形

STEP **09** 选择矩形，然后将光标移动到右方中点处的夹点上，在弹出的菜单中选择【转换为圆弧】选项，如图 10-46 所示。

STEP **10** 向右适当移动夹点并单击鼠标确定，修改后的矩形如图 10-47 所示。

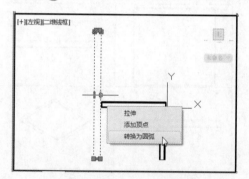

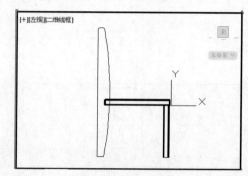

图10-46　选择【转换为圆弧】选项　　　　　图10-47　修改矩形形状

STEP **11** 使用同样的方法将矩形另一方的线段修改为圆弧，如图 10-48 所示。

STEP **12** 选择【绘图→建模→拉伸】命令，设置拉伸高度为 50，拉伸修改后的矩形，效果如图 10-49 所示。

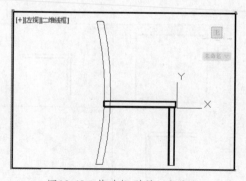

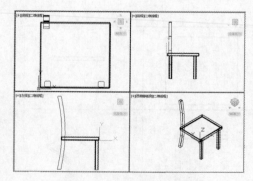

图10-48　修改矩形另一段线段　　　　　　图10-49　拉伸修改后的矩形

STEP **13** 执行【复制（CO）】命令，对拉伸的模型进行复制，效果如图 10-50 所示。

STEP **14** 执行【矩形（REC）】命令，在【左视】视口中绘制一个矩形，然后使用编辑夹点的方法对矩形的形状进行修改，效果如图 10-51 所示。

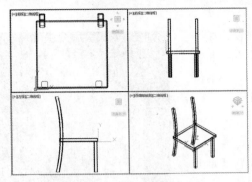

图10-50　复制拉伸的模型

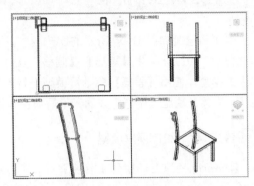

图10-51　绘制并修改矩形

STEP 15 选择【绘图→建模→拉伸】命令，设置拉伸高度为 500，拉伸修改后的矩形，并适当调整拉伸模型的位置，将其作为椅子的靠背，效果如图 10-52 所示。

STEP 16 选择【视图→渲染→材质浏览器】命令，打开【材质浏览器】选项板，然后单击【在文档中创建新材质】下拉按钮 ，在弹出的菜单中选择【木材】命令，如图 10-53 所示。

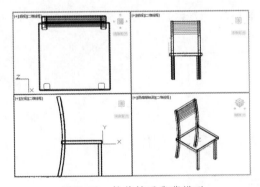

图10-52　拉伸椅子靠背模型

图10-53　选择【木材】命令

STEP 17 在视图中选择所有的模型，然后使用右键单击【材质浏览器】选项板中新建的材质，在弹出的菜单中选择【指定给当前选择】命令，如图 10-54 所示，将新建材质赋予场景中的椅子模型。

STEP 18 选择【西南等轴测】视口，然后选择【视图→视觉样式→真实】命令，更改视图的效果，如图 10-55 所示，完成本例的制作。

图10-54　指定材质

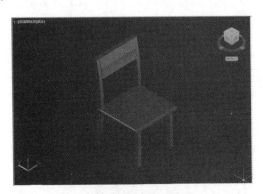

图10-55　更改视图效果

10.4 绘制窗户模型

本例将绘制如图 10-56 所示的窗户模型。在绘制窗户模型的过程中，可以先使用【矩形】、【偏移】、【拉伸】命令绘制窗户边框模型，使用【差集】命令对模型进行差集运算，然后使用【长方体】模型绘制窗户玻璃，最后对模型添加材质。

图10-56 绘制窗户模型

练习146 绘制窗户模型

STEP 01 将视图切换到【前视】视口中，然后执行【矩形（REC）】命令，创建一个长为 1200、宽为 1100 的矩形，如图 10-57 所示。

STEP 02 执行【偏移（O）】命令，设置偏移距离为 80，将矩形向内偏移一次，效果如图 10-58 所示。

STEP 03 选择【绘图→建模→拉伸】命令，对创建的两个矩形进行拉伸，设置拉伸高度为 50，将视图切换到【西南等轴测】视口中，效果如图 10-59 所示。

STEP 04 选择【修改→实体编辑→差集】命令，选择拉伸后的大矩形作为源对象，如图 10-60 所示。

图10-57 创建矩形

图10-58 偏移矩形

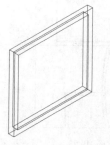

图10-59 拉伸矩形

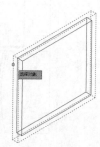

图10-60 选择差集源对象

STEP 05 根据系统提示选择拉伸后的小矩形作为要减去的模型，如图 10-61 所示。

STEP 06 选择【视图→视觉样式→真实】命令，差集后的模型效果如图 10-62 所示。

STEP 07 切换到【前视】视口中，设置视觉样式为【二维线框】，然后使用【矩形】命令绘制一个长为 980、宽为 530 的矩形，再使用【偏移】命令将矩形向内偏移 40，效果如图 10-63 所示。

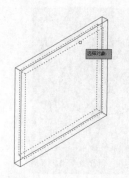

图10-61 选择要减去的模型

图10-62 差集后的效果

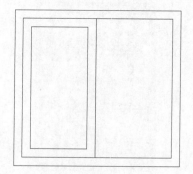

图10-63 绘制并偏移矩形

STEP **08** 切换到【西南等轴测】视口中，选择【绘图→建模→拉伸】命令，对创建的两个矩形进行拉伸，效果如图 10-64 所示。

STEP **09** 选择【修改→实体编辑→差集】命令，对拉伸后的模型进行差集运算，差集后的真实效果如图 10-65 所示。

STEP **10** 切换到【前视】视口中，并设置视觉样式为【二维线框】，然后使用【长方体】命令绘制一个长为 850、宽为 420、高为 12 的长方体作为窗户玻璃，效果如图 10-66 所示。

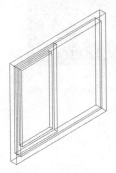
图10-64 拉伸效果

图10-65 差集运算模型

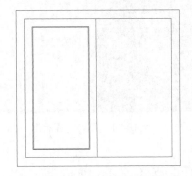
图10-66 绘制窗户玻璃

STEP **11** 使用【复制】命令将窗户玻璃和边框模型向右复制一次，效果如图 10-67 所示。

STEP **12** 切换到【西南等轴测】视口中，适当调整模型之间的位置，模型的真实效果如图 10-68 所示。

STEP **13** 选择【视图→渲染→材质浏览器】命令，打开【材质浏览器】选项板，然后单击【在文档中创建新材质】下拉按钮 ，依次创建【玻璃】和【金属】材质，如图 10-69 所示。

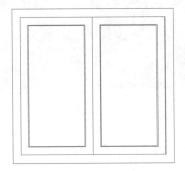
图10-67 复制窗户边框和玻璃

图10-68 调整模型

图10-69 创建【玻璃】和
【金属】材质

STEP **14** 在视图中选择作为窗户玻璃的两个长方体模型，然后使用右键单击【材质浏览器】选项板中新建的【玻璃】材质，在弹出的菜单中选择【指定给当前选择】命令，如图 10-70 所示。

STEP **15** 在视图中选择玻璃模型以外的其他所有模型，然后使用右键单击【材质浏览器】选项板中新建的【金属】材质，在弹出的菜单中选择【指定给当前选择】命令，如图 10-71 所示。

STEP **16** 选择【视图→渲染→渲染】命令，对模

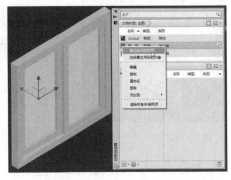
图10-70 指定玻璃材质

型进行渲染，效果如图 10-72 所示，完成本例的制作。

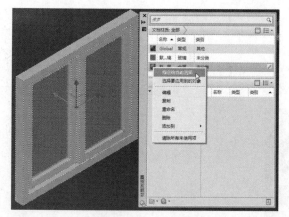

图10-71　指定金属材质

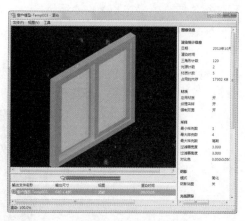

图10-72　渲染模型

10.5　绘制台阶模型

本例将绘制建筑物的台阶模型，效果如图 10-73
所示，在创建台阶模型的过程中，首先使用【长方体】
命令创建地面模型，然后使用【多段线】和【拉伸】
命令绘制台阶梯步模型。

练习147　绘制台阶模型

STEP **01** 打开配套光盘中的　建筑 .dwg　素材
模型，效果如图 10-74 所示。

STEP **02** 切换到【俯视】视口中，设置视觉样式
为【二维线框】，然后使用【长方体】命令绘制一个

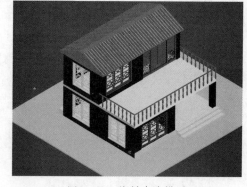

图10-73　绘制台阶模型

长为 18000、宽为 14000、高为 100 的长方体作为地面草坪模型，如图 10-75 所示。

STEP **03** 设置长方体的颜色为绿色，切换到【西南等轴测】视口中，设置视觉样式为【真
实】，效果如图 10-76 所示。

图10-74　打开素材模型

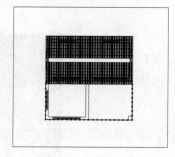

图10-75　绘制长方体

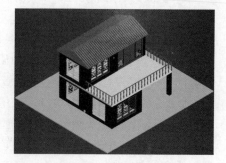

图10-76　绘制草坪效果

STEP **04** 在【俯视】视口中绘制一个长为 9000、宽为 8500、高为 450 的长方体，并将其放
在建筑的正下方作为建筑地面，在【西南等轴测】视口中的效果如图 10-77 所示。

STEP 05 切换到【左视】视口中,使用【多段线】命令绘制由 3 个梯步组成的台阶轮廓,每个梯步宽为 300、高为 150,效果如图 10-78 所示。

STEP 06 选择【绘图→建模→拉伸】命令,对多段线进行拉伸,设置拉伸高度为 4500,然后在【西南等轴测】视口中适当移动台阶的位置,完成本例的制作,效果如图 10-79 所示。

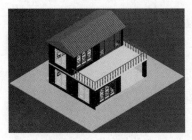

图10-77　绘制建筑地面

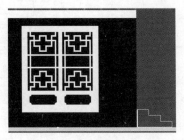

图10-78　绘制梯步轮廓

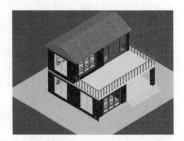

图10-79　拉伸并移动梯步

10.6　绘制罗马柱模型

本实例将介绍绘制罗马柱模型的操作,实例效果如图 10-80 所示。首先使用【长方体】命令绘制柱子底座,并使用【圆角边】命令对长方体的边进行倒圆,然后使用【圆】、【阵列】和【修剪】命令绘制柱子横切面,最后使用【拉伸】命令将其拉伸为柱子。

练习148　绘制罗马柱模型

STEP 01 选择【视图→视口→新建视口】命令,打开【视口】对话框,在【标准视口】列表中选择【四个:相等】选项并确定,如图 10-81 所示。

STEP 02 在视图中将右上方的视口切换为【前视】,将左下方的视口切换为【左视】,将右下方的视口切换为【西南等轴测】,效果如图 10-82 所示。

图10-80　罗马柱模型

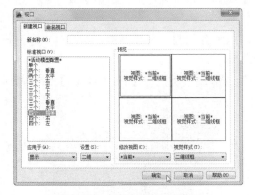

图10-81　【视口】对话框

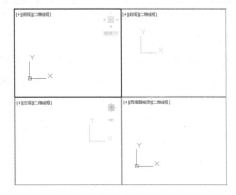

图10-82　设置视图

STEP 03 选择【绘图→建模→长方体】命令,在【俯视】视口中绘制一个长和宽为 500、高为 200 的长方体,如图 10-83 所示。

STEP 04 选择【修改→实体编辑→圆角边】命令，设置圆角半径为 50，然后对长方体上方的各个边进行圆角处理，如图 10-84 所示。

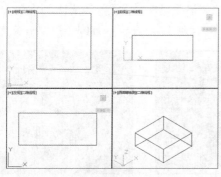
图10-83　绘制长方体

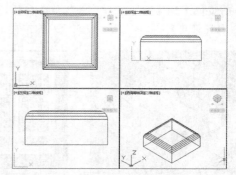
图10-84　圆角边长方体

STEP 05 选择【绘图→建模→长方体】命令，在【俯视】视口中绘制一个长和宽为 400、高为 150 的长方体，并在【前视】视口中对长方体进行适当移动，如图 10-85 所示。

STEP 06 选择【修改→实体编辑→圆角边】命令，对长方体上方的各个边进行圆角心，如图 10-86 所示。

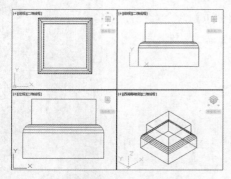
图10-85　绘制长方体

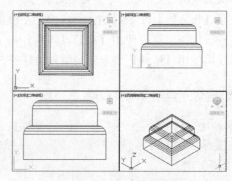
图10-86　圆角边长方体

STEP 07 执行【圆（C）】命令，在【俯视】视口中绘制一个半径为 100 的圆，如图 10-87 所示。

STEP 08 重复执行【圆（C）】命令，在【俯视】视口中以前面绘制的圆的边缘为圆，绘制一个半径为 5 的圆，如图 10-88 所示。

STEP 09 选择【修改→阵列→环形阵列】命令，以大圆的圆心为阵列中心点，对小圆进行环形阵列，设置阵列项目数为 30，效果如图 10-89 所示。

STEP 10 执行【X（分解）】命令，将阵列的图形分解，然后执行【TR（修剪）】命令，对分解后的圆形进行修剪，效果如图 10-90 所示。

图10-87　绘制圆

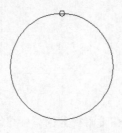
图10-88　绘制小圆

图10-89　环形阵列圆

图10-90　修剪圆

STEP⑪ 选择【绘图→建模→拉伸】命令，设置拉伸高度为220，拉伸修剪后的图形作为柱子模型，效果如图10-91所示。

STEP⑫ 选择【绘图→建模→圆环体】命令，在【俯视】视口中绘制一个半径为100，圆管半径为30的圆环体，然后在【前视】视口中向上适当调整圆环体的位置，效果如图10-92所示。

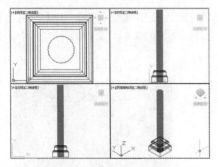

图10-91 拉伸柱子模型

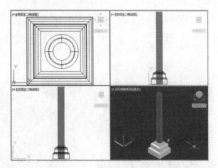

图10-92 拉伸修改后的矩形

STEP⑬ 执行【复制（CO）】命令，将圆环体复制3次，并在柱子的上下两方各分布两个圆环体，效果如图10-93所示。

STEP⑭ 选择【修改→三维操作→三维镜像】命令，对上方的底座模型进行镜像复制，并适当调整镜像复制后的底座模型，效果如图10-94所示。

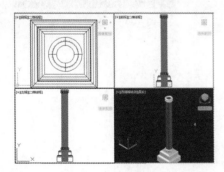

图10-93 复制圆环体

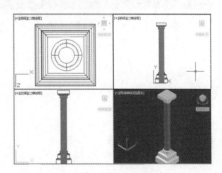

图10-94 镜像复制底座

STEP⑮ 选择【视图→渲染→材质浏览器】命令，打开【材质浏览器】选项板，然后单击【在文档中创建新材质】下拉按钮 🔘，在弹出的菜单中选择【石材】命令，新建一个【石材】材质，如图10-95所示。

STEP⑯ 选择视图中创建好的模型，然后将【材质浏览器】选项板中的【石材】材质指定给创建的模型，完成本例的制作，效果如图10-96所示。

图10-95 新建【石材】材质

图10-96 指定【石材】材质

10.7 课后习题

1. 绘制如图 10-97 所示的沙发模型。提示：本实例可以先使用【长方体】和【圆角边】命令绘制沙发的主体模型，再使用【圆柱体】命令绘制沙发脚模型。

2. 绘制如图 10-98 所示的书柜模型。提示：本实例可以先使用【长方体】和【圆角边】命令绘制书柜主体面板，再使用【多段线】命令绘制圆弧造型，并使用【拉伸】命令将其拉伸为实体模型。

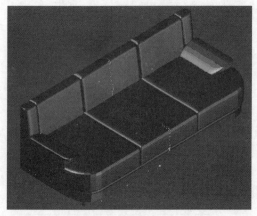

图10-97 绘制沙发模型

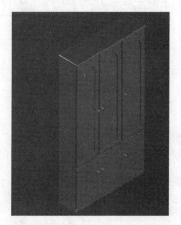

图10-98 绘制书柜模型

第11章　家居装饰设计

内容提要

➢ 本章通过一个家居装饰设计案例，对家居装饰设计的全过程进行详细解析，包括绘制家居平面图、绘制家居天花图和绘制家居立面图等。

11.1　绘制家居平面图

　　本例将绘制家居平面设计图。家居平面设计图是室内设计中最重要的内容，用于确定房间功能分区、家具和电器的布置及方位摆放，以及墙体改造后家具具体摆放效果等。绘制家居平面图的内容包括创建图层、绘制轴线与墙体、绘制室内门图形、绘制室内窗户图形、改造原始墙体、绘制室内家具、填充地面材质和标准室内平面图等。打开本书配套光盘中的【家居设计图 .dwg】文件，可以查看该文件中家居平面图的完成效果，如图 11-1 所示。

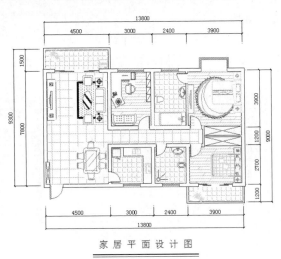

家 居 平 面 设 计 图

图11-1　家居平面设计图

练习149　创建图层

　　STEP 01 执行【图层（LA）】命令，在打开的图层特性管理器中单击【新建图层】按钮📑，创建一个名为【轴线】的图层，如图 11-2 所示。

　　STEP 02 单击该图层的颜色图标，在打开的【选择颜色】对话框中设置图层的颜色为红色，如图 11-3 所示。

　　STEP 03 单击该图层的线型图标，打开【选择线型】对话框，单击【加载】按钮，如图 11-4 所示。

图11-2　新建图层

STEP 04 在打开的【加载或重载线型】对话框中选择【ACAD_ISOO8W100】选项，如图 11-5 所示。

图11-3　设置图层颜色

图11-4　【选择线型】对话框

图11-5　加载线型

STEP 05 单击【确定】按钮返回【选择线型】对话框，选择加载的 ACAD_ISOO8W100 线型，如图 11-6 所示。

STEP 06 单击【确定】按钮，完成轴线图层的设置，如图 11-7 所示。

STEP 07 使用同样的方法创建墙线、门窗、家具、填充和标注图层，并设置各图层的颜色、线型和线宽，然后将【轴线】图层设置为当前层，如图 11-8 所示。

STEP 08 选择【工具→绘图设置】命令，打开【草图设置】对话框，选择【对象捕捉】选项卡，设置对象捕捉选项，如图 11-9 所示。

图11-6　选择线型

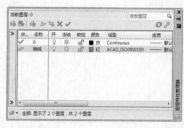

图11-7　创建的轴线图层

图11-8　创建其他图层

图11-9　设置对象捕捉

练习150　绘制轴线与墙体

STEP 01 执行【直线（L）】命令，绘制一条长为 13800 的水平线段和一条长为 10500 的垂直线段，如图 11-10 所示。

STEP 02 执行【偏移（O）】命令，将垂直线段向右偏移 4 次，偏移的距离依次为 4500、3000、2400、3900，效果如图 11-11 所示。

STEP 03 重复执行【偏移（O）】命令，将水平线段向上偏移 5 次，偏移距离依次为 1200、2700、1200、3900、1500，效果如图 11-12 所示。

图11-10　绘制线段

STEP 04 将【墙线】图层设置为当前层。

STEP 05 执行【多线（ML）】命令，设置多线比例为240，对正类型为【无】，然后通过捕捉轴线的交点，绘制作为墙体线的多线，效果如图11-13所示。

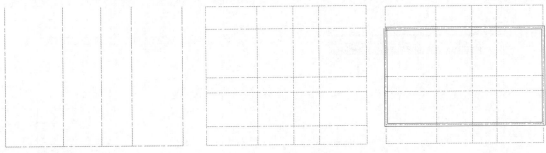

图11-11 偏移垂直线段　　图11-12 偏移水平线段　　图11-13 绘制多线

STEP 06 重复执行【多线（ML）】命令，根据如图11-14所示的效果绘制其他比例值为240的多线。

STEP 07 重复执行【多线（ML）】命令，设置多线的比例为120，然后根据如图11-15所示的效果绘制3条多线作为阳台和主卫生间的墙体。

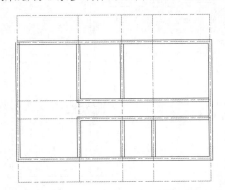 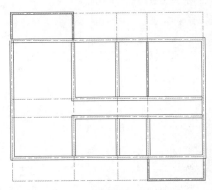

图11-14 绘制比例值为240的多线　　　　图11-15 绘制比例值为120的多线

STEP 08 执行【分解（X）】命令，选择所有的多线并确定，如图11-16所示，将多线分解。

STEP 09 关闭【轴线】图层，将其中的轴线图形隐藏。

STEP 10 执行【圆角（F）】命令，设置圆角半径为0，然后选择图形左上方的线段，如图11-17所示。

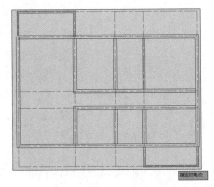 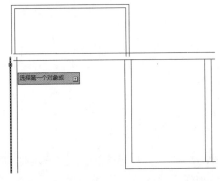

图11-16 分解多线　　　　　　　　　图11-17 选择线段

STEP 11 选择上方的线段作为圆角的第 2 条线段，如图 11-18 所示，圆角处理的效果如图 11-19 所示。

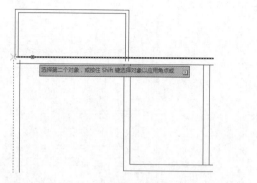

图11-18　选择第2条线段

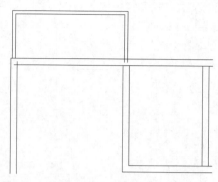

图11-19　圆角效果

STEP 12 使用同样的方法对另一个角进行圆角处理，效果如图 11-20 所示。

STEP 13 执行【修剪（TR）】命令，然后使用交叉选择方式，选择如图 11-21 所示的线段作为修剪的边界。

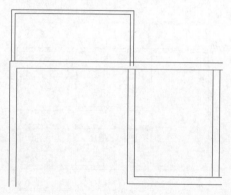

图11-20　圆角处理边角

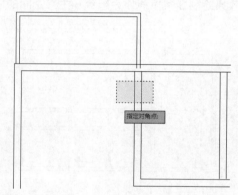

图11-21　选择修剪边界

STEP 14 参照如图 11-22 所示的位置选择要修剪的线段，修剪的效果如图 11-23 所示。

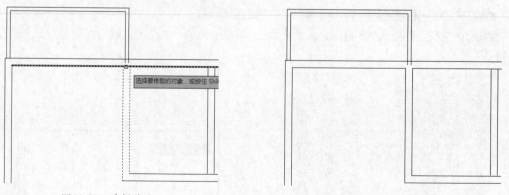

图11-22　选择线段

图11-23　修剪效果

STEP 15 使用同样的方法，对图形中的其他线段进行修剪，修剪后的效果如图 11-24 所示。

STEP 16 为了方便后面进行讲解，这里临时对各个房间功能进行标注说明，如图 11-25 所示。

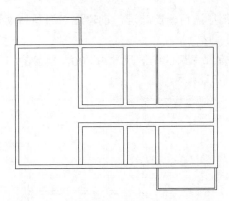

图11-24　修剪效果

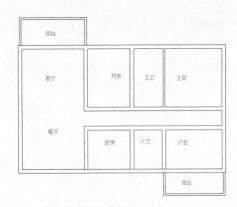

图11-25　标准房间功能

练习151　绘制室内门图形

STEP 01 使用【直线（L）】命令在客厅墙体中点处绘制一条线段，如图 11-26 所示。

STEP 02 执行【偏移（O）】命令，设置偏移的距离为 1400，然后将绘制的线段分别向左和向右偏移一次，效果如图 11-27 所示。

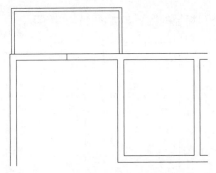

图11-26　绘制线段

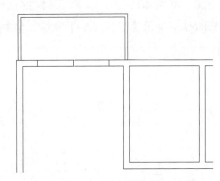

图11-27　偏移线段

STEP 03 执行【删除（E）】命令，将刚绘制的中间线段删除。

STEP 04 执行【修剪（TR）】命令，以偏移得到的两条线段为修剪边界，将线段之间的线条修剪掉，创建出门洞，如图 11-28 所示。

STEP 05 执行【偏移（O）】命令，将左方的墙体线段向右偏移 2 次，偏移距离依次为 440 和 900，效果如图 11-29 所示。

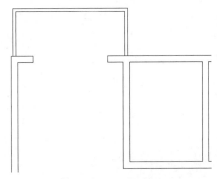

图11-28　修剪线段

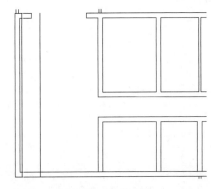

图11-29　偏移线段

STEP 06 执行【修剪（TR）】命令，对偏移后的图形进行修剪处理，创建进户门洞，效果如图 11-30 所示。

STEP 07 使用类似的方法，创建其他的门洞，卧室和书房的门洞尺寸为 800，厨卫的门洞尺寸为 700，次卧室阳台门洞尺寸为 2400，效果如图 11-31 所示。

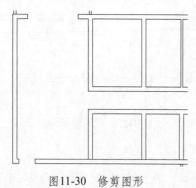

图11-30　修剪图形　　　　　　　　　　图11-31　创建其他门洞

STEP 08 将【门窗】图层设置为当前层。

STEP 09 执行【矩形（REC）】命令，以书房门洞墙线的中点为矩形的第一个角点，绘制一个长为 800、宽为 40 的矩形，如图 11-32 所示。

STEP 10 执行【圆弧（A）】命令，绘制一条表示开门路径的圆弧，如图 11-33 所示。

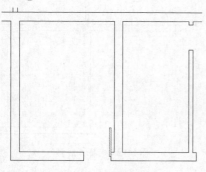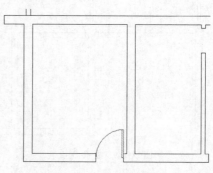

图11-32　绘制矩形　　　　　　　　　　图11-33　绘制圆弧

STEP 11 执行【镜像（MI）】命令，选择绘制的平开门，将其镜像复制到主卧室门洞中，如图 11-34 所示。

STEP 12 重复执行【镜像（MI）】命令，将主卧室中的平开门镜像复制到次卧室中，如图 11-35 所示。

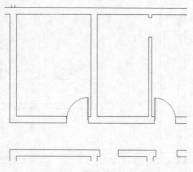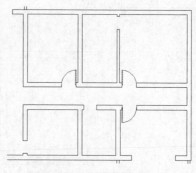

图11-34　镜像复制平开门　　　　　　　图11-35　镜像复制平开门

STEP 13 使用【矩形（REC）】和【圆弧（A）】命令在厨房中绘制一个平开门，如图 11-36 所示。

STEP 14 执行【复制（CO）】命令，将厨房平开门复制到主卫生间中，如图 11-37 所示。

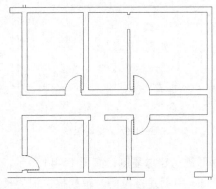

图11-36 绘制厨房门

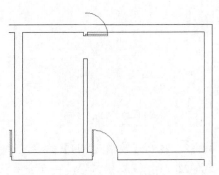

图11-37 复制厨房门

STEP 15 执行【旋转（RO）】命令，选择复制的平开门，设置旋转的角度为 180，旋转平开门后的效果如图 11-38 所示。

STEP 16 执行【复制（CO）】命令，将主卫生间的门复制到次卫生间中，如图 11-39 所示。

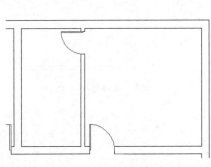

图11-38 旋转主卫门

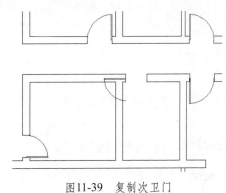

图11-39 复制次卫门

STEP 17 执行【旋转（RO）】命令，将次卫生间的门旋转 90 度，如图 11-40 所示。

STEP 18 使用【矩形（REC）】和【圆弧（A）】命令在进户门处绘制一个进户平开门，如图 11-41 所示。

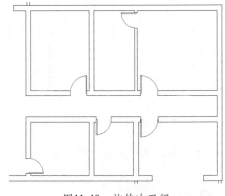

图11-40 旋转次卫门

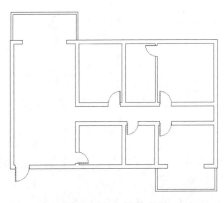

图11-41 绘制进户门

STEP**19** 执行【矩形（REC）】命令，在客厅与阳台之间的门洞处绘制一个长为 700、宽为 40 的矩形，如图 11-42 所示。

STEP**20** 执行【复制（CO）】命令，对矩形进行复制，效果如图 11-43 所示。

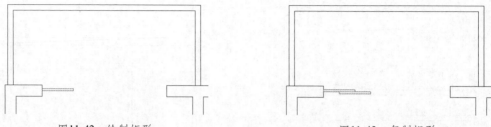

图11-42 绘制矩形 　　　　　　　　　　图11-43 复制矩形

STEP**21** 执行【镜像（MI）】命令，对创建的两个矩形进行镜像复制，如图 11-44 所示。

STEP**22** 使用同样的方法，在次卧室和阳台之间的门洞中创建推拉门，单扇推拉门的长度为 600、宽度为 40，效果如图 11-45 所示。

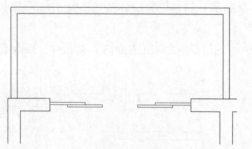 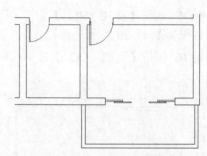

图11-44 创建客厅推拉门 　　　　　　图11-45 创建卧室推拉门

练习152 绘制室内窗户图形

STEP**01** 执行【直线（L）】命令，在书房墙体中点处绘制一条垂直线段，如图 11-46 所示。

STEP**02** 执行【偏移（O）】命令，设置偏移距离为 900，将绘制的线段分别向左和向右偏移 1 次，效果如图 11-47 所示。

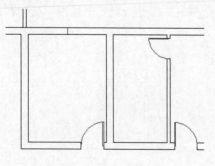 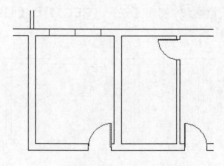

图11-46 绘制垂直线段 　　　　　　　图11-47 偏移线段

STEP**03** 使用【修剪（TR）】命令对偏移后的线段进行修剪，然后将多余的线段删除，效果如图 11-48 所示。

STEP**04** 执行【直线（L）】命令，绘制一条如图 11-49 所示的线段。

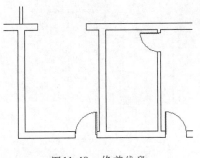

图11-48　修剪线段

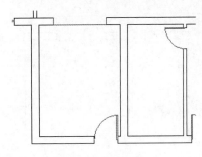

图11-49　绘制线段

STEP 05 执行【偏移（O）】命令，将线段向上偏移3次，设置偏移距离为80，创建出推拉窗图形，如图11-50所示。

STEP 06 使用相同的操作方法，创建厨房和卫生间的推拉窗，其宽度均为1200，效果如图11-51所示。

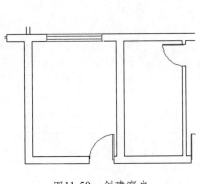

图11-50　创建窗户

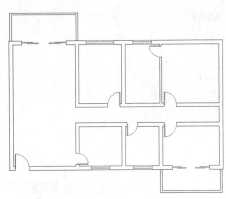

图11-51　创建其他窗户

STEP 07 使用【直线（L）】、【偏移（O）】和【修剪（TR）】命令，在主卧室上方创建一个宽度为1800的窗洞，效果如图11-52所示。

STEP 08 执行【多段线（PL）】命令，捕捉如图11-53所示的端点作为多段线的起点。

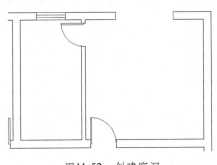

图11-52　创建窗洞

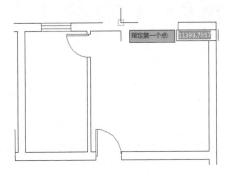

图11-53　指定多段线起点

STEP 09 依次向上指定多段线第1条线段长度为600，向右指定第2条线段长度为1800，向下指定第3条线段长度为600，效果如图11-54所示。

STEP 10 执行【偏移（O）】命令，将绘制的多段线向外偏移2次，设置偏移距离为60，创建出飘窗图形，如图11-55所示。

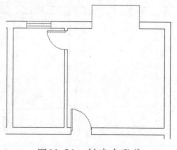

图11-54 创建多段线

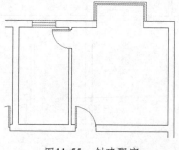

图11-55 创建飘窗

练习153 改造原始墙体

从结构图中可以看出，原来两卧室之间的过道没有很好地利用，这里将对其进行改造，作为卧室的衣柜空间。

STEP 01 执行【偏移（O）】命令，在过道中将如图 11-56 所示的线段向左依次偏移 2460 和 120，效果如图 11-57 所示。

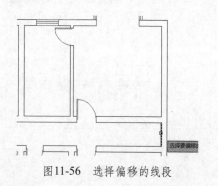

图11-56 选择偏移的线段

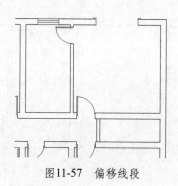

图11-57 偏移线段

STEP 02 执行【多线（ML）】命令，设置比例为 120，然后在卧室之间绘制一条多线，如图 11-58 所示。

STEP 03 执行【分解（X）】命令，将绘制的多线分解。

STEP 04 使用【圆角（F）】和【修剪（TR）】命令对图形进行修改，效果如图 11-59 所示。

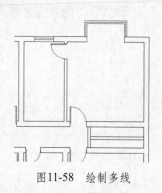

图11-58 绘制多线

图11-59 修改图形

练习154 绘制室内家具

STEP 01 选择【工具→选项板→设计中心】命令，打开【设计中心】选项板，如图 11-60 所示。

STEP 02 在【设计中心】选项板中选择【图库.dwg】素材文件，单击其中的【块】选项，展开块对象，如图 11-61 所示。

图11-60 设计中心

图11-61 展开块对象

STEP 03 双击要插入的【沙发】图块，打开【插入】对话框，单击【确定】按钮，如图 11-62 所示。

STEP 04 在绘图区指定插入对象的位置，插入沙发图块的效果如图 11-63 所示。

图11-62 【插入】对话框

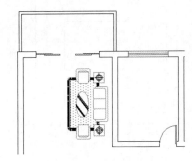

图11-63 插入沙发图块

STEP 05 使用同样的方法，将【图库.dwg】素材文件中的其他图块插入到图形中，效果如图 11-64 所示。

STEP 06 执行【偏移（O）】命令，将厨房中的内墙线向内偏移600，如图 11-65 所示。

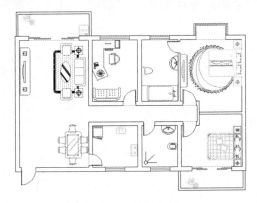

图11-64 插入素材

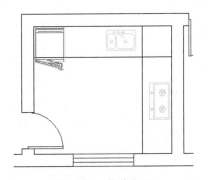

图11-65 偏移线段

STEP 07 执行【圆角（F）】命令，设置圆角半径为0，然后对偏移的线段进行圆角处理，效果如图 11-66 所示。

STEP **08** 使用【偏移（O）】命令将厨房左方的内墙线向右偏移 800，如图 11-67 所示。

图11-66 圆角线段   图11-67 偏移线段

STEP **09** 执行【圆角（F）】命令，对偏移的线段进行圆角处理，效果如图 11-68 所示。

STEP **10** 使用【圆（C）】和【直线（L）】命令在次卫生间中绘制一个淋浴喷头图形，如图 11-69 所示。

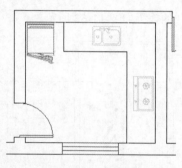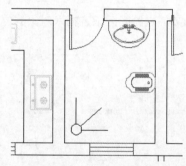

图11-68 圆角线段   图11-69 绘制淋浴喷头

STEP **11** 将【家具】图层设置为当前层。

STEP **12** 执行【矩形（REC）】命令，在门厅处绘制一个长为 1500、宽为 300 的矩形，如图 11-70 所示。

STEP **13** 执行【修剪（TR）】命令，以矩形为修剪边界，对矩形内的墙体线进行修剪。

STEP **14** 执行【直线（L）】命令，在矩形中绘制两条对角线，创建鞋柜的图形，效果如图 11-71 所示。

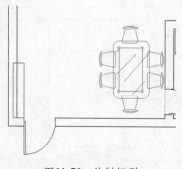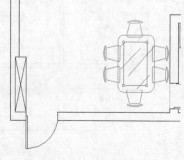

图11-70 绘制矩形   图11-71 绘制鞋柜

提示
在设计鞋柜时，可以将鞋柜镶嵌在墙体内，以节约室内空间。

STEP 15 执行【偏移（O）】命令将书房上方的内墙线向下偏移2000，将书房右方的内墙线向左偏移300，效果如图11-72所示。

STEP 16 执行【修剪（TR）】命令对偏移的线段进行修剪，效果如图11-73所示。

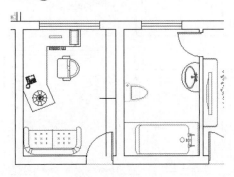

图11-72　偏移线段

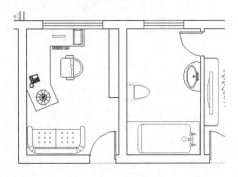

图11-73　修剪线段

STEP 17 执行【偏移（O）】命令，设置偏移距离为500，然后将修剪后的下方线段向上偏移3次，效果如图11-74所示。

STEP 18 执行【直线（L）】命令，在各个矩形方格中绘制一条斜线段，创建出书柜平面图形，效果如图11-75所示。

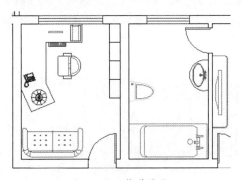

图11-74　偏移线段

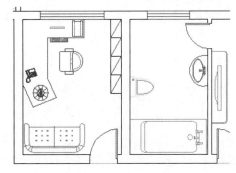

图11-75　创建书柜

STEP 19 执行【偏移（O）】命令，设置偏移距离为600，然后将主卧室下方的内墙线向上偏移一次，如图11-76所示。

STEP 20 执行【直线（L）】命令，在偏移得到的矩形框中绘制两条对角线，效果如图11-77所示。

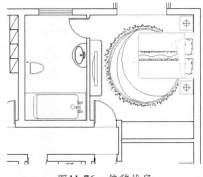

图11-76　偏移线段

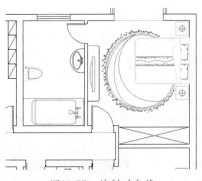

图11-77　绘制对角线

STEP **21** 执行【偏移（O）】命令，将次卧室上方的内墙线向下偏移600，如图11-78所示。

STEP **22** 执行【直线（L）】命令，绘制两条对角线，完成衣柜平面图的绘制，如图1-79所示。

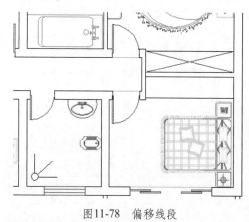

图11-78　偏移线段　　　　　　　　　　　　图11-79　绘制对角线

练习155　填充地面材质

STEP **01** 将【填充】图层设为当前层。

STEP **02** 执行【多段线（PL）】命令，沿客厅、餐厅边缘绘制一条多段线，如图11-80所示。

STEP **03** 重复执行使用【多段线（PL）】命令，通过绘制3个封闭的多段线图形，框选电视柜、沙发和餐桌对象，如图11-81所示。

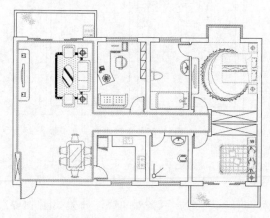

图11-80　绘制多段线　　　　　　　　　　　图11-81　重复绘制多段线

STEP **04** 选择【绘图→面域】命令，然后选择创建的多段线并确定，将多段线转换为面域。

STEP **05** 执行【差集（SU）】命令，将3个小面域从大面域中减去，效果如图11-82所示。

STEP **06** 执行【图案填充（H）】命令，打开【图案填充和渐变色】对话框，选择【用户定义】类型选项，选中【角度和比例】区域中的【双向】选项，设置间距为600，然后单击【添加：选择对象】按钮，如图11-83所示。

STEP **07** 选择创建的面域对象并确定，返回【图案填充和渐变色】对话框，单击【确定】按钮，填充效果如图11-84所示。

STEP **08** 执行【删除（E）】命令，将面域对象删除。

STEP **09** 执行【直线（L）】命令，在各个门洞处绘制一条线段，效果如图11-85所示。

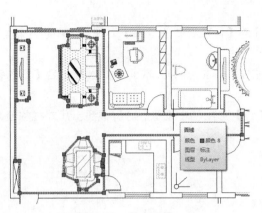

图11-82　创建面域

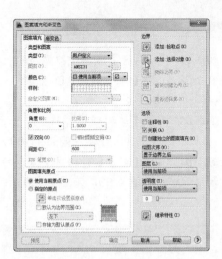

图11-83　设置填充参数

图11-84　填充效果

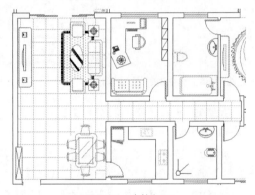

图11-85　连接门洞

STEP 10 使用同样的方法对卧室和书房地面进行图案填充，选择 DOLMIT 图案，设置图案比例为 800，填充效果如图 11-86 所示。

STEP 11 对卫生间、厨房和阳台地面进行图案填充，选择 DOLMIT 图案，设置图案比例为 1200，填充效果如图 11-87 所示。

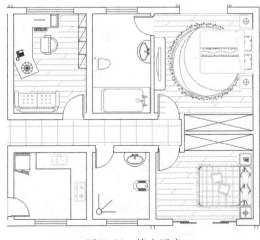

图11-86　填充图案

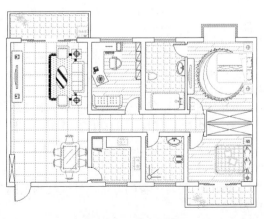

图11-87　填充图案

练习**156** 标注室内平面图

STEP 01 将【标注】图层设置为当前层。

STEP 02 执行【标注样式（D）】命令，在打开的【标注样式管理器】对话框中单击【新建】按钮，如图 11-88 所示。

STEP 03 打开【创建新标注样式】对话框，在【新样式名】文本框中输入样式名【室内设计】，然后单击【继续】按钮，如图 11-89 所示。

STEP 04 打开【新建标注样式】对话框，在【线】选项卡中设置尺寸界线超出尺寸线的值为50，起点偏移量的值为 80，如图 11-90 所示。

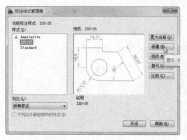

图11-88 标注样式管理器

图11-89 输入样式名

图11-90 设置尺寸线参数

STEP 05 选择【箭头和符号】选项卡，设置箭头和引线为【建筑标记】，设置箭头大小为80，如图 11-91 所示。

STEP 06 选择【文字】选项卡，设置文字的高度为 280，垂直对齐方式为【上方】，【从尺寸线偏移】值为 100，【文字对齐】方式为【与尺寸线对齐】，如图 11-92 所示。

STEP 07 选择【主单位】选项卡，设置【精度】值为 0，如图 11-93 所示。然后单击【确定】按钮，再关闭【标注样式管理器】对话框。

图11-91 设置箭头和引线

图11-92 设置文字参数

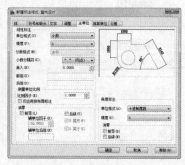

图11-93 设置【精度】值

STEP 08 打开【轴线】图层，显示轴线图形，如图 11-94 所示。

STEP 09 执行【线性（DLI）】命令，在图形上方创建线性标注，如图 11-95 所示。

STEP 10 执行【连续标注（DCO）】命令，对图形上方的其余尺寸进行连续标注，如图 11-96 所示。

STEP 11 使用同样的方法，创建结构图的其他尺寸标注，然后隐藏【轴线】图层，效果如图11-97 所示。

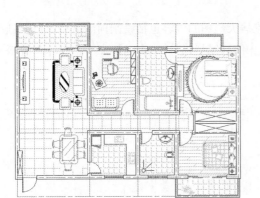

图11-94　显示轴线图形

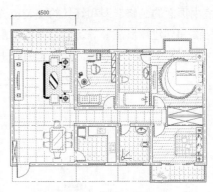

图11-95　创建线性标注

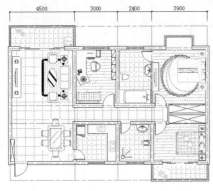

图11-96　连续标注尺寸

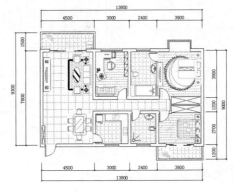

图11-97　尺寸标注效果

STEP 12 执行【多行文字（MT）】命令，在图形下方指定文字区域，设置文字高度为460、字体为宋体，然后输入图形说明文字　家居平面设计图 ，如图 11-98 所示。

STEP 13 执行【直线（MT）】命令，在文字下方绘制 3 条直线，完成该例图形的绘制，如图 11-99 所示。

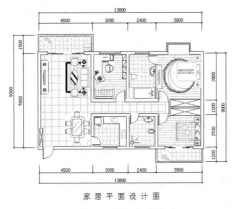

家居平面设计图

图11-98　输入文字内容

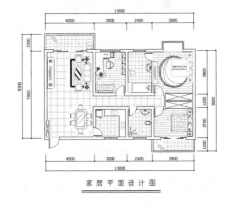

家居平面设计图

图11-99　绘制3条直线

11.2　绘制家居天花设计图

本例将绘制家居天花设计图。天花设计图是室内装修中必不可少的装修施工图，用于直观地反映室内顶面的装修造型和灯具的安装位置。绘制家居天花图的内容包括绘制顶面造型、灯具图形、创建标高和创建图形注释等。请打开本书配套光盘中的【家居设计图 .dwg】文件，可以查看该文件中家居平面图的完成效果，如图 11-100 所示。

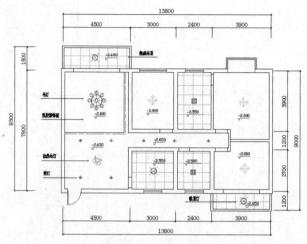

家 居 天 花 设 计 图

图 11-100   家居天花设计图

练习157   绘制顶面造型

STEP 01 执行【复制（CO）】命令，将平面设计图复制一次。

STEP 02 执行【删除（E）】命令，删掉与天花图无关的图形。

STEP 03 执行【直线（L）】命令，绘制连接门洞的直线，效果如图 11-101 所示。

STEP 04 执行【直线（L）】命令，在客厅与餐厅之间绘制一条线段，如图 11-102 所示。

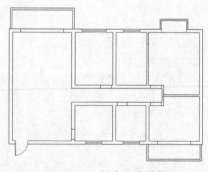

图 11-101   创建天花结构

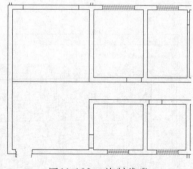

图 11-102   绘制线段

STEP 05 执行【偏移（O）】命令，设置偏移距离为 300，将客厅右方墙体线向左偏移一次，效果如图 11-103 所示。

STEP 06 执行【修剪（TR）】命令，修剪客厅与餐厅之间的水平线，如图 11-104 所示。

STEP 07 执行【填充图案（H）】命令，在打开的【图案填充和渐变色】对话框中选择 NET 图案，设置比例为 5000，如图 11-105 所示。

STEP 08 单击【拾取点】按钮，然后在阳台、厨房、卫生间中指定填充区域，填充后的效果如图 11-106 所示。

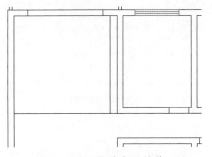

图11-103 偏移客厅墙体

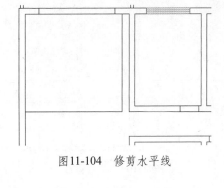

图11-104 修剪水平线

图11-105 选择图案

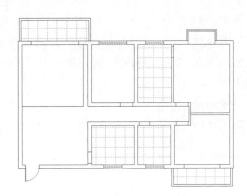

图11-106 填充顶面图形

练习158 创建灯具图形

STEP 01 执行【圆形（C）】命令绘制一个半径为80、颜色为洋红色的圆，再绘制一个半径为50、颜色为蓝色的圆，如图11-107所示。

STEP 02 执行【直线（L）】命令，绘制4条线段，将线段颜色设置为红色，创建出筒灯图形，如图11-108所示。

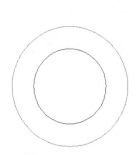

图11-107 绘制同心圆

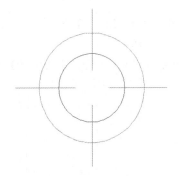

图11-108 绘制筒灯

STEP 03 使用【复制（CO）】命令将筒灯复制到客厅和过道中，效果如图11-109所示。

STEP 04 打开【图库.dwg】文件，参照如图11-110所示的效果，将图例中的相应灯具复制到天花图中。

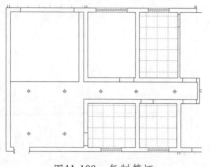

图11-109 复制筒灯

图11-110 复制其他灯具

STEP 05 执行【偏移（O）】命令，设置偏移距离为100，然后选择如图 11-111 所示线段，将选择的线段向下偏移，效果如图 11-112 所示。

STEP 06 选择偏移得到的线段，然后设置颜色为红色，设置线型为 ACAD_ISO08W100，制作为灯带图形，效果如图 11-113 所示。

STEP 07 使用同样的方法，创建另一条灯带图形，完成灯具的创建，效果如图 11-114 所示。

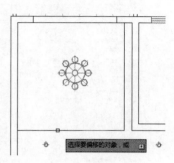

图11-111 选择偏移线段

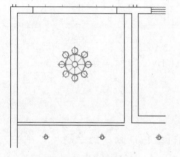

图11-112 偏移效果

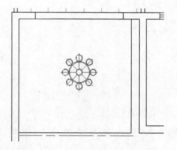

图11-113 修改颜色和线型

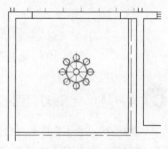

图11-114 创建灯带效果

练习159 创建标高

STEP 01 设置【标注】图层为当前层，使用【直线（L）】命令在客厅顶面绘制出标高标准符号，如图 11-115 所示。

STEP 02 执行【多行文字（MT）】命令，然后创建标高的高度文字【+2.800】，设置字体高度为 150，如图 11-116 所示。

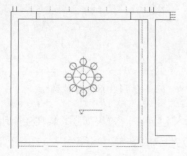

图11-115 绘制标高标准符号

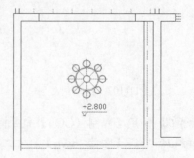

图11-116 创建标高文字

STEP 03 使用同样的方法创建餐厅和过道吊顶的标高，设置标高的高度为 2.65 米，如图 11-117 所示。

STEP 04 参照如图 11-118 所示的效果，继续使用【直线（L）】和【多行文字（MT）】命令创建其他位置的标高。

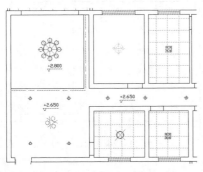

图11-117　创建吊顶标高

图11-118　创建其他标高

> **提示**
> 由于厨房和卫生间通常采用整体吊顶，并且要将其中的水管进行遮盖，因此厨房和卫生间的顶面的高度相对较低一些，通常高度在 2500 毫米～2600 毫米之间。

练习160　创建图形注释

STEP 01 选择【格式→多重引线样式】菜单命令，打开【多重引线样式管理器】对话框，然后选择 Standard 样式，单击【修改】按钮，如图 11-119 所示。

STEP 02 在打开的【修改多重引线样式】对话框中设置箭头符号为【建筑标记】，大小为 50，如图 11-120 所示。

STEP 03 选择【引线结构】选项卡，设置最大引线点数为 2，如图 11-121 所示。

STEP 04 选择【内容】选项卡，设置多重引线类型为【无】，然后单击【确定】按钮，如图 11-122 所示。

图11-119　多重引线样式管理器

图11-120　设置引线箭头

图11-121　设置最大引线点数

图11-122　设置多重引线类型

STEP 05 执行【多重引线（MLEADER）】命令，在客厅阳台处绘制一条引线，如图 11-123 所示。

STEP 06 执行【多行文字（MT）】命令，创建材质说明内容，设置字体高度为150，效果如图11-124所示。

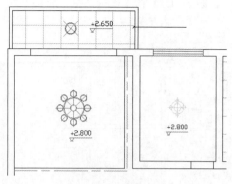

图11-123　绘制引线

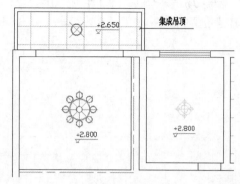

图11-124　创建文字

STEP 07 使用同样的方法，结合引线和多行文字命令创建其他标注说明，并适当移动图形左方的尺寸标注，效果如图11-125所示。

STEP 08 执行【多行文字（MT）】命令，创建【家居天花设计图】文字，设置文字高度为500，并在文字下方绘制3条线段，完成天花设计图的绘制，效果如图11-126所示。

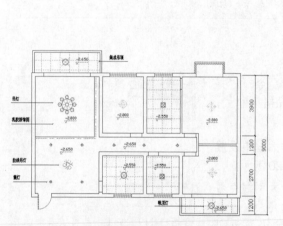

图11-125　创建标注说明

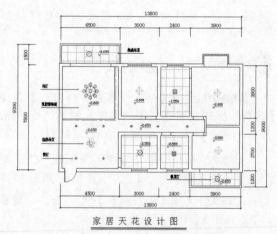

图11-126　天花设计图效果

11.3　绘制家居立面图

在家居装修工程中，立面图是施工中主要的参考依据，设计人员需要绘制出相关产品的立面图，以便施工人员进行参考施工。下面介绍家居装修中常见的客厅、餐厅和卧室立面图的绘制方法。

11.3.1　绘制客厅立面图

本例将以电视背景墙为例，讲解客厅立面设计图的绘制。电视墙既是客厅中最重要的设计对象，也是客厅需要重点展示的元素。打开本书配套光盘中的【家居设计图.dwg】文件，可以查看该文件中客厅立面图的完成效果，如图11-127所示。

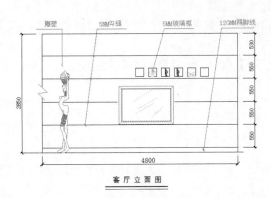

图11-127　实例效果

练习161　绘制客厅立面图

STEP**01** 将【墙体】图层设置为当前图层。

STEP**02** 执行【直线（L）】命令，在绘图区域绘制一条长
为5200的水平直线，然后以距离线段左端点200处为起点向
上绘制一条长为2850的垂直线，效果如图11-128所示。

STEP**03** 执行【偏移（O）】命令，向右偏移这条垂直线段，
偏移距离为4800；然后向上偏移水平线段，偏移距离为2850，
效果如图11-129所示。

图11-128　绘制的线段效果

STEP**04** 执行【修剪（TR）】命令，对偏移后的多余线段进行修剪，如图11-130所示。

STEP**05** 执行【偏移（O）】命令，向下偏移上方的水平线段，偏移距离依次为530、550、
550、550、550，效果如图11-131所示。

图11-129　偏移线段效果　　　　图11-130　修剪线段效果　　　　图11-131　偏移线段效果

STEP**06** 参照如图11-132所示的尺寸和效果，执行【矩形（REC）】命令，绘制一个长为
200的正方形。

STEP**07** 执行【阵列（AR）】命令，选择矩形作为阵列对象，设置阵列方式为【矩形阵列】，
设置阵列的列数为6，列间距为320，阵列效果如图11-133所示。

图11-132　绘制正方形　　　　　　　　　图11-133　阵列效果

STEP 08 打开【图库.dwg】素材文件，将电视、雕塑和各个装饰品立面图块复制到绘制的图形中，效果如图 11-134 所示。

STEP 09 执行【修剪 (TR)】命令，对偏移后的多余线段进行修剪，效果如图 11-135 所示。

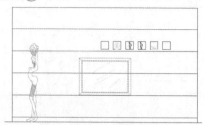

图11-134　复制立面图块

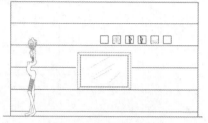

图11-135　修剪多余线段

STEP 10 执行【直线 (L)】命令，在图形左方绘制折断线，并对图形进行修剪，效果如图 11-136 所示。

STEP 11 执行【快速引线（QL）】命令，绘制引出线，然后使用【文字（T）】命令创建文字注释，效果如图 11-137 所示。

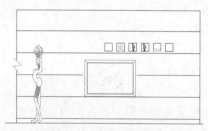

图11-136　绘制折断线图

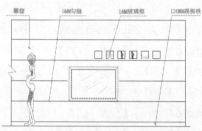

图11-137　创建文字注释

> **提示**
>
> 在图形中绘制折断线符号，表示该图形的另一方还存在一定空间，但是该空间的内容不需要表现出来，这样可以减少绘图的工作量。

STEP 12 将【标注】图层设置为当前层。

STEP 13 执行【标注样式（D）】命令，在打开的【标注样式管理器】对话框中单击【新建】按钮，打开【创建新标注样式】对话框，在【新样式名】文本框中输入样式名【立面图】，然后单击【继续】按钮，如图 11-138 所示。

STEP 14 打开【新建标注样式】对话框，选择【文字】选项卡，设置文字的高度为 100，【从尺寸线偏移】值为 30，如图 11-139 所示。

图11-138　创建【立面图】标注

图11-139　设置文字参数

STEP⑮ 使用【线性 (DLI)】和【连续 (DCO)】命令对图形进行标注，如图 11-140 所示。

STEP⑯ 使用【文字（T）】命令创建图形说明，完成本例的绘制，效果如图 11-141 所示。

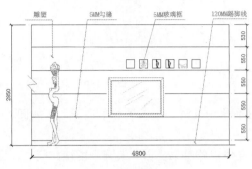

图11-140 创建尺寸标注

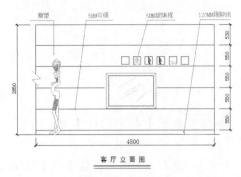

图11-141 最终效果

13.3.2 绘制餐厅立面图

本实例的餐厅立面图主要展示了餐厅中的鞋柜和餐桌椅的摆放效果。打开本书配套光盘中的【家居设计图 .dwg】文件，可以查看该文件中餐厅立面图的完成效果，如图 11-142 所示。

图11-142 实例效果

练习162 绘制餐厅立面图

STEP① 使用【直线（L）】命令在绘图区域绘制一条长为 4760 的水平直线，在距离水平线左端点 400 处向上绘制一条长为 2830 的垂直直线，如图 11-143 所示。

STEP② 使用【偏移（O）】命令向右偏移这条垂直线段，偏移距离为 3960，然后向上偏移水平线段，偏移距离为 2830，如图 11-144 所示。

STEP③ 使用【修剪（TR）】命令对偏移后的多余线段进行修剪，效果如图 11-145 所示。

图11-143 绘制线段

STEP④ 使用【偏移（O）】命令向右偏移左边的垂直线段，偏移距离依次为 1100 和 500 。然后向上偏移水平线段，偏移距离依次为 80、20、2480、50、50，如图 11-146 所示。

图11-144　偏移线段　　　　　　图11-145　修剪线段　　　　　　图11-146　偏移线段

STEP 05 使用【修剪（TR）】命令对多余线段进行修剪处理，绘制餐厅吊顶图形，如图 11-147 所示。

STEP 06 插入本书配套光盘中的【图库 .dwg】文件中的餐桌立面、装饰画图块、门立面图块、灯具图块，效果如图 11-148 所示。

图11-147　绘制餐厅吊顶

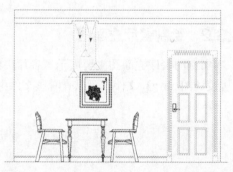

图11-148　插入图块

STEP 07 将【标注】层设为当前层，结合使用线性标注命令和连续标注命令对图形进行标注说明，效果如图 11-149 所示。

STEP 08 使用【多重引线（Mleader）】命令，绘制需要进行文字说明的引出线，然后配合使用【多行文字（MT）】命令对图形进行文字说明，设置文字高度为 120，效果如图 11-150 所示。

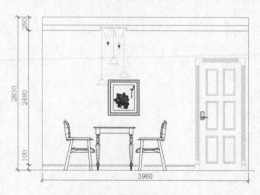

图11-149　进行图形标注

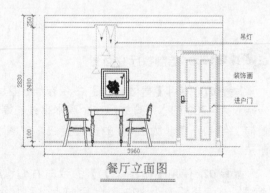

图11-150　实例效果

13.3.3　绘制卧室立面图

本实例中的卧室立面图主要展示了卧室中的衣柜和床立面效果。打开本书配套光盘中的【家居设计图 .dwg】文件，可以查看该文件中卧室立面图的完成效果，如图 11-151 所示。

胡桃木饰面

不锈钢拉手

卧室立面图

图11-151 实例效果

练习163 绘制卧室立面图

STEP 01 使用【直线（L）】命令在绘图区域绘制一条长为4120 的水平直线，在距离水平线左端点 200 处向上绘制一条长为 2830 的垂直直线，如图 11-152 所示。

STEP 02 使用【偏移（O）】命令向右偏移这条垂直线段，偏移距离为 3720，然后向上偏移水平线段，偏移距离为 2830，如图 11-153 所示。

STEP 03 使用【修剪（TR）】命令对偏移后的多余线段进行修剪，效果如图 11-154 所示。

图11-152 绘制线段

STEP 04 使用【偏移（O）】命令向右偏移左边的垂直线段，偏移距离依次为 180、550、550、550。然后向下偏移上方的水平线段，偏移距离依次为 430、600，如图 11-155 所示。

图11-153 偏移线段　　　　　　图11-154 修剪线段 　　　　　　图11-155 偏移线段

STEP 05 使用【修剪（TR）】命令对线段进行修剪，绘制出衣柜立面轮廓图形，如图 11-156 所示。

STEP 06 使用【矩形（REC）】命令绘制一个长矩形作为衣柜拉手，尺寸为 10　480，绘制好后将它放置在距离地面线850 处，效果如图 11-157 所示。

STEP 07 执行【镜像（MI）】命令，对衣柜拉手进行镜像复制，效果如图 11-158 所示。然后对镜像后的衣柜拉手进行一次复制，效果如图 11-159 所示。

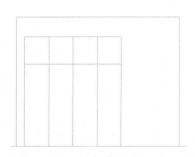

图11-156 修剪线段

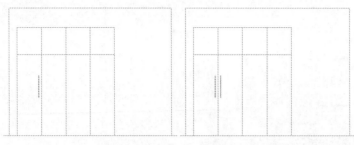
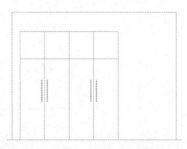

图11-157　绘制衣柜拉手　　　图11-158　镜像复制衣柜拉手　　　图11-159　复制衣柜拉手

STEP 08 使用同样的方法，创建衣柜上方的拉手，拉手的长度为 150，效果如图 11-160 所示。

STEP 09 插入本书配套光盘中的【图库 .dwg】文件中的床立面和门立面图块，并对图形进行修剪，效果如图 11-161 所示。

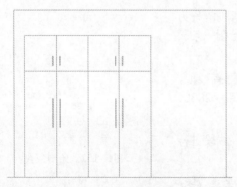

图11-160　创建衣柜上方位手

图11-161　插入图块

STEP 10 将【标注】层设为当前层，结合使用线性标注命令和连续标注命令对图形进行标注说明，完成后效果如图 11-162 所示。

STEP 11 使用【多重引线（Mleader）】命令，绘制需要进行文字说明的引出线，然后配合使用【多行文字（MT）】命令对图形进行文字说明，设置文字高度为 120，效果如图 11-163 所示。

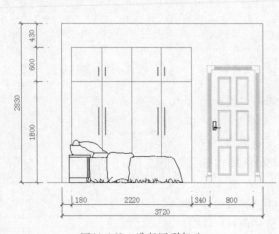

图11-162　进行图形标注

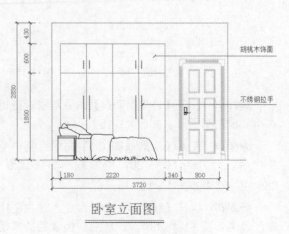

卧室立面图

图11-163　实例效果

11.4 课后习题

1. 打开光盘中的【玄关立面图 .dwg】图形文件，参照如图 11-164 所示的图形效果，结合【玄关立面 .dwg】素材绘制玄关立面图。

> **提示**
> 首先绘制玄关的框架及造型，然后复制玄关素材图块，再使用【快速引线】命令创建文字注释，最后对图形进行尺寸标注。

2. 打开光盘中的【书房立面图 .dwg】图形文件，参照如图 11-165 所示的图形效果，结合【书房立面 .dwg】素材绘制书房立面图。

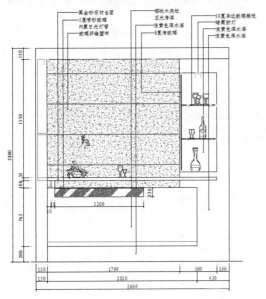

图11-164　绘制玄关立面图

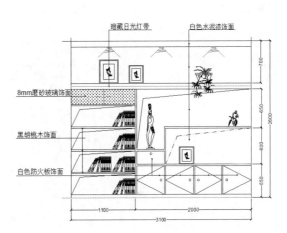

图11-165　绘制书房立面图

第12章　茶楼装饰设计

内容提要

➢ 本章针对茶楼设计的相关知识，介绍茶楼设计布局图的绘制方法，包括茶楼结构图、茶楼大厅平面图、茶楼包间平面图、大厅天花图、茶楼包间天花图和立面图等。

12.1 绘制茶楼总平面图

本例将绘制茶楼总平面图，在茶楼总平面图中展示了茶楼大厅和包间的布置效果。在绘制茶楼总平面图的过程中，包括茶楼大厅、接待区、包间、卫生间、楼梯和电梯的绘制。打开本书配套光盘中的【茶楼设计图 .dwg】文件，可以查看该文件中茶楼总平面图的完成效果，如图 12-1 所示。

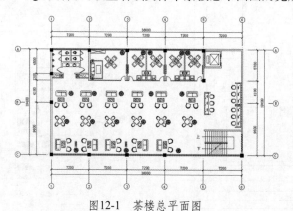

图12-1　茶楼总平面图

练习164　绘制茶楼结构图

STEP 01　执行【图层（LA）】命令，打开【图层特性管理器】对话框，然后参照如图 12-2 所示的内容创建所需要的图层，并将【轴线】图层设置为当前图层。

STEP 02　选择【格式→线型】命令，打开【线型管理器】对话框，设置【全局比例因子】为 800，如图 12-3 所示。

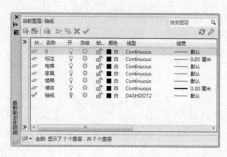

图12-2　创建图层

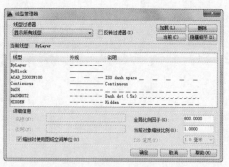

图12-3　设置全局比例因子

STEP 03 执行【直线（L）】命令，绘制一条长为 36000 的水平线段，如图 12-4 所示。

STEP 04 执行【偏移（O）】命令，将水平线段向上方偏移 4 次，偏移距离依次为 9600、4100、1200、4500，如图 12-5 所示。

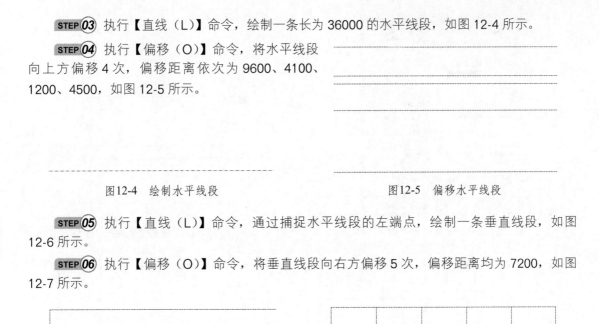

图12-4 绘制水平线段   图12-5 偏移水平线段

STEP 05 执行【直线（L）】命令，通过捕捉水平线段的左端点，绘制一条垂直线段，如图 12-6 所示。

STEP 06 执行【偏移（O）】命令，将垂直线段向右方偏移 5 次，偏移距离均为 7200，如图 12-7 所示。

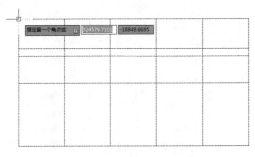

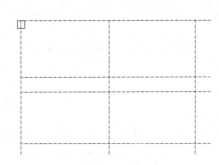

图12-6 绘制垂直线段   图12-7 偏移垂直线段

STEP 07 将【墙体】图层设置为当前层，执行【矩形（REC）】命令，在如图 12-8 所示的交点处指定矩形的起点，然后绘制一个长和宽都为 600 的矩形，并将矩形向左移动 300，效果如图 12-9 所示。

图12-8 指定起点   图12-9 创建矩形

STEP 08 执行【图案填充（H）】命令，打开【图案填充和渐变色】对话框，选择 SOLID 图案，如图 12-10 所示。然后单击【添加：拾取点】按钮，进入绘图区在矩形内单击鼠标指定填充图案的区域，填充效果如图 12-11 所示。

STEP 09 执行【复制（CO）】命令，将创建的柱体复制到其他位置，效果如图 12-12 所示。

STEP 10 执行【多线（ML）】命令，设置多线的比例为 240，然后绘制一条如图 12-13 所示的多线作为墙体。

图12-10 设置图案参数

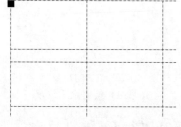

图12-11 填充图案效果

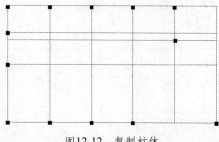

图12-12 复制柱体

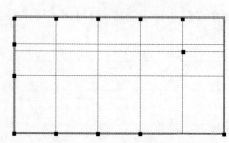

图12-13 绘制多线

STEP (11) 执行【多线（ML）】命令，继续绘制其他多线段作为墙体线，如图12-14所示。

STEP (12) 关闭【轴线】图层。然后选择【修改→对象→多线】命令，打开【多线编辑工具】对话框，单击其中的【角点结合】选项，如图12-15所示。

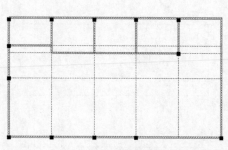

图12-14 绘制墙体线

图12-15 单击【角点结合】选项

STEP (13) 根据系统提示，选择如图12-16所示的多线作为第1条编辑多线，然后选择如图12-17所示的多线作为第2条编辑多线，得到如图12-18所示的角点结合效果。

STEP (14) 使用【角点结合】功能，编辑得到如图12-19所示的角点。

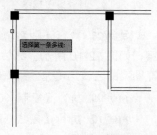

图12-16 选择第1条多线

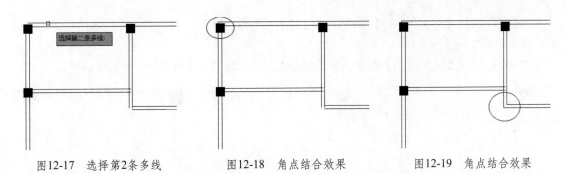

图12-17　选择第2条多线　　　　图12-18　角点结合效果　　　　图12-19　角点结合效果

STEP 15 选择【修改→对象→多线】命令，在打开的【多线编辑工具】对话框中单击【T形打开】选项，然后选择如图 12-20 所示的多线作为编辑的第 1 条多线，再选择如图 12-21 所示的多线作为编辑的第 2 条多线。

STEP 16 T形打开多线后的效果如图 12-22 所示。使用同样的操作继续对其他多线接头处进行 T 形打开，得到如图 12-23 所示的效果。

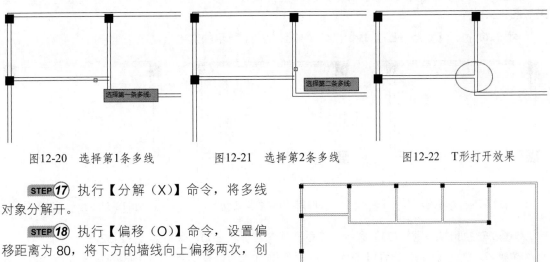

图12-20　选择第1条多线　　　　图12-21　选择第2条多线　　　　图12-22　T形打开效果

STEP 17 执行【分解（X）】命令，将多线对象分解开。

STEP 18 执行【偏移（O）】命令，设置偏移距离为 80，将下方的墙线向上偏移两次，创建出窗户图形，得到如图 12-24 所示的效果。

STEP 19 重复执行【偏移（O）】命令，将上方的墙线向下偏移两次，得到如图 12-25 所示的效果。

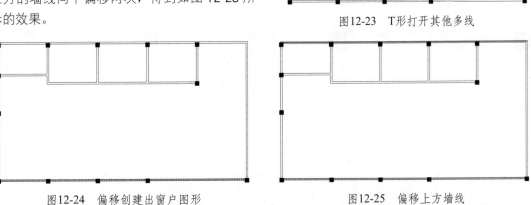

图12-23　T形打开其他多线

图12-24　偏移创建出窗户图形　　　　图12-25　偏移上方墙线

STEP 20 执行【直线（L）】命令，在右上方墙体处绘制一条垂直线，如图 12-26 所示。

STEP ㉑ 执行【修剪（TR）】命令，以绘制的垂直线为修剪边界，对右方偏移的线段进行修剪，效果如图 12-27 所示。

STEP ㉒ 执行【直线（L）】命令，参照如图 12-28 所示的效果绘制一条垂直线。

图12-26　绘制垂直线　　　　图12-27　修剪偏移线段　　　　图12-28　绘制垂直线

STEP ㉓ 执行【偏移（O）】命令，将垂直线向右偏移 2160，效果如图 12-29 所示。

STEP ㉔ 执行【修剪（TR）】命令，以两条垂直线为修剪边界，对中间的线段进行修剪，效果如图 12-30 所示。

STEP ㉕ 执行【直线（L）】命令，参照如图 12-31 所示的效果绘制一条垂直线。

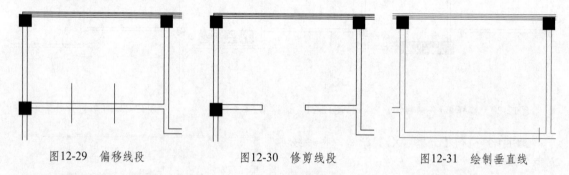

图12-29　偏移线段　　　　　图12-30　修剪线段　　　　　图12-31　绘制垂直线

STEP ㉖ 执行【偏移（O）】命令，将垂直线向左偏移 800，效果如图 12-32 所示。

STEP ㉗ 执行【修剪（TR）】命令，以两条垂直线为修剪边界，对中间的线段进行修剪，效果如图 12-33 所示。

STEP ㉘ 执行【矩形（REC）】命令，参照如图 12-34 所示的效果，绘制一个长为 40、宽为 800 的矩形。

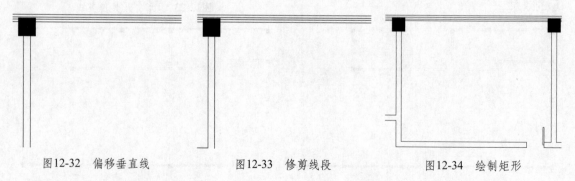

图12-32　偏移垂直线　　　　图12-33　修剪线段　　　　　图12-34　绘制矩形

STEP ㉙ 执行【圆弧（A）】命令，参照如图 12-35 所示的效果，绘制一条圆弧作为平开门的路径。

STEP 30 执行【镜像（MI）】命令，参照如图 12-36 所示的效果，对绘制的平开门进行镜像复制。

STEP 31 执行【修剪（TR）】命令，对镜像复制平开门之间的线段进行修剪，效果如图 12-27 所示。

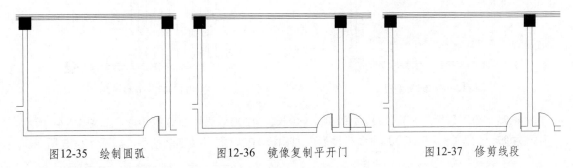

图12-35　绘制圆弧　　　　　图12-36　镜像复制平开门　　　　　图12-37　修剪线段

STEP 32 执行【复制（CO）】命令，参照如图 12-38 所示的效果，对绘制的平开门进行复制。

STEP 33 执行【修剪（TR）】命令，对复制平开门之间的线段进行修剪，然后将平开门放入【家具】图层中，效果如图 12-39 所示，完成结构图的绘制。

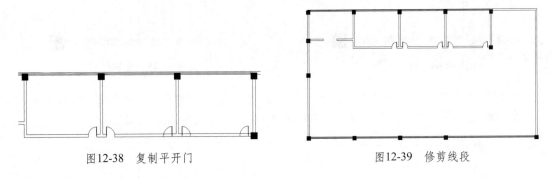

图12-38　复制平开门　　　　　　　　　　图12-39　修剪线段

练习165 **绘制茶楼梯楼间**

STEP 01 将【楼梯】图层设置为当前层。执行【偏移（O）】命令，将下方窗户的内边线向上偏移两次，偏移距离依次为 4360、240，然后将右方的墙体的内边线向左偏移 6900，效果如图 12-40 所示。

STEP 02 执行【修剪（TR）】命令，对偏移的线段进行修剪，效果如图 12-41 所示。

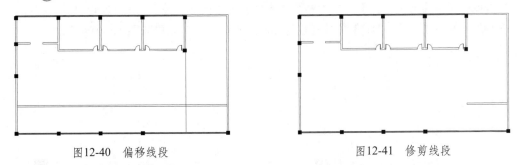

图12-40　偏移线段　　　　　　　　　　图12-41　修剪线段

STEP 03 执行【直线（L）】命令，参照如图 12-42 所示的效果绘制一条垂直线。

STEP 04 执行【偏移（O）】命令，设置偏移的距离为 280，将绘制的线段向右偏移 11 次，效果如图 12-43 所示。

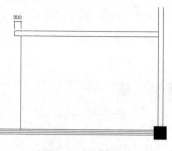

图12-42 绘制线段

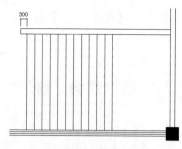

图12-43 偏移线段

STEP 05 使用【矩形（REC）】命令绘制一个长为 4200、宽为 300 的矩形，如图 12-44 所示。

STEP 06 使用【偏移（O）】命令将矩形向内偏移 100，表示楼梯的扶手，如图 12-45 所示。

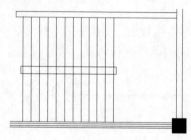

图12-44 绘制矩形

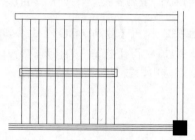

图12-45 偏移矩形

STEP 07 使用【修剪（TR）】命令对矩形中间部分的线段进行修剪，效果如图 12-46 所示。

STEP 08 使用【直线（L）】命令在楼梯处绘制一条斜线，效果如图 12-47 所示。

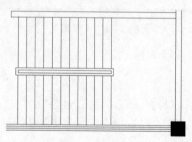

图12-46 修剪线段

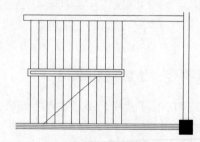

图12-47 绘制斜线

STEP 09 使用【直线（L）】命令绘制两条斜线表示楼梯折断线，如图 12-48 所示。

STEP 10 使用【修剪（TR）】命令对创建的斜线进行修剪，效果如图 12-49 所示。

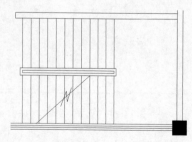

图12-48 绘制折断线

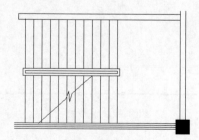

图12-49 修剪线段

STEP 11 执行【多段线（PL）】命令，参照如图 12-50 所示的效果绘制一条带箭头的多段线。

STEP⑫ 执行【文字（T）】命令，对楼梯走向进行文字注释，设置文字的高度为 500，效果如图 12-51 所示。

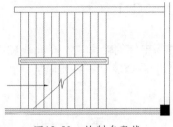

图12-50　绘制多段线

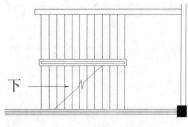

图12-51　创建文字注释

STEP⑬ 使用【多段线（PL）】和【文字（T）】命令创建楼梯另一个方向的走向标识，效果如图 12-52 所示。

STEP⑭ 使用【直线（L）】命令在如图 12-53 所示的右下方绘制一条水平线段。

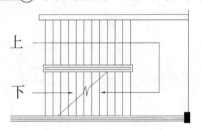

图12-52　绘制楼梯走向标识

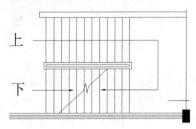

图12-53　绘制水平线段

STEP⑮ 使用【偏移（O）】命令将绘制的线段向上偏移 3120，效果如图 12-54 所示。

STEP⑯ 执行【修剪（TR）】命令，以墙体作为修剪边界，对两条水平线段进行修剪，效果如图 12-55 所示。

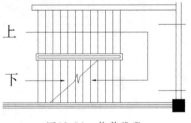

图12-54　偏移线段

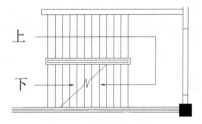

图12-55　修剪水平线段

STEP⑰ 执行【偏移（O）】命令，参照如图 12-56 所示的效果，将墙体线向内偏移 80。

STEP⑱ 执行【修剪（TR）】命令，以两条水平线段为修剪边界，对偏移的墙体进行修剪，完成楼梯间的绘制，效果如图 12-57 所示。

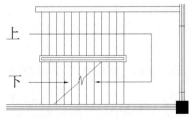

图12-56　偏移线段

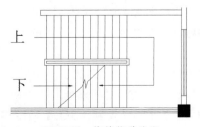

图12-57　修剪偏移线段

练习166 **绘制茶楼电梯间**

STEP 01 将【电梯】图层设置为当前层。执行【矩形（REC）】命令，绘制一个长和宽均为 3180 的矩形，如图 12-58 所示。

STEP 02 使用【偏移（O）】命令将矩形向内偏移 200 作为电梯的轮廓，效果如图 12-59 所示。

STEP 03 参照如图 12-60 所示的效果，使用【直线（L）】命令绘制一条水平线段，然后使用【偏移（O）】命令将线段向上偏移 1000。

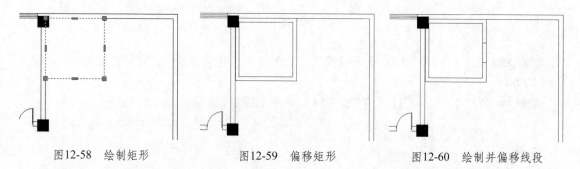

图12-58 绘制矩形　　　　　图12-59 偏移矩形　　　　　图12-60 绘制并偏移线段

STEP 04 使用【修剪（TR）】命令对两条水平线段之间的线段进行修剪，作为电梯门洞，效果如图 12-61 所示。

STEP 05 使用【矩形（REC）】命令在电梯间绘制一个长为 1650、宽为 1350 的矩形，效果如图 12-62 所示。

STEP 06 使用【直线（L）】命令在矩形中绘制两条对角线，如图 12-63 所示。

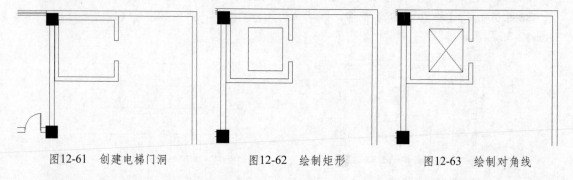

图12-61 创建电梯门洞　　　　图12-62 绘制矩形　　　　图12-63 绘制对角线

STEP 07 使用【矩形（REC）】命令在电梯间绘制一个长为 1100、宽为 285 的矩形，效果如图 12-64 所示。

STEP 08 使用【矩形（REC）】命令在电梯门洞旁边的墙体内绘制一个长为 600、宽为 80 的矩形，效果如图 12-65 所示。

STEP 09 使用【修剪（TR）】命令对图形进行修剪，效果如图 12-66 所示。

STEP 10 参照如图 12-67 所示的效果，使用【矩形（REC）】和【修剪（TR）】命令对图形进行修剪。

STEP 11 参照如图 12-68 所示的效果，使用【矩形（REC）】命令在电梯门口处绘制一个长为 550、宽为 60 的矩形作为电梯门。

STEP 12 使用【复制（CO）】命令对电梯门进行复制，完成电梯间的绘制，效果如图 12-69 所示。

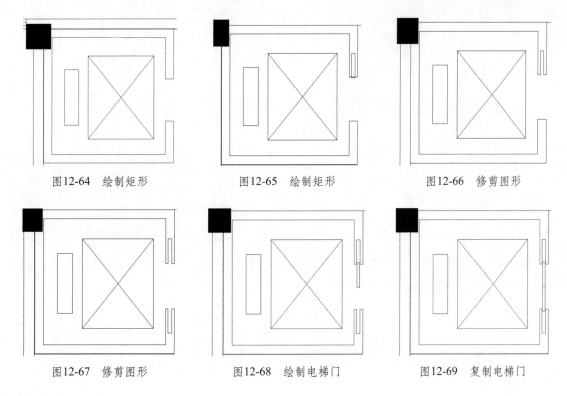

图12-64　绘制矩形　　　　　　图12-65　绘制矩形　　　　　　图12-66　修剪图形

图12-67　修剪图形　　　　　　图12-68　绘制电梯门　　　　　　图12-69　复制电梯门

练习167　绘制茶楼接待区

STEP 01 将【家具】图层设置为当前层。执行【矩形（REC）】命令，参照如图 12-70 所示的效果绘制一个长为 4170、宽为 144 的矩形作为装饰墙。

STEP 02 执行【矩形（REC）】命令，绘制一个长为 3180、宽为 660 的矩形作为吧台，如图 12-71 所示。

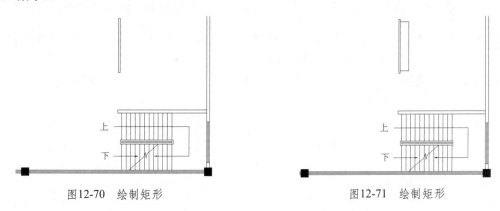

图12-70　绘 制 矩 形　　　　　　　　　　图12-71　绘制矩形

STEP 03 使用【矩形（REC）】命令绘制一个长为 180、宽为 100 的矩形作为装饰立柱，如图 12-72 所示。

STEP 04 使用【复制（CO）】命令将立柱向右复制 3 次，复制间距为 240，效果如图 12-73 所示。

STEP 05 执行【镜像（MI）】命令，选择吧台上方的立柱图形，然后将其镜像复制到吧台的下方，如图 12-74 所示。

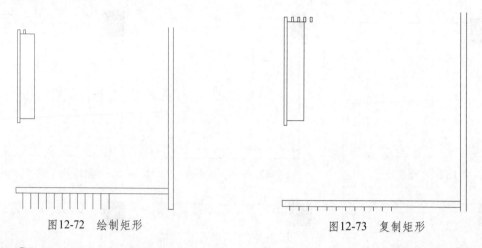

图12-72　绘制矩形　　　　　　　　　　　图12-73　复制矩形

STEP 06 打开配套光盘中的【茶楼平面素材 .dwg】图形文件，将椅子和液晶显示器素材图形复制到当前绘制的文件中，如图 12-75 所示。

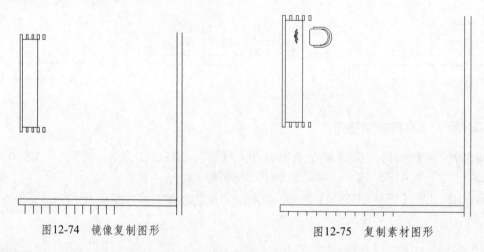

图12-74　镜像复制图形　　　　　　　　　图12-75　复制素材图形

STEP 07 使用【矩形（REC)】和【圆（C)】命令绘制一个长为 100、宽为 70 的矩形和一个半经为 25 的圆形表示穿线孔，如图 12-76 所示。

STEP 08 使用【复制（CO)】命令将椅子、显示器和穿线孔图形向下复制 3 次，如图 12-77 所示。

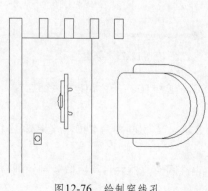

图12-76　绘制穿线孔

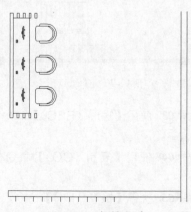

图12-77　复制图形

STEP 09 使用【镜像（MI）】命令将装饰墙、装饰立柱、吧台、显示器和椅子图形镜像复制一次，效果如图 12-78 所示。

STEP 10 使用【移动（M）】命令将镜像复制得到的图形向下适当移动，然后参照如图 12-79 所示的效果，使用【复制（CO）】命令对图形进行复制，完成接待区的绘制。

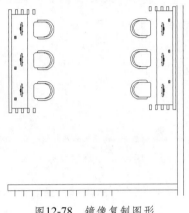

图12-78　镜像复制图形　　　　　　　　　　图12-79　移动并复制图形

练习168　绘制茶楼大厅平面

STEP 01 打开配套光盘中的【茶楼平面素材.dwg】图形文件，参照如图 12-80 所示的效果，将休闲桌椅、沙发和植物图形复制到当前绘制的文件中。

STEP 02 执行【复制（CO）】命令，将添加的素材图形向右复制 5 次，复制间距为 4700，效果如图 12-81 所示。

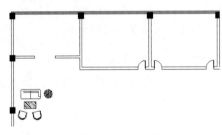

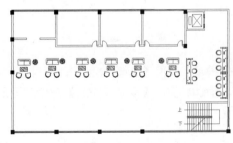

图12-80　复制素材图形　　　　　　　　　　图12-81　复制素材图形

STEP 03 参照如图 12-82 所示的效果，将休闲桌椅、沙发图形复制到图形的左下角。

STEP 04 执行【旋转（RO）】命令，将左下角的素材图形逆时针旋转 90 度，效果如图 12-83 所示。

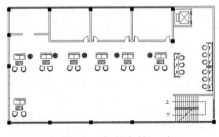

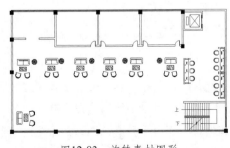

图12-82　复制素材图形　　　　　　　　　　图12-83　旋转素材图形

STEP 05 使用【复制（CO）】命令将植物复制到大厅左下角，效果如图 12-84 所示。

STEP 06 使用【矩形（REC）】命令在休闲桌椅旁边绘制一个长为 1000、宽为 360 的矩形，如图 12-85 所示。。

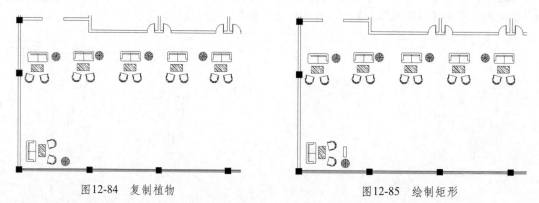

图12-84　复制植物　　　　　　　　　　　　　图12-85　绘制矩形

STEP 07 使用【直线（L）】命令在矩形中绘制一条长为 230 的水平线段和一条长为 700 的垂直线段，如图 12-86 所示。

STEP 08 执行【椭圆（EL）】命令，通过捕捉线段的端点绘制一个椭圆，创建休闲桌椅间的隔断造型，如图 12-87 所示。

图12-86　绘制线段　　　　　　　　　　　　　图12-87　绘制椭圆

STEP 09 使用【镜像（MI）】命令对休闲桌椅进行镜像复制，如图 12-88 所示。

STEP 10 使用【复制（CO）】命令对图形下方的休闲桌椅、隔断和植物进行复制，效果如图 12-89 所示。

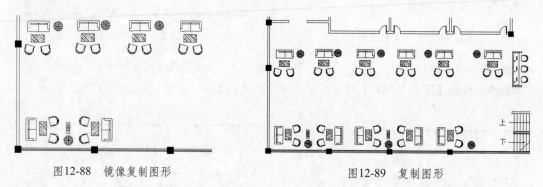

图12-88　镜像复制图形　　　　　　　　　　　图12-89　复制图形

STEP 11 打开配套光盘中的【茶楼平面素材 .dwg】图形文件，参照如图 12-90 所示的效果，将棋牌桌椅复制到当前绘制的文件中。

STEP 12 使用【复制（CO）】命令对棋牌桌椅进行复制，然后将植物复制到棋牌桌椅旁边，完成大厅平面的绘制，如图 12-91 所示。

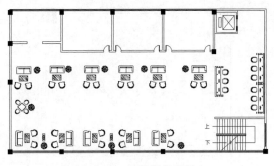

图12-90　添加棋牌桌椅

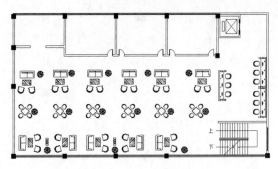

图12-91　大厅平面图

练习169 **绘制茶楼包间平面**

STEP 01 执行【多线（ML）】命令，设置多线比例为140，在右方的两个包间的中点处各绘制一条垂直多线，将其分成4个小包间，如图12-92所示。

STEP 02 打开配套光盘中的【茶楼平面素材.dwg】图形文件，参照如图12-93所示的效果，将麻将桌椅复制到各个包间中。

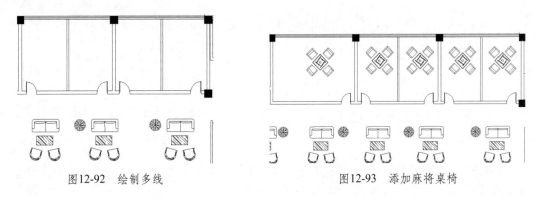

图12-92　绘制多线　　　　　　　　　　图12-93　添加麻将桌椅

STEP 03 使用【矩形（REC）】命令在大包间右方的墙体处绘制一个长为1500、宽为100和一个长为1400、宽为60的矩形作为等离子电视图形，如图12-94所示。

STEP 04 使用【镜像（MI）】命令对等离子电视进行镜像复制，如图12-95所示。

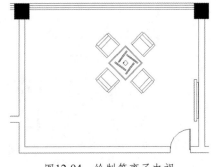

图12-94　绘制等离子电视

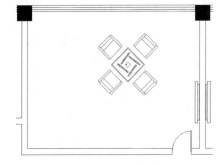

图12-95　镜像复制电视

STEP 05 使用【复制（CO）】命令将等离子电视复制到其他包间的墙上，如图12-96所示。

STEP 06 将【茶楼平面素材.dwg】图形文件中的多人沙发复制到大包间中，如图12-97所示。

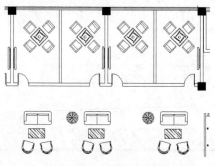

图12-96 复制电视图形

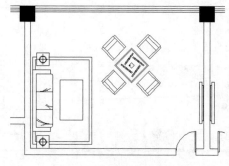

图12-97 复制多人沙发

STEP 07 使用【矩形（REC）】命令在大包间中绘制一个长为 3000、宽为 600 的矩形，如图12-98 所示。

STEP 08 使用【直线（L）】命令在矩形中绘制两条对角线，创建衣柜平面图，效果如图12-99 所示。

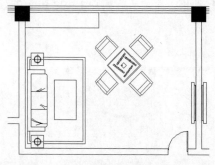

图12-98 绘制矩形

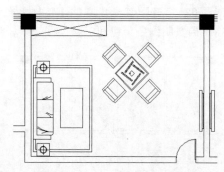

图12-99 创建衣柜平面图

STEP 09 将【茶楼平面素材 .dwg】图形文件中的单人沙发插入到其中的一个小包间中，如图12-100 所示。

STEP 10 使用【复制（CO）】命令将单人沙发复制一次，然后使用【旋转（RO）】命令将其顺时针旋转 90 度，效果如图 12-101 所示。

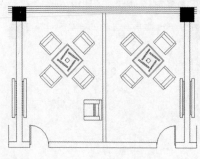

图12-100 插入单人沙发

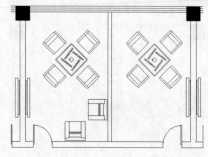

图12-101 复制并旋转沙发

STEP 11 执行【矩形（REC）】命令，在两个单人沙发间绘制一个长和宽都为 660 的矩形作为小茶几图形，如图 12-102 所示。

STEP 12 使用【镜像（MI）】命令将单人沙发和小茶几图形镜像复制到另一个小包间中，如图12-103 所示。

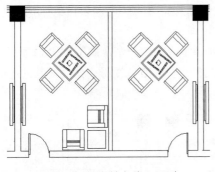

图12-102　绘制小茶几图形

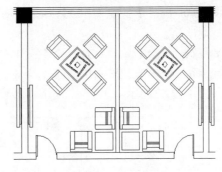

图12-103　镜像复制图形

STEP 13 使用【复制（CO）】命令将单人沙发和小茶几图形复制到其他小包间中，如图12-104所示。

STEP 14 使用【复制（CO）】命令将植物图形复制到各个包间中，完成包间平面图的绘制，如图12-105所示。

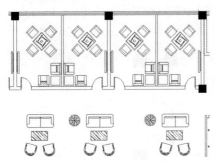

图12-104　复制沙发和茶几

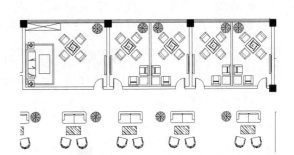

图12-105　复制植物图形

练习170 **绘制茶楼卫生间**

STEP 01 执行【多线（ML）】命令，设置多线的比例为240，在卫生间内绘制一条如图12-106所示的多线。

STEP 02 使用【矩形（REC）】命令绘制一个长为3600、宽为1020的矩形，如图12-107所示。

STEP 03 使用【分解（X）】命令将矩形分解，然后使用【偏移（O）】命令将矩形上方、左方和右方的线段向内偏移240，如图12-108所示。

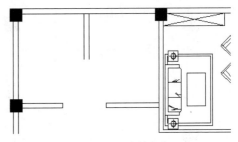

图12-106　绘制多线

STEP 04 使用【修剪（TR）】命令对图形进行修剪，如图12-109所示。

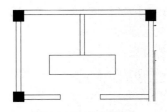

图12-107　绘制矩形

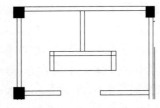

图12-108　偏移线段

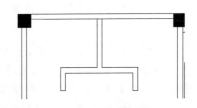

图12-109　修剪图形

STEP 05 执行【多线（ML）】命令，设置多线的比例为 40，参照如图 12-110 所示的效果绘制多线图形。

STEP 06 结合【偏移（O）】和【修剪（TR）】命令创建卫生间的门洞，如图 12-111 所示。

STEP 07 使用【矩形（REC）】命令绘制一个长为 720、宽为 40 的矩形，然后对其进行旋转，效果如图 12-112 所示。

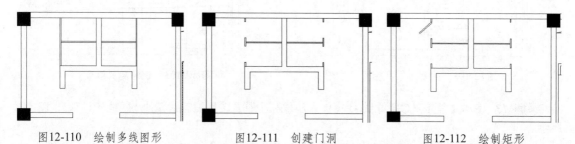

图12-110　绘制多线图形　　　图12-111　创建门洞　　　图12-112　绘制矩形

STEP 08 使用【圆弧（A）】命令绘制一条弧线表示开门的路径，如图 12-113 所示。

STEP 09 使用【复制（CO）】命令将门复制一次，如图 12-114 所示。

STEP 10 使用【镜像（MI）】命令将左方的门图形镜像复制到图形右方，如图 12-115 所示。

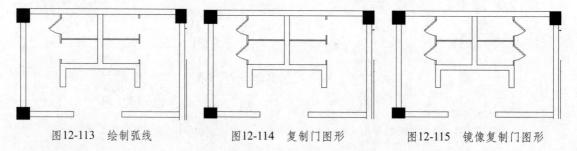

图12-113　绘制弧线　　　图12-114　复制门图形　　　图12-115　镜像复制门图形

STEP 11 使用相同的方法，创建其他的两个门图形，如图 12-116 所示。

STEP 12 将【茶楼平面素材 .dwg】图形文件中的蹲便器复制到卫生间中，如图 12-117 所示。

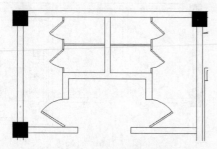
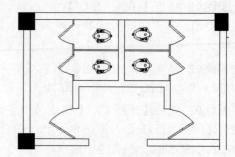

图12-116　创建门图形　　　　　图12-117　复制蹲便器素材

STEP 13 将【茶楼平面素材 .dwg】图形文件中的小便器复制到左方卫生间中，如图 12-118 所示。

STEP 14 在卫生间外面绘制一条线段，创建洗面台图形，如图 12-119 所示。

STEP 15 使用【椭圆（EL）】命令绘制一个半径 1 为 610、半径 2 为 510 的椭圆，然后使用【偏移（O）】命令将其向内偏移 30，效果如图 12-120 所示。

STEP 16 使用【圆（C）】命令绘制一个半径为 20 的圆形表示排水孔，如图 12-121 所示。

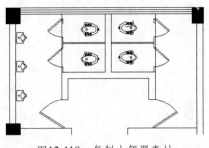

图12-118　复制小便器素材

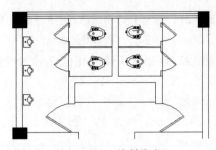

图12-119　绘制线段

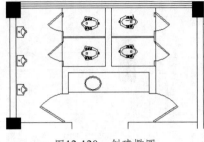

图12-120　创建椭圆

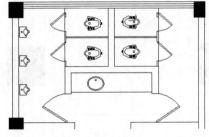

图12-121　绘制圆形

STEP 17 执行【矩形（REC）】命令，绘制一个圆角半径为5、长度为150、宽度为50的圆角矩形作为水龙头，如图12-122所示。

STEP 18 参照如图12-123所示的效果，使用【修剪（REC）】命令对椭圆进行修剪。

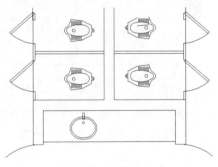

图12-122　绘制水龙头

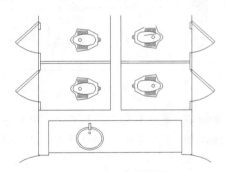

图12-123　修剪椭圆

STEP 19 使用【复制（CO）】命令将洗面盆向右复制一次，如图12-124所示。

STEP 20 参照如图12-125所示的尺寸和效果，使用【多段线（PL）】命令在卫生间的门口绘制装饰台面轮廓。

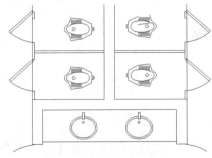

图12-124　复制洗面盆

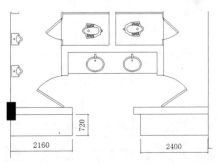

图12-125　绘制多段线

STEP㉑ 使用【偏移（O）】命令将多段线向内依次偏移90，效果如图12-126所示。

STEP㉒ 使用【矩形（REC）】命令绘制一个长度为560的正方形，如图12-127所示。

STEP㉓ 使用【偏移（O）】命令将正方形向内依次偏移24和156，如图12-128所示。

STEP㉔ 使用【圆（C）】命令在正方形内绘制一个半径为50的圆形，如图12-129所示。

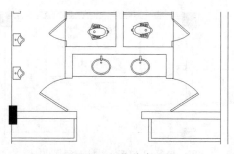

图12-126　偏移多段线

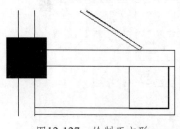

图12-127　绘制正方形

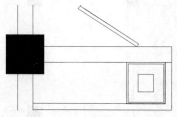

图12-128　偏移正方形

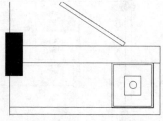

图12-129　绘制圆形

STEP㉕ 使用【直线（L）】命令绘制2条互相垂直的线段，如图12-130所示。

STEP㉖ 使用【直线（L）】命令绘制4条斜线连接正方形的顶角，如图12-131所示。

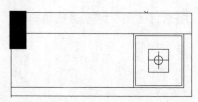

图12-130　绘制线段

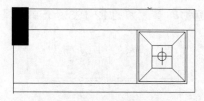

图12-131　绘制4条斜线

STEP㉗ 使用【圆（C）】命令绘制大小不等的圆形作为装饰图案，如图12-132所示。

STEP㉘ 使用【镜像（MI）】命令对创建的造型进行镜像复制，完成卫生间平面的创建，效果如图12-133所示。

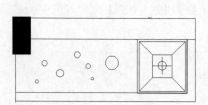

图12-132　绘制圆形

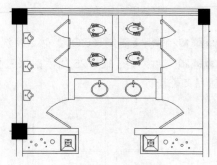

图12-133　卫生间平面

练习171 　**标注茶楼平面图**

STEP① 将【标注】图层设置为当前层。执行【标注样式（D）】命令，打开【标注样式管理器】对话框，如图12-134所示。

STEP 02 单击【新建】按钮，打开【创建新标注样式】对话框，在【新样式名】文本框中输入样式名【茶楼】，如图 12-135 所示。

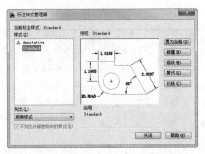

图12-134 标注样式管理器

图12-135 创建新标注样式

STEP 03 单击【继续】按钮，打开【新建标注样式】对话框，在【线】选项卡中设置超出尺寸线的值为 300，起点偏移量的值为 300，如图 12-136 所示。

STEP 04 选择【符号和箭头】选项卡，设置箭头为【建筑标记】，设置箭头大小为 300，如图 12-137 所示。

图12-136 设置线参数

图12-137 设置箭头参数

STEP 05 选择【文字】选项卡，设置文字的高度为 500，文字的垂直对齐方式为【上】，【从尺寸线偏移】的值为 150，如图 12-138 所示。

STEP 06 选择【主单位】选项卡，设置【精度】值为 0，然后进行确定，如图 12-139 所示。

图12-138 设置文字参数

图12-139 设置精度

STEP 07 打开【轴线】图层，然后执行【线性标注（DLI）】命令，对图形进行线性标注，如图 12-140 所示。

STEP 08 执行【连续标注（DCO）】命令，对图形上方尺寸进行连续标注，效果如图 12-141 所示。

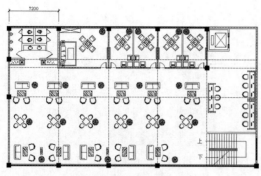

图12-140　线性标注图形

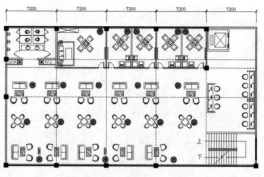

图12-141　连续标注图形

STEP 09 使用【线性标注（DLI）】和【连续标注（DCO）】命令标注图形的其他尺寸，效果如图 12-142 所示。

STEP 10 使用【圆（C）】和【直线（L）】命令绘制一个半径为 500 的圆和一条直线，作为详图编号对象，如图 12-143 所示。

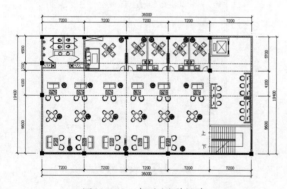

图12-142　标注图形尺寸

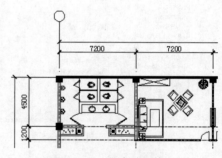

图12-143　创建详图编号

STEP 11 执行【文字（T）】命令，在圆内输入编号文字【1】，设置文字的高度为 500，效果如图 12-144 所示。

STEP 12 使用同样的方法创建其他的详图编号对象，再隐藏【轴线】图层，完成茶楼总平面图的创建，效果如图 12-145 所示。

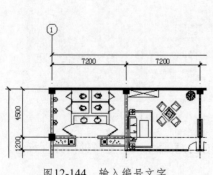

图12-144　输入编号文字

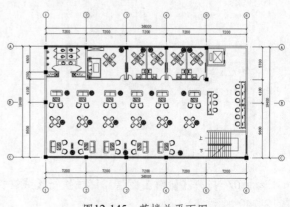

图12-145　茶楼总平面图

12.2 绘制茶楼天花图

下面将介绍绘制茶楼天花图的方法，茶楼天花图可以在平面图的基础上进行绘制，具体内容包括绘制大厅天花图、绘制包间天花图、绘制卫生间天花图等。打开本书配套光盘中的【茶楼设计图 .dwg】文件，可以查看该文件中茶楼天花图的完成效果，如图 12-146 所示。

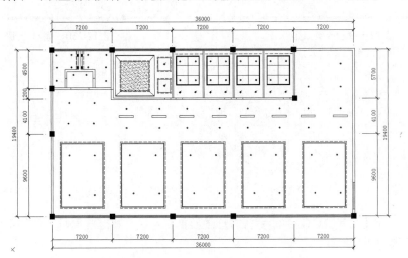

图12-146　茶楼天花图

练习172　绘制大厅天花图

STEP 01 使用【复制（CO）】命令复制一次茶楼平面图，然后使用【删除（E）】命令删除不需要的图形，如图 12-147 所示。

STEP 02 参照如图 12-148 所示的效果，使用【直线（L）】命令连接门洞。

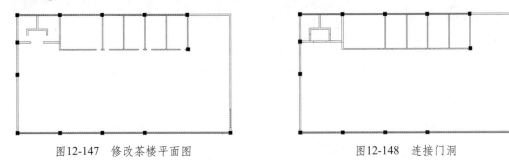

图12-147　修改茶楼平面图　　　　　　　图12-148　连接门洞

STEP 03 参照如图 12-149 所示的效果，使用【矩形（REC）】命令绘制一个长为 7300、宽为 5000 的矩形。

STEP 04 使用【偏移（O）】命令将其向内偏移 120，如图 12-150 所示。

STEP 05 使用【圆（C）】命令绘制一个半径为 70 的圆，如图 12-151 所示。

STEP 06 执行【偏移（O）】命令，设置偏移距离为 20，将圆向内偏移一次，如图 12-152 所示。

STEP 07 执行【直线（L）】命令，通过圆心绘制两条线段，如图 12-153 所示。

STEP 08 执行【修剪（TR）】命令，以小圆为边界对线段进行修剪，然后将小圆删除，创建筒灯效果，如图 12-154 所示。

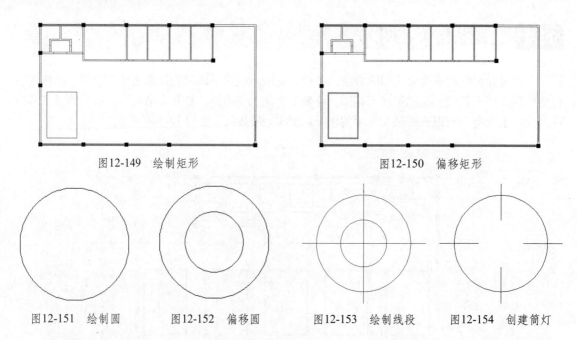

图12-149 绘制矩形   图12-150 偏移矩形

图12-151 绘制圆   图12-152 偏移圆   图12-153 绘制线段   图12-154 创建筒灯

STEP 09 使用【复制（CO）】命令将筒灯图形复制4次，将这些筒灯图形分布到矩形造型的四周，效果如图12-155所示。

STEP 10 使用【偏移（O）】命令将大矩形向外偏移180，然后将得到的矩形线型设置为虚线，创建灯带效果，如图12-156所示。

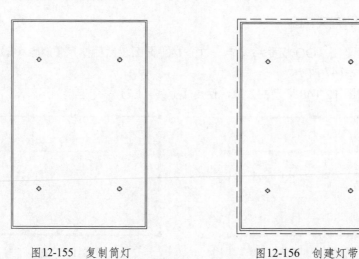

图12-155 复制筒灯   图12-156 创建灯带

STEP 11 执行【复制（CO）】命令，将创建的天花造型、灯带和筒灯图形向右复制4次，设置复制距离为7200，效果如图12-157所示。

STEP 12 参照如图12-158所示的效果，使用【矩形（REC）】命令绘制一个长为1600、宽为200的矩形。

STEP 13 使用【复制（CO）】命令将矩形向右复制7次，设置复制距离为3840，效果如图12-159所示。

STEP 14 使用【复制（CO）】命令对筒灯进行多次复制，完成大厅天花图的绘制，效果如图12-160所示。

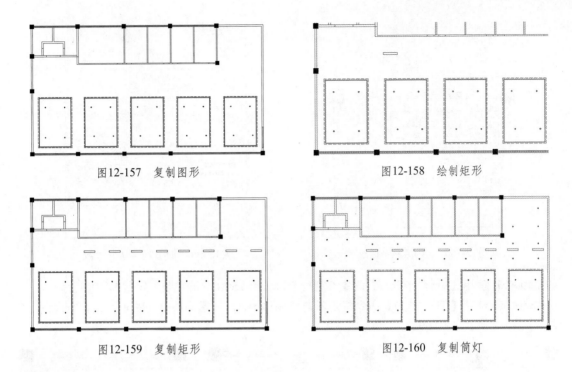

图12-157 复制图形　　　　　　　　　　图12-158 绘制矩形

图12-159 复制矩形　　　　　　　　　　图12-160 复制筒灯

练习173　绘制包间天花图

STEP 01 使用【矩形（REC）】命令在大包间的上方绘制一个长为 4700 的正方形，如图 12-161 所示。

STEP 02 使用【偏移（O）】命令将正方形向内偏移 40，效果如图 12-162 所示。

STEP 03 使用【矩形（REC）】命令绘制一个长为 3400 的正方形，如图 12-163 所示。

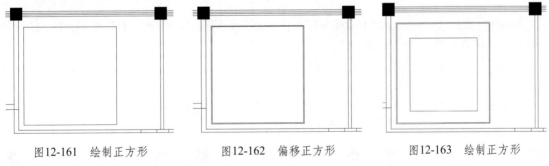

图12-161 绘制正方形　　　　　图12-162 偏移正方形　　　　　图12-163 绘制正方形

STEP 04 使用【偏移（O）】命令将矩形向外偏移 120，设置偏移得到的矩形线型为虚线，创建灯带效果，如图 12-164 所示。

STEP 05 参照如图 12-165 所示的效果，使用【直线（L）】命令在矩形之间绘制 4 条连接线。

STEP 06 执行【图案填充（H）】命令，设置填充图案为 AR-SAND 图案，设置比例为 150，如图 12-166 所示。

STEP 07 单击【拾取一个内部点】按钮，然后对中间的矩形造型进行填充，效果如图 12-167 所示。

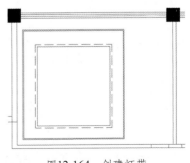

图12-164 创建灯带

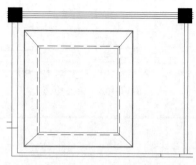

图12-165　绘制4条连接线 　　　　　　　图12-166　设置图案填充参数

STEP 08 使用【矩形（REC）】命令绘制一个边长为 1500 的正方形，如图 12-168 所示。

STEP 09 使用【偏移（O）】命令将矩形向外偏移 180，设置偏移得到的矩形线型为虚线，创建灯带效果，如图 12-169 所示。

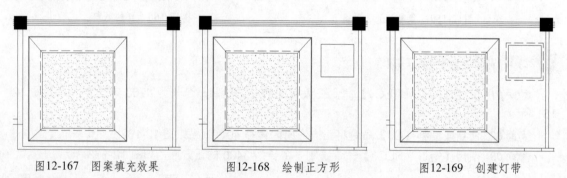

图12-167　图案填充效果 　　　图12-168　绘制正方形 　　　图12-169　创建灯带

STEP 10 使用【复制（CO）】命令将筒灯图形复制到矩形中，再使用【直线（L）】命令绘制一条斜线创建射灯图形，如图 12-170 所示。

STEP 11 使用【复制（CO）】命令将大包间右方的造型和射灯向下复制一次，效果如图 12-171 所示。

STEP 12 使用【直线（L）】在距离小包间上方 360 处的位置创建一条水平线段，并将线段设置为虚线，将其作为灯带，效果如图 12-172 所示。

图12-170　绘制射灯 　　　　图12-171　复制图形 　　　　图12-172　创建灯带

STEP 13 使用【矩形（REC）】命令在小包间内绘制一个长为 3280、宽为 2590 的矩形，效果如图 12-173 所示。

STEP **14** 使用【偏移（O）】命令将矩形向内偏移两次，偏移距离均为 40，效果如图 12-174 所示。

STEP **15** 执行【直线（L）】命令，通过捕捉矩形的顶点绘制 4 条斜线段，效果如图 12-175 所示。

STEP **16** 使用【分解（X）】命令将大矩形分解，然后使用【偏移（O）】命令将上方线段向下偏移两次，偏移距离为 1140，再将左方线段向右偏移 1370，效果如图 12-176 所示。

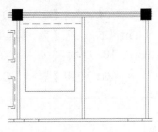

图12-173　绘制矩形

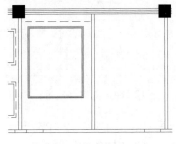

图12-174　偏移矩形

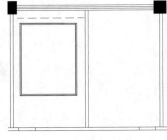

图12-175　绘制4条斜线段

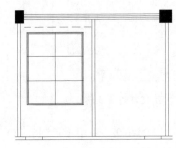

图12-176　偏移线段

STEP **17** 使用【复制（CO）】命令将筒灯和射灯复制到小包间中，效果如图 12-177 所示。

STEP **18** 使用【复制（CO）】命令将创建的小包间顶面造型复制到其他小包间中，如图 12-178 所示，完成包间天花图的绘制。

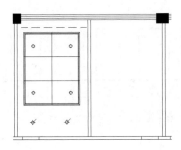

图12-177　复制筒灯和射灯

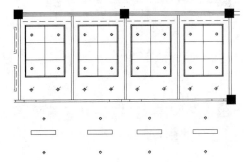

图12-178　复制顶面造型

练习174　绘制卫生间天花图

STEP **01** 使用【直线（L）】命令绘制两条线段，创建卫生间的造型，如图 12-179 所示。

STEP **02** 使用【偏移（O）】命令将线段向外偏移 80，并设置偏移得到的线段线型为虚线，创建卫生间的灯带，如图 12-180 所示。

STEP **03** 使用【矩形（REC）】命令绘制一个长为 240 的正方形，如图 12-181 所示。

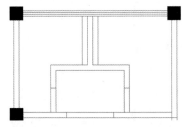

图12-179　绘制卫生间的造型

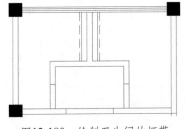

图12-180　绘制卫生间的灯带

图12-181　绘制正方形

STEP **04** 使用【偏移（O）】将其向内依次偏移20、30、35，如图12-182所示。

STEP **05** 执行【直线（L）】命令，通过捕捉正方形的顶点绘制4条对角线，创建排气扇效果，如图12-183所示。

STEP **06** 使用【复制（CO）】命令对排气扇进行复制，效果如图12-184所示。

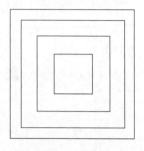

图12-182 偏移正方形

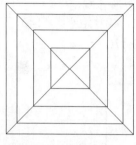

图12-183 绘制排气扇

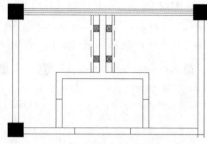

图12-184 复制排气扇

STEP **07** 使用【复制（CO）】命令将筒灯图形复制到卫生间天花图中，效果如图12-185所示。

STEP **08** 使用【复制（CO）】命令将茶楼平面图中的尺寸标注复制到天花图中，完成卫生间天花图的绘制，效果如图12-186所示。

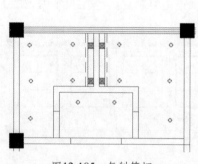

图12-185 复制筒灯

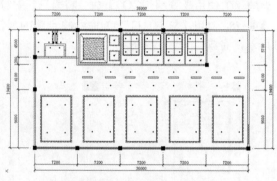

图12-186 卫生间天花图

12.3 绘制茶楼立面图

下面将以茶楼包间立面图为例，介绍茶楼立面设计图的绘制方法。打开本书配套光盘中的【茶楼设计图.dwg】文件，可以查看该文件中茶楼立面图的完成效果，如图12-187所示。

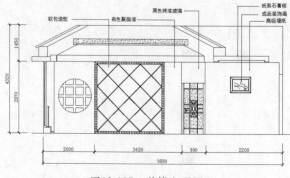

图12-187 茶楼立面图

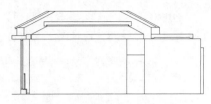

练习175 绘制茶楼立面图

STEP01 打开配套光盘中的【茶楼包间立面.dwg】素材文件，如图12-188所示。

STEP02 使用【偏移（O）】命令将左方的内墙线向右依次偏移1680、2880个单位，效果如图12-189所示。

图12-188 打开素材

STEP03 使用【矩形（REC）】命令在中间造型处绘制一个长为2880的正方形，如图12-190所示。

STEP04 使用【偏移（O）】命令将正方形向内偏移80，如图12-191所示。

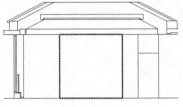
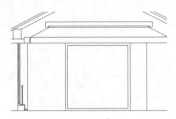

图12-189 偏移左方内墙线   图12-190 绘制正方形   图12-191 偏移正方形

STEP05 使用【直线（L）】命令在矩形中绘制两条对角线，如图12-192所示。

STEP06 执行【偏移（O）】命令，设置偏移距离为634，然后对绘制的对角线进行偏移，效果如图12-193所示。

STEP07 使用【修剪（TR）】命令对偏移的对角线进行修剪，得到如图12-194所示的效果。

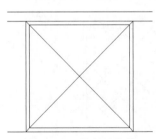
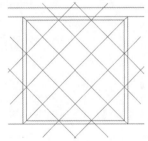
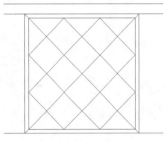

图12-192 绘制对角线   图12-193 偏移对角线   图12-194 修剪偏移对角线

STEP08 执行【多段线（PL）】命令，通过捕捉对角线的端点，绘制一个封闭的四边形，如图12-195所示。

STEP09 使用【偏移（O）】命令将多段线向内偏移20，表示包间的软包造型，效果如图12-196所示。

STEP10 参照如图12-197所示的效果，使用前面的方法绘制其他的软包造型。

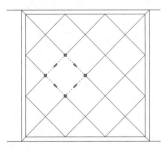
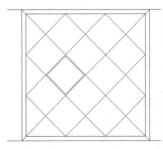
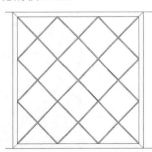

图12-195 绘制多段线   图12-196 偏移多段线   图12-197 绘制软包造型

STEP **11** 执行【图案填充（H）】命令，设置填充图案为 AR-CONC，比例为 800，如图 12-198 所示，然后对软包造型上方的立面进行填充，效果如图 12-199 所示。

图12-198　设置图案填充参数

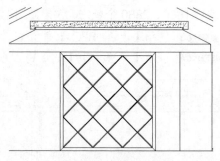

图12-199　填充立面图

STEP **12** 执行【图案填充（H）】命令，设置填充图案为 ANSI32，角度为 45，比例为 180，如图 12-200 所示，然后对软包上下边框进行填充，效果如图 12-201 所示。

图12-200　设置图案填充参数

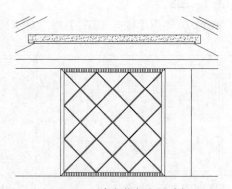

图12-201　填充软包上下边框

STEP **13** 执行【图案填充（H）】命令，设置填充图案为 ANSI32，角度为 −45，比例为 180，然后对软包左右边框进行填充，效果如图 12-202 所示。

STEP **14** 参照如图 12-203 所示的效果，使用【矩形（REC）】命令绘制一个长为 320 的正方形。

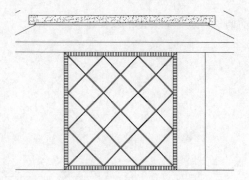

图12-202　填充软包左右边框

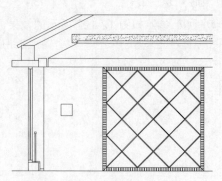

图12-203　绘制正方形

STEP⑮ 参照如图 12-204 所示的效果，使用【圆（C）】命令绘制一个半径为 700 的圆。

STEP⑯ 参照如图 12-205 所示的效果，使用【复制（CO）】命令对正方形进行多次复制。

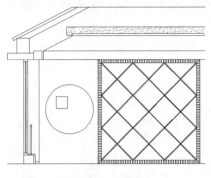

图12-204　绘制圆

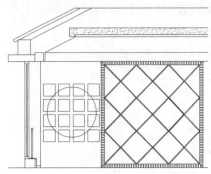

图12-205　复制正方形

STEP⑰ 配套使用【修剪（TR）】命令对圆形外的正方形进行修剪，创建如图 12-206 所示的立面造型。

STEP⑱ 打开光盘中的【茶楼装饰门 .dwg】素材文件，然后将其中的装饰门立面图复制到当前图形中，如图 12-207 所示。

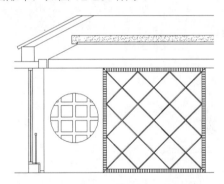

图12-206　修剪正方形

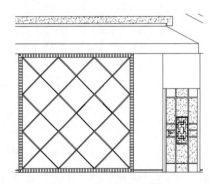

图12-207　复制装饰门

STEP⑲ 打开配套光盘中的【装饰画 .dwg】素材文件，然后将其中的装饰画复制到当前图形中，如图 12-208 所示。

STEP⑳ 执行【标注样式（D）】命令，打开【标注样式管理器】对话框，单击【新建】按钮，打开【创建新标注样式】对话框，在【新样式名】文本框中输入样式名【茶楼立面】，【基础样式】选择【茶楼】，如图 12-209 所示。

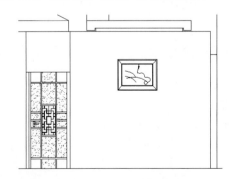

图12-208　复制装饰画

图12-209　创建新标注样式

STEP ㉑ 单击【继续】按钮，打开【新建标注样式】对话框，在【调整】选项卡中设置【使用全局比例】值为 0.3，如图 12-210 所示，然后进行确定。

STEP ㉒ 使用【线性标注（DLI）】和【连续标注（DCO）】命令对立面图的尺寸进行标注，效果如图 12-211 所示。

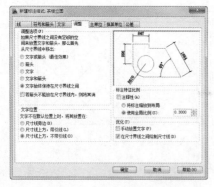

图12-210 设置全局比例参数

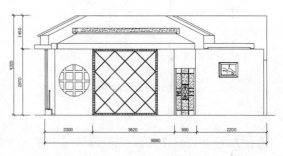

图12-211 标注图形尺寸

STEP ㉓ 使用【多重引线（MLEADER）】命令对图形材质进行文字注释，完成实例的制作，效果如图 12-212 所示。

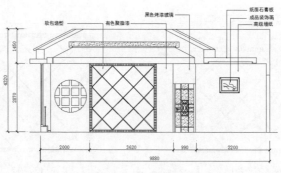

图12-212 包间立面图

12.4 课后习题

打开光盘中的【茶楼形象墙立面图 .dwg】图形文件，参照如图 12-213 所示的茶楼形象墙立面图，结合【茶楼形象墙 .dwg】和【茶楼装饰门 .dwg】素材绘制该图形。

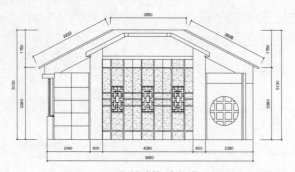

图12-213 绘制茶楼形象墙立面图

第13章　室内水电设计

内容提要

➢ 在室内装修过程中，电路与给排水设计可以为施工人员提供水电施工的依据，从而使装修工作更为顺利，也利于以后对室内的水电进行检查和维修。本章室内电路图和室内给排水图的设计和绘制方法，包括绘制室内电路图和绘制室内给排水图。

13.1 绘制室内电路图

室内电路图就是在建筑施工图基础上绘制的电路照明的分布图。在电路图中需要标出配电箱的位置、各配电线路的走向、干支线的编号及铺设方法以及形状、插座、照明器具的种类、型号、规格、安装方式和位置。本实例将对一个室内设计的电路图进行详细的讲解，包括绘制客餐厅电路图、绘制卧室电路图、绘制过道电路图、绘制其他位置电路图。打开本书配套光盘中的【室内电路图.dwg】文件，查看本实例的最终完成效果，如图13-1所示。

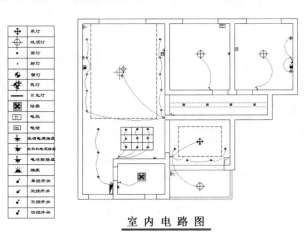

室 内 电 路 图

图13-1　室内电路图

练习176　绘制客餐厅电路图

STEP 01 打开【室内结构图.dwg】素材文件，下面将以该室内结构图为例，进行室内电路图的绘制，如图13-2所示。

STEP 02 使用【矩形（REC）】、【直线（L）】和【图案填充（H）】命令在进户门旁边绘制一个长为450、宽为150的配电箱，效果如图13-3所示。

STEP 03 执行【多段线（PL）】命令，在厨房的右下角位置绘制一条水平方向长为300、垂直方向长为400的多段线，

图13-2　打开室内结构图

如图 13-4 所示。

STEP 04 执行【直线（L）】命令，在多段线内绘制一条折线表示烟道，效果如图 13-5 所示。

图13-3　绘制配电箱　　　　　图13-4　绘制多段线　　　　　图13-5　绘制烟道

STEP 05 执行【直线（L）】命令，根据如图 13-6 所示的尺寸和效果，绘制客厅造型中的灯带线段，设置灯带的线型为【HIDDEN2】。

STEP 06 使用直线、偏移等命令，结合如图 13-7 所示的尺寸和效果，绘制餐厅上方的造型。

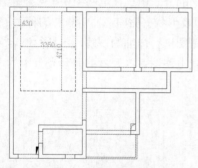 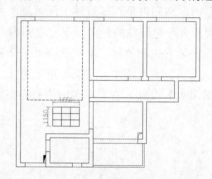

图13-6　绘制灯带线段　　　　　　　　　图13-7　绘制餐厅造型

STEP 07 打开【电路元件 .dwg】素材文件，然后使用【复制】和【粘贴】操作将其中的素材图块复制到正在绘制的室内电路图旁边，如图 13-8 所示。

STEP 08 使用【复制（CO）】命令，将素材表中的空调插座、电话插座、电视插座和普通插座等复制到客厅和餐厅中，效果如图 13-9 所示。

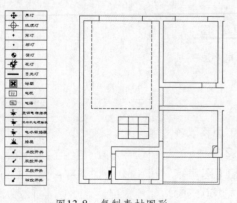 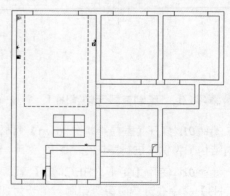

图13-8　复制素材图形　　　　　　　　　图13-9　复制电路元件

STEP 09 使用【复制（CO）】命令，将各个灯具图块复制到客厅和餐厅的天花板中，客厅中的射灯间距约为 1000，效果如图 13-10 所示。

STEP 10 使用【复制（CO）】命令将单控开关复制到配电箱旁边，将三控开关复制到餐厅和客厅之间的墙体位置，如图 13-11 所示。

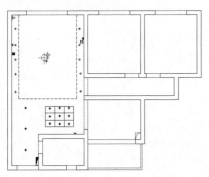

图13-10 添加客厅灯具图块

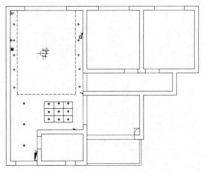

图13-11 添加开关图块

STEP 11 执行【圆弧（A）】命令，绘制一条弧线连接客厅中的花灯和三控开关图形，如图 13-12 所示。

STEP 12 使用【圆弧（A）】命令，绘制客厅和餐厅中各个灯具与开关之间的连线，效果如图 13-13 所示。

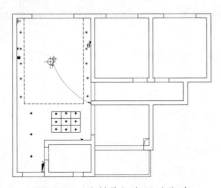

图13-12 绘制花灯和开关线路

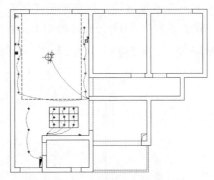

图13-13 绘制灯具和开关线路

练习177 绘制卧室电路图

STEP 01 使用【复制（CO）】命令将吸顶灯复制到卧室中，如图 13-14 所示，再将射灯复制到右方卧室靠墙体处，如图 13-15 所示。

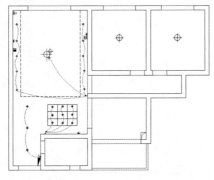

图13-14 添加卧室吸顶灯

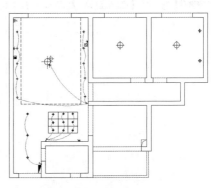

图13-15 添加卧室射灯

STEP 02 使用【复制（CO）】命令将三控开关和插座图块复制到卧室中，如图 13-16 所示。

STEP 03 执行【圆弧（A）】命令，绘制卧室中各个灯具与开关之间的连线，效果如图 13-17 所示。

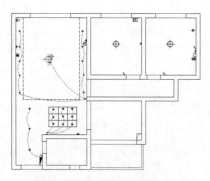

图13-16 添加开关插座图块

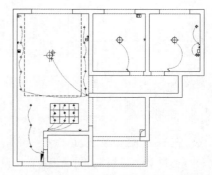

图13-17 绘制灯具和开关线路

练习178 绘制过道电路图

STEP 01 执行【多线（ML）】命令，设置多线比例为 200，通过捕捉过道中的垂直线段中点，绘制两条水平造型线段，然后使用【矩形（REC）】命令绘制 4 个长为 100 的正方形，各个正方形之间的距离约为 1100，效果如图 13-18 所示。

STEP 02 使用【复制（CO）】命令将射灯图块复制到过道的造型中，如图 13-19 所示。

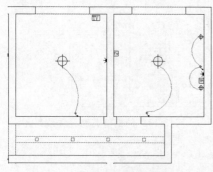

图13-18 绘制过道造型

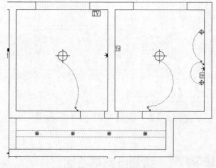

图13-19 绘制射灯图块

STEP 03 使用【复制（CO）】命令将单控开关图块复制到过道的墙体上，如图 13-20 所示。

STEP 04 执行【圆弧（A）】命令，绘制过道中各个灯具与开关之间的连线，效果如图 13-21 所示。

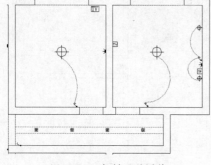

图13-20 复制开关图块

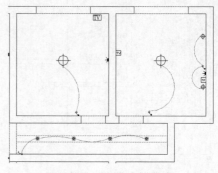

图13-21 绘制过道线路

练习179 绘制其他位置电路图

STEP 01 根据如图 13-22 所示的尺寸和效果，使用【矩形（REC）】命令绘制厨房的灯带线段，设置灯带的线型为【HIDDEN2】。

STEP 02 使用【复制（CO）】命令将开关、插座和灯具图块复制到各个房间对应的位置，效果如图 13-23 所示。

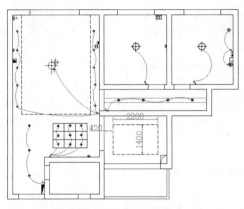

图13-22 绘制矩形造型

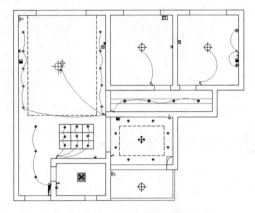

图13-23 复制电路元件图块

STEP 03 使用【圆弧（A）】命令绘制连接灯具和开关之间的线路，效果如图 13-24 所示。

STEP 04 使用【文字（T）】命令对图形进行文字标注，完成实例的制作，效果如图 13-25 所示。

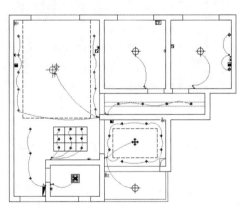

图13-24 绘制电路线

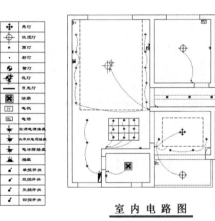

图13-25 实例效果

13.2 绘制室内给排水图

室内给排水图是在建筑施工图基础上绘制的室内给排水的分布图。由于在普通的家居装修中，给排水路线很简单，通常不需要绘制给排水图。但是在一些特殊场所（如酒店、澡堂等）的装修中，通常要求绘制给排水图。本实例将对某澡堂的给排水图的绘制进行详细的讲解，内容包括绘制室内给水图和绘制室内排水图。打开本书配套光盘中的【室内给排水图 .dwg】文件，可以查看本实例的最终完成效果，如图 13-26 所示。

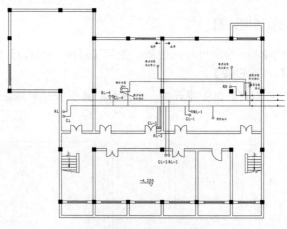

图13-26　室内给排水图

练习180　**绘制室内给水图**

STEP 01　打开配套光盘中的【给排水原始图 .dwg】素材文件，下面将以该平面图为例，进行室内给水图的绘制，如图 13-27 所示。

STEP 02　执行【多段线（PL）】命令，参照如图 13-28 所示的效果绘制 3 条进水线。

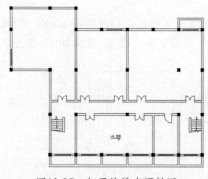

图13-27　打开给排水原始图

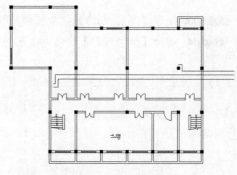

图13-28　绘制进水线

STEP 03　执行【圆（C）】命令，在第 1 条进水线的左端绘制一个半径为 100 的圆，效果如图 13-29 所示。

STEP 04　重复执行【圆（C）】命令，在另外两条进水线的左端各绘制一个半径为 100 的圆，效果如图 13-30 所示。

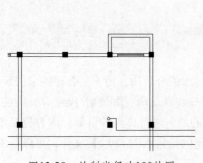

图13-29　绘制半径为100的圆

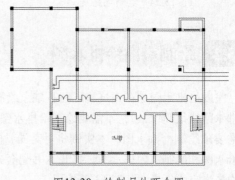

图13-30　绘制另外两个圆

STEP **05** 执行【文字（T）】命令，参照如图 13-31 所示的效果，创建文字内容 RH，设置文字的高度为 350。

STEP **06** 执行【文字（T）】命令，参照如图 13-32 所示的效果，创建文字内容 RL 和 GL，设置文字的高度为 350。

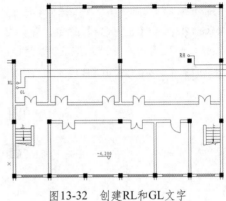

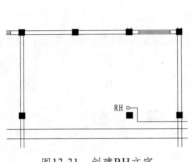

图13-31　创建RH文字　　　　　　　　　　图13-32　创建RL和GL文字

提示

在给排水图例中，GL 表示给水管；RL 表示热水给水管；RH 表示热水回水管。

STEP **07** 执行【圆（C）】命令，在上方的进水管中绘制一个半径为 50 的圆，如图 13-33 所示。

STEP **08** 执行【修剪（TR）】命令，以圆为边界，对上方的进水管线段进行修剪，如图 13-34 所示。

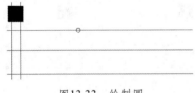

图13-33　绘制圆　　　　　　　　　　　图13-34　修剪线段

STEP **09** 执行【图案填充（H）】命令，在打开的【图案填充和渐变色】对话框中设置图案为 SOLID，如图 13-35 所示，然后对半径为 50 的圆进行填充，填充圆效果如图 13-36 所示。

图13-35　设置图案　　　　　　　　　　图13-36　填充圆

STEP ⑩ 执行【直线（L）】命令，参照如图 13-37 所示的效果，在圆上方绘制一条水平线和一条垂直线，以此图形作为截止阀。

STEP ⑪ 执行【复制（CO）】命令，参照如图 13-38 所示的效果，对截止阀图形进行复制。

STEP ⑫ 执行【圆（C）】命令，参照如图 13-39 所示的效果，在上方进水管线路的左方绘制一个半径为 50 的圆。

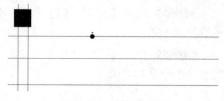

图13-37　绘制截止阀

STEP ⑬ 执行【修剪（TR）】命令，以圆为边界，对上方的进水管线段进行修剪，如图 13-40 所示。

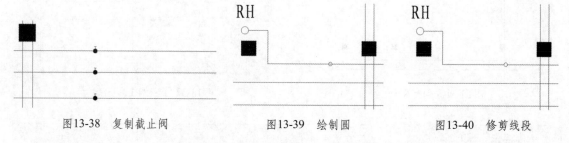

图13-38　复制截止阀　　　　　图13-39　绘制圆　　　　　图13-40　修剪线段

STEP ⑭ 执行【文字（T）】命令，参照如图 13-41 所示的效果，在圆内创建文字内容 L，设置文字的高度为 80，以此图形作为进水指示图。

STEP ⑮ 执行【复制（CO）】命令，参照如图 13-42 所示的效果，对进水指示图形进行复制。

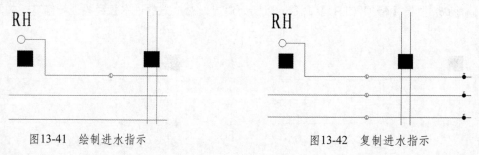

图13-41　绘制进水指示　　　　　　　　图13-42　复制进水指示

STEP ⑯ 参照如图 13-43 所示的效果，使用【直线（L）】和【圆（C）】命令绘制给水线路图。

STEP ⑰ 执行【文字（T）】命令，参照如图 13-44 所示的效果，创建文字内容【接男浴室供水】，设置文字高度为 200，对给水线路进行文字注释。

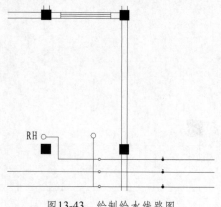

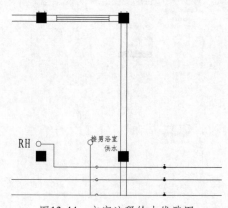

图13-43　绘制给水线路图　　　　　图13-44　文字注释给水线路图

STEP 18 参照如图 13-45 所示的效果，使用【直线（L）】、【圆（C）】和【文字（T）】命令绘制【接女浴室供水】给水线路图，并进行文字注释。

STEP 19 执行【直线（L）】命令，参照如图 13-46 所示的效果，绘制一个三角形和一条垂直线。

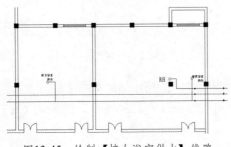

图13-45 绘制【接女浴室供水】线路

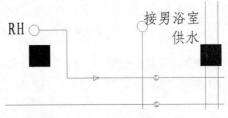

图13-46 绘制三角形和垂直线

STEP 20 执行【镜像（MI）】命令，以垂直线为镜像轴线，对三角形进行镜像复制，效果如图 13-47 所示。

STEP 21 执行【修剪（TR）】命令，以三角形为边界，对线段进行修剪，效果如图 13-48 所示，以此作为闸阀图形。

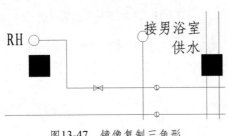

图13-47 镜像复制三角形

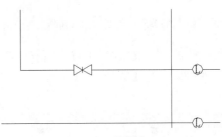

图13-48 修剪线段

STEP 22 使用【直线（L）】和【圆（C）】命令绘制如图 13-49 所示的给水线路图。

STEP 23 执行【文字（T）】命令，对给水线路图进行文字注释，效果如图 13-50 所示。

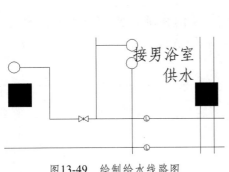

图13-49 绘制给水线路图

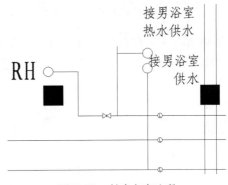

图13-50 创建文字注释

STEP 24 使用【直线（L）】和【圆（C）】命令绘制接女浴室热水供水的线路图，如图 13-51 所示。

STEP 25 使用【直线（L）】和【文字（T）】命令，对接女浴室热水供水的线路图进行文字注释，效果如图 13-52 所示。

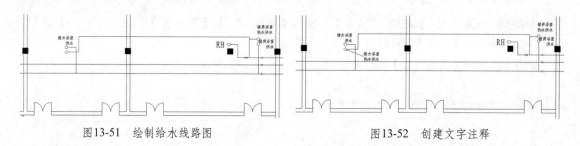

图13-51 绘制给水线路图   图13-52 创建文字注释

STEP 26 使用【直线（L）】和【圆（C）】命令绘制如图 13-53 所示的给水线路图。

STEP 27 使用【文字（T）】命令，对刚绘制的给水线路图进行文字注释，效果如图 13-54 所示。

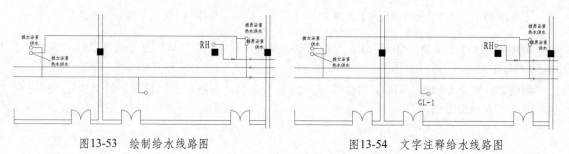

图13-53 绘制给水线路图   图13-54 文字注释给水线路图

STEP 28 使用【直线（L）】和【圆（C）】命令绘制如图 13-55 所示的热水给水线路图。

STEP 29 使用【文字（T）】命令，对刚绘制的给水线路图进行文字注释，效果如图 13-56 所示。

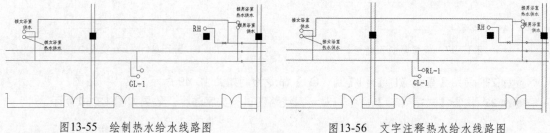

图13-55 绘制热水给水线路图   图13-56 文字注释热水给水线路图

STEP 30 使用【直线（L）】和【圆（C）】命令绘制如图 13-57 所示的厕所给水线路图。

STEP 31 使用【文字（T）】命令，对刚绘制的给水线路图进行文字注释，效果如图 13-58 所示。

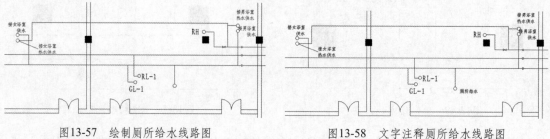

图13-57 绘制厕所给水线路图   图13-58 文字注释厕所给水线路图

STEP 32 使用【直线（L）】、【圆（C）】和【文字（T）】命令绘制其他的给水线路图，并添加文字注释，效果如图 13-59 所示。

STEP 33 使用【直线（L）】、【镜像（MI）】命令绘制如图 13-60 所示的闸阀图形。

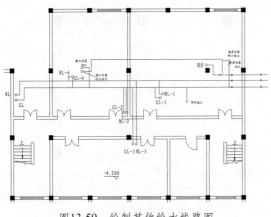

图13-59　绘制其他给水线路图

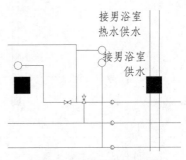

图13-60　绘制闸阀图形

STEP 34 执行【复制（CO）】命令，对闸阀图形进行复制，如图 13-61 所示。

STEP 35 使用【直线（L）】和【圆（C）】命令绘制如图 13-62 所示的热水回水管线路图。

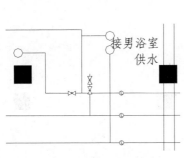

图13-61　复制闸阀图形

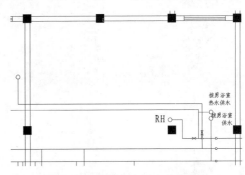

图13-62　绘制热水回水管线路图

STEP 36 使用【文字（T）】命令创建【接女浴室热水回水】文字注释，效果如图 13-63 所示。

STEP 37 使用【直线（L）】、【圆（C）】和【文字（T）】命令绘制接男浴室热水回水管线路图，并对线路进行文字注释，完成给水图的绘制，效果如图 13-64 所示。

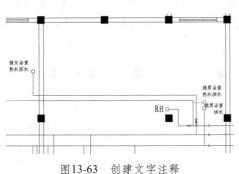

图13-63　创建文字注释

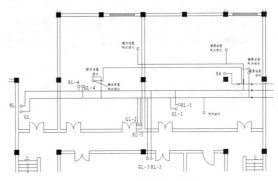

图13-64　给水图效果

练习181　绘制室内排水图

STEP 01 执行【圆（C）】命令，在如图 13-65 所示的右上角绘制一个半径为 90 的圆。

STEP 02 执行【直线（L）】命令，在圆的右方绘制一条直线，如图 13-66 所示。

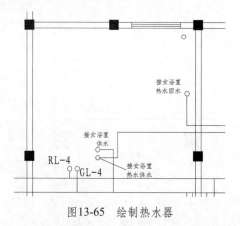

图13-65　绘制热水器

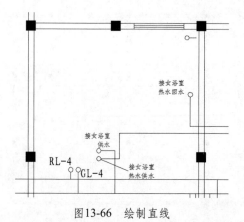

图13-66　绘制直线

STEP 03 执行【图案填充（H）】命令，在打开的【图案填充和渐变色】对话框中设置图案为
ANSI31，比例为 200，如图 13-67 所示，然后对绘制的圆进行填充，并以此作为地漏图形，如
图 13-68 所示。

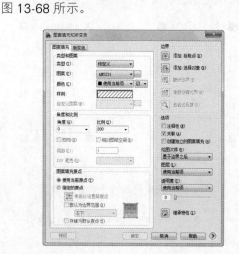

图13-67　设置填充图案

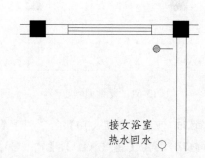

图13-68　填充地漏图形

STEP 04 执行【镜像（MI）】命令，选择地漏图形并对其进行镜像复制，效果如图 13-69 所示。

STEP 05 执行【文字（T）】命令，对地漏图形进行文字注释，如图 13-70 所示，完成本例的
制作。

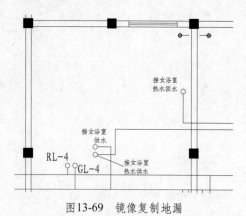

图13-69　镜像复制地漏

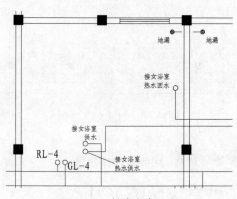

图13-70　创建文字注释

13.3　课后习题

打开光盘中的【家居原始图 .dwg】素材图形文件，如图 13-71 所示，参照【家居电路图 .dwg】图形文件，如图 13-72 所示，依次绘制室内的开关、插座、灯具和电路连接线图形。

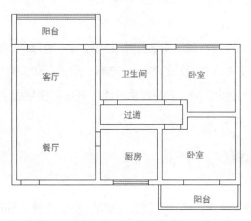

图13-71　家居原始图

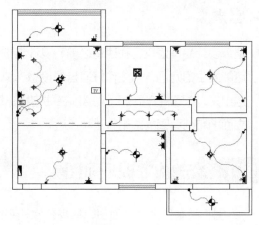

图13-72　家居电路图

第 14 章　住宅楼建筑设计

内容提要

➢ 建筑设计是指建筑物在建造之前，设计者按照建设任务，把施工过程和使用过程中所存在的或可能发生的问题，事先作好通盘的设想，拟定好解决这些问题的办法、方案，用图纸和文件表达出来。本章将介绍 AutoCAD 在住宅楼建筑设计中的应用，主要包括讲述绘制住宅楼平面图、立面图和剖面图的绘制方法和流程。

14.1　绘制住宅楼平面图

本例将绘制住宅楼平面图，展现住宅楼平面的整体布局，包括门窗、楼梯、文字注释、标注和轴号等。打开本书配套光盘中的【住宅楼建筑设计.dwg】文件，可以查看该文件中住宅楼平面图的完成效果，如图 14-1 所示。

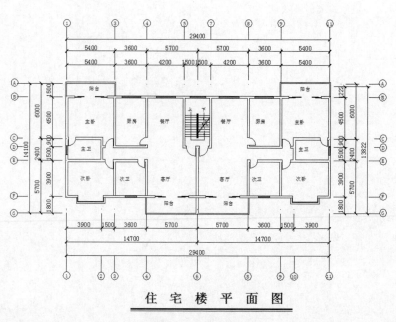

图14-1　住宅楼平面图

练习182　设置绘图环境

STEP 01 选择【格式→单位】命令，打开【图形单位】对话框，设置插入图形的单位为毫米，精度为 0，其他选项设置成默认值，如图 14-2 所示。

STEP 02 选择【工具→绘图设置】命令，打开【草图设置】对话框，选择【对象捕捉】选项卡，根据如图 14-3 所示的效果设置对象捕捉选项，完成后单击【确定】按钮。

图14-2　设置图形单位

图14-3　设置对象捕捉

STEP 03 执行【图层（LA）】命令，在打开的【图层特性管理器】对话框中依次创建【轴线】、【墙线】、【门窗】和【标注】等图层，并设置各个图层的参数，然后将【轴线】图层设置为当前层，如图 14-4 所示。

STEP 04 选择【格式→线型】命令，打开【线型管理器】对话框，在该对话框中将【全局比例因子】设置为 50，如图 14-5 所示。

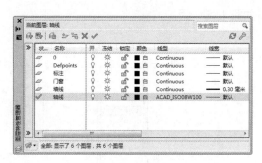

图14-4　创建图层

图14-5　设置比例因子

![练习183] **绘制住宅楼墙体**

STEP 01 执行【直线（L）】命令，绘制一条长为 40000 的水平线段和一条长为 25000 的垂直线段，如图 14-6 所示。

STEP 02 执行【偏移（O）】命令，将垂直轴线向右方依次偏移 3900、1500、3600、4200、1500；将水平轴线向上依次偏移 1800、3900、1500、900、4500、1500，如图 14-7 所示。

图14-6　绘制轴线

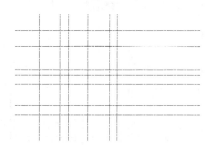

图14-7　偏移轴线

STEP 03 锁定【轴线】图层，然后将【墙线】图层设置为当前层。

STEP 04 执行【多线（ML）】命令，设置比例为 240，对正方式为【无】，通过捕捉轴线的端点绘制墙体线，如图 14-8 所示。

STEP 05 使用同样的操作，在图形左上方和右下方分别绘制比例值为 120 的多线，作为阳台的墙体线，效果如图 14-9 所示。

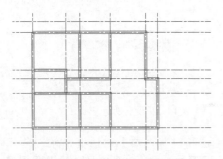

图14-8　绘制比例为240的多线

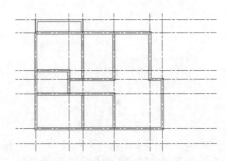

图14-9　绘制比例为120的多线

STEP 06 关闭【轴线】图层，隐藏其中的轴线图形。

STEP 07 选择【修改→对象→多线】命令，打开【多线编辑工具】对话框，然后单击【T形打开】选项，如图 14-10 所示。

STEP 08 选择如图 14-11 所示的多线作为编辑的第 1 条多线。

图14-10　单击选项

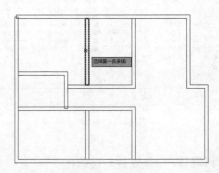

图14-11　选择多线

STEP 09 选择如图 14-12 所示的多线作为编辑的第 2 条多线，T 形打开后的多线效果如图 14-13 所示。

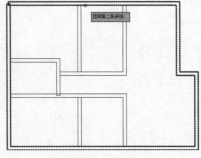

图14-12　选择多线

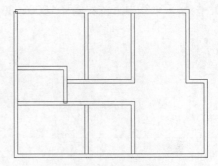

图14-13　T形打开多线

STEP 10 使用同样的方法打开其他的多线接头，效果如图 14-14 所示。

STEP 11 执行【分解（X）】命令将所有的多线分解。

STEP 12 执行【删除（E）】命令将多线左上角的多余线段删除，效果如图14-15所示。

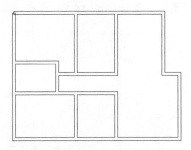

图14-14 T形打开其他多线

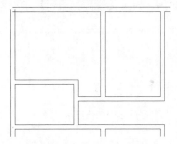

图14-15 删除多余线段

STEP 13 执行【圆角（F）】命令，设置圆角半径为0，对左上角的两条墙线进行圆角，连接分开的线段，效果如图14-16所示。

STEP 14 对另外两条墙线进行圆角。

STEP 15 将【标注】图层设置为当前层，使用【文字（T）】命令，对室内功能区域进行文字注释，效果如图14-17所示。

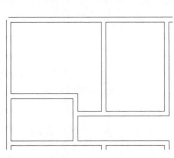

图14-16 圆角效果

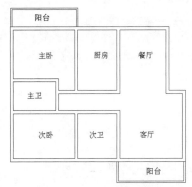

图14-17 创建文字注释

练习184 创建住宅楼门洞

STEP 01 为了方便查看图形效果，这里将【标注】图层隐藏，然后将【门窗】图层设置为当前层。

STEP 02 执行【偏移（O）】命令，设置偏移的距离为440，选择客厅房间右方的线段，如图14-18所示，然后将其向左方偏移，效果如图14-19所示。

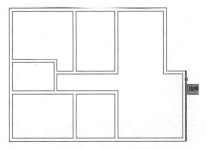

图14-18 选择偏移线段

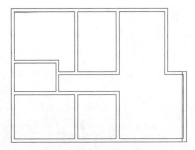

图14-19 偏移效果

STEP 03 重复执行【偏移（O）】命令，将刚才偏移得到的线段向左偏移1000，效果如图14-20 所示。

STEP 04 使用【修剪（TR）】命令对线段进行修剪，修剪后的效果如图14-21 所示。

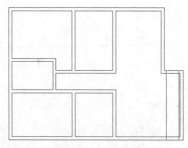

图14-20　偏移线段

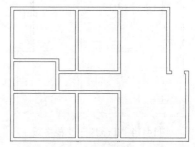

图14-21　线段修剪效果

STEP 05 使用同样的方法，在主卧室和次卧室房间中创建相应的门洞，门洞的宽度为900，效果如图14-22 所示。

STEP 06 在厨房、主卫生间和次卫生间中创建相应的门洞，门洞的宽度为800，效果如图 14-23 所示。

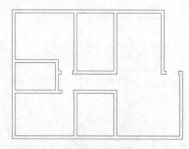

图14-22　创建宽度为900的门洞

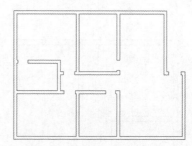

图14-23　创建宽度为800的门洞

STEP 07 使用【直线（L）】、【偏移（O）】和【修剪（TR）】命令在客厅下方创建推拉门的门洞，其宽度为3400，如图14-24 所示。

STEP 08 使用【直线（L）】、【偏移（O）】和【修剪（TR）】命令在主卧室上方创建推拉门的门洞，其宽度为3200，如图14-25 所示。

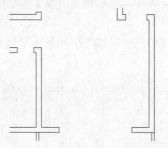

图14-24　创建客厅推拉门的门洞

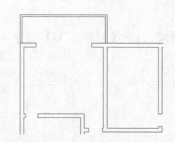

图14-25　创建主卧室推拉门的门洞

> **提示**
> 由于室内设计中的门洞是加了基层和门套的，而建筑设计图中的门洞是原始的，因此，建筑设计图中的门洞尺寸通常比室内设计中的宽100毫米。

练习185 绘制住宅楼平开门

STEP**01** 执行【直线（L）】命令，在进门的墙洞线段中点处指定线段的第一点，然后向下绘制一条长为 1000 的线段，如图 14-26 所示。

STEP**02** 执行【圆弧（A）】命令，绘制圆弧表示开门路径，如图 14-27 所示。

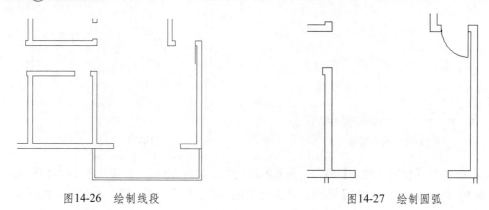

图14-26　绘制线段　　　　　　　　　　　图14-27　绘制圆弧

STEP**03** 使用同样的方法绘制主卧室的门图形，该门的宽度为 900，如图 14-28 所示。

STEP**04** 执行【镜像（MI）】命令，选择主卧室的门图形并确定，然后将其镜像复制到次卧室门洞中，如图 14-29 所示。

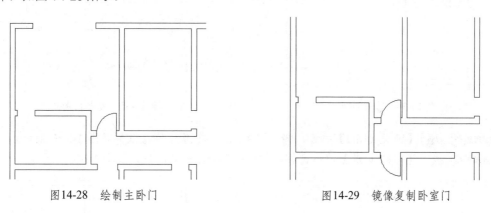

图14-28　绘制主卧门　　　　　　　　　　图14-29　镜像复制卧室门

STEP**05** 使用前面的方法绘制一个厨房的门图形，该门的宽度为 800，如图 14-30 所示。

STEP**06** 执行【块（B）】命令，打开【块】对话框，在【名称】栏输入块的名称，然后单击【选择对象】按钮，如图 14-31 所示。

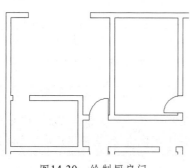

图14-30　绘制厨房门

图14-31　设置块名称

STEP 07 选择创建的厨房门图形并确定，返回对话框中单击【拾取点】按钮，然后在如图 14-32 所示的端点处指定图块的基点并确定，完成厨房门图块的创建。

STEP 08 使用【复制（CO）】命令，将创建的门图块复制到次卫生间中，如图 14-33 所示。

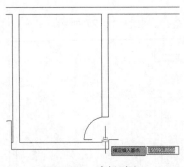

图14-32　选择对象

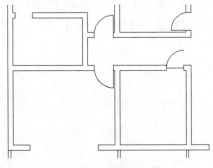

图14-33　复制门图块

STEP 09 执行【旋转（RO）】命令，将复制的门图块旋转 90 度，效果如图 14-34 所示。

STEP 10 使用【复制（CO）】命令，将卫生间的门复制到主卫生间中，如图 14-35 所示。

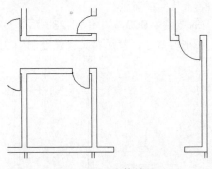

图14-34　旋转效果

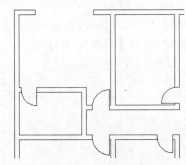

图14-35　复制门图块

STEP 11 执行【镜像（MI）】命令，将主卫生间的门镜像一次，效果如图 14-36 所示。

STEP 12 执行【移动（M）】命令，将镜像后的门向左移动，效果如图 14-37 所示。

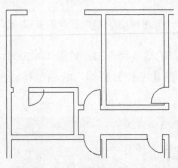

图14-36　镜像门图块

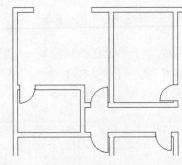

图14-37　移动主卫门

> **提示**
> 建筑设计图中的平开门与室内设计图中的平开门有些区别，前者可以只表示该处是安装门的位置，可以不存在门的实体，后者是确实存在平开门这个实体的，因此常用矩形表示其厚度。

练习186 绘制住宅楼推拉门

STEP 01 执行【矩形（REC）】命令，在客厅的推拉门的门洞中绘制一个长为800、宽为40的矩形，如图14-38所示。

STEP 02 执行【复制（CO）】命令，将创建的矩形复制一次，如图14-39所示。

STEP 03 执行【镜像（MI）】命令，对创建的两个矩形进行镜像复制，创建客厅的推拉门，效果如图14-40所示。

STEP 04 使用同样的方法，在主卧室的阳台处绘制推拉门，单扇门的长度为700，如图14-41所示。

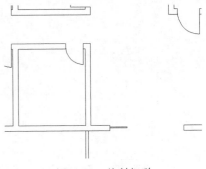

图14-38 绘制矩形

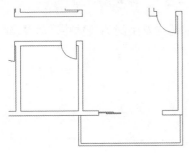

图14-39 复制矩形

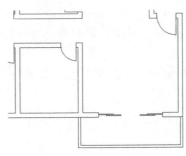

图14-40 创建客厅推拉门

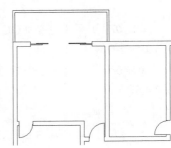

图14-41 创建卧室推拉门

练习187 绘制住宅楼窗户

STEP 01 执行【矩形（REC）】命令，在绘图区中绘制一个长为1000、宽为240的矩形，效果如图14-42所示。

STEP 02 执行【分解（X）】命令对绘制的矩形进行分解。

STEP 03 执行【偏移（O）】命令将左右两条线段向中间偏移80，效果如图14-43所示。

STEP 04 执行【移动（M）】命令，将创建好的窗户移到主卫的墙体中，如图14-44所示。

STEP 05 执行【复制（CO）】命令，将窗户复制到厨房上方的墙体处，如图14-45所示。

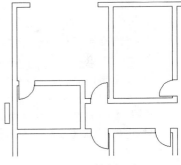

图14-42 创建矩形

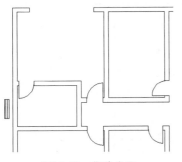

图14-43 偏移线段

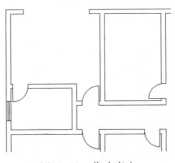

图14-44 移动窗户

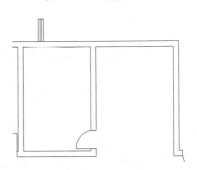

图14-45 复制窗户

STEP **06** 执行【旋转（RO）】命令，选择复制的窗户图形，在如图 14-46 所示的位置指定旋转的基点，设置旋转角度为 -90 度，旋转后的效果如图 14-47 所示。

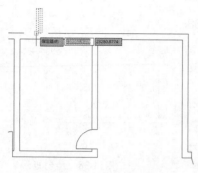

图14-46　指定基点

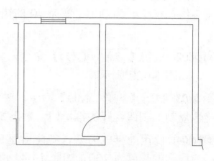

图14-47　旋转效果

STEP **07** 执行【复制（CO）】命令将旋转后的窗户图形复制到次卫生间的墙体中，效果如图 14-48 所示。

STEP **08** 执行【拉伸（S）】命令，使用交叉选择方式选择厨房窗户右方图形并确定，如图 14-49 所示。

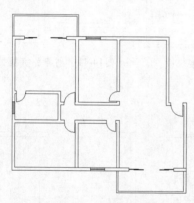

图14-48　复制窗户图形

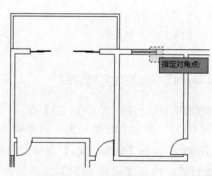

图14-49　选择窗户图形

STEP **09** 在任意位置指定拉伸的基点，然后将选择对象向右拉伸 800，效果如图 14-50 所示。

STEP **10** 使用【复制（CO）】命令将厨房中的窗户图形复制到餐厅的墙体中，效果如图 14-51 所示。

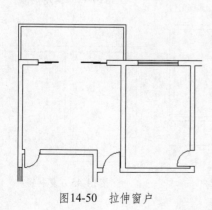

图14-50　拉伸窗户

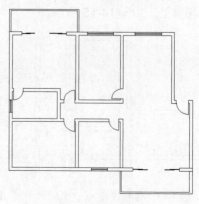

图14-51　复制窗户

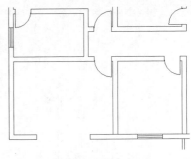

STEP 11 使用【直线（L）】、【偏移（TR）】和【修剪（TR）】命令，在次卧室下方墙体处创建一个长度为 2400 的窗洞，如图 14-52 所示。

STEP 12 执行【多段线（PL）】命令，通过捕捉窗洞的端点，绘制一条多段线，其中每条线段的长度分别为 450、2400、450，效果如图 14-53 所示。

STEP 13 执行【偏移（O）】命令，将多段线向外偏移 40，如图 14-54 所示。

图14-52　创建窗洞

STEP 14 重复执行【偏移（O）】命令，将偏移得到的多段线向外偏移 160，创建出飘窗图形，效果如图 14-55 所示。

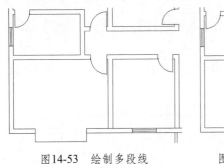

图14-53　绘制多段线 　　　　　　图14-54　向外偏移多段线 　　　　　　图14-55　创建飘窗

练习188　创建楼梯图形

STEP 01 打开【轴线】和【标注】图层，并将【轴线】图层解锁。

STEP 02 执行【镜像（MI）】命令，选择创建的图形对象，然后以右方的轴线为镜像轴，对图形进行镜像复制，得到如图 14-56 所示的效果。

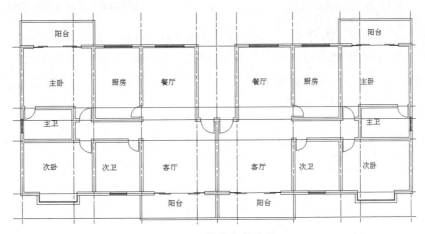

图14-56　镜像复制效果

STEP 03 关闭【轴线】和【标注】图层，可以看到图形的中间处有多余的线条，如图 14-57 所示。

STEP 04 使用【修剪（TR）】命令将图形进行修剪，并将多余的线段删除，效果如图 14-58 所示。

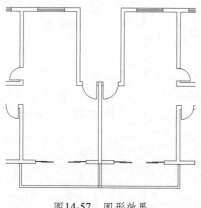

图14-57 图形效果

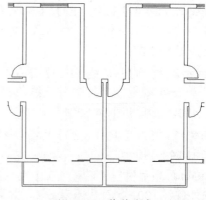

图14-58 修剪线条

STEP 05 执行【合并（JOIN）】命令，将图形最上方的两条墙线合并为一条线段，如图 14-59 所示，

STEP 06 重复执行【合并（JOIN）】命令，将上方另外两条墙线合并为一条线段，如图 14-60 所示。

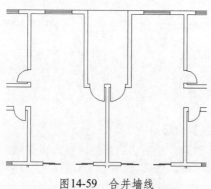

图14-59 合并墙线

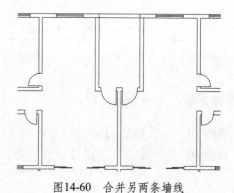

图14-60 合并另两条墙线

STEP 07 执行【修剪（TR）】命令，将合并后的线条进行修剪，如图 14-61 所示。

STEP 08 执行【复制（CO）】命令，将餐厅窗户图形复制到楼梯间，如图 14-62 所示。

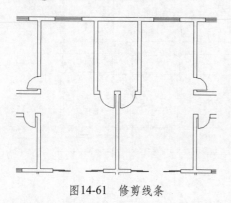

图14-61 修剪线条

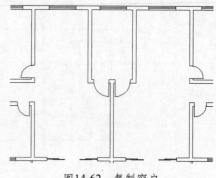

图14-62 复制窗户

STEP 09 执行【直线（L）】命令，在楼梯间绘制一条直线表示楼梯踏步，如图 14-63 所示。

STEP 10 选择【修改→阵列→矩形阵列】命令，选择绘制的线段作为阵列的对象，设置阵列的行数为 10，阵列的间距为 260，阵列效果如图 14-64 所示。

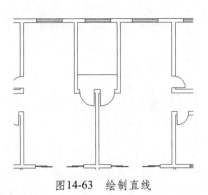

图14-63　绘制直线

图14-64　阵列直线

STEP⑪ 执行【矩形（REC）】命令，然后绘制一个长为 180、宽为 2660 的矩形，如图 14-65 所示。

STEP⑫ 执行【偏移（O）】命令，设置偏移距离为 60，将绘制的矩形向内偏移一次，效果如图 14-66 所示。

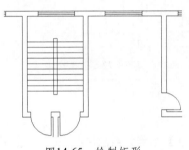

图14-65　绘制矩形

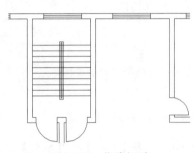

图14-66　偏移矩形

STEP⑬ 执行【分解（X）】命令将阵列图形分解。

STEP⑭ 执行【修剪（TR）】命令对楼梯踏步线条进行修剪，效果如图 14-67 所示。

STEP⑮ 执行【直线（L）】命令绘制一条倾斜线，如图 14-68 所示。

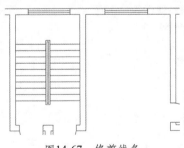

图14-67　修剪线条

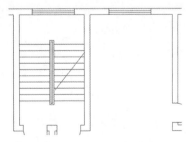

图14-68　绘制一条斜线

STEP⑯ 执行【偏移（O）】命令，将斜线向左上方进行偏移，其偏移距离为 80，如图 14-69 所示。

STEP⑰ 执行【直线（L）】命令，绘制一条折线效果，如图 14-70 所示。

STEP⑱ 执行【多段线（PL）】命令，参照如图 14-71 所示的效果，在楼梯间绘制两条带箭头的多段线，表示楼梯的走向。

STEP⑲ 执行【单行文字（DT）】命令，设置文字高度为 350，然后对楼梯走向进行文字注释，效果如图 14-72 所示。

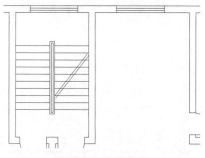

图14-69 偏移线条

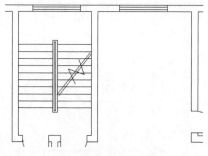

图14-70 绘制折线

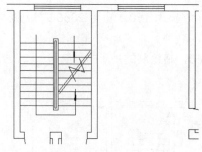

图14-71 绘制楼梯箭头

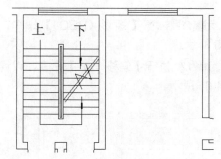

图14-72 创建文字

练习189 设置标注样式

STEP 01 打开【标注】和【轴线】图层，并设置【标注】图层为当前层。

STEP 02 执行【标注样式（D）】命令，打开【标注样式管理器】对话框，单击【新建】按钮，如图14-73所示。

STEP 03 在打开的【创建新标注样式】对话框中输入新样式名【建筑】，然后单击【继续】按钮，如图14-74所示。

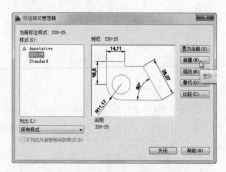

图14-73 标注样式管理器

图14-74 创建新标注样式

STEP 04 打开【新建标注样式】对话框，在【线】选项卡中设置超出尺寸线的值为300，起点偏移量的值为500，如图14-75所示。

STEP 05 选择【箭头和符号】选项卡，设置箭头为【建筑标记】，箭头大小为300，如图14-76所示。

STEP 06 选择【文字】选项卡，设置文字高度为500，文字的垂直对齐方式为【上方】，【从尺寸线偏移】的值为150，如图14-77所示。

图14-75　设置参数

图14-76　【箭头和符号】选项卡

STEP 07 选择【主单位】选项卡，设置【精度】值为 0，如图 14-78 所示。然后单击【确定】按钮，并关闭【标注样式管理器】对话框。

图14-77　设置各项参数

图14-78　设置【精度】值

练习190 **标注住宅楼尺寸**

STEP 01 执行【线性（DLI）】命令，在图形左上方进行线性标注。

STEP 02 执行【连续（DCO）】命令，对上方尺寸进行连续标注，如图 14-79 所示。

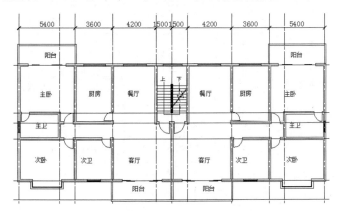

图14-79　连续标注

STEP 03 使用【线性（DLI）】和【连续（DCO）】命令，对住宅楼平面进行第二道尺寸标注，如图 14-80 所示。

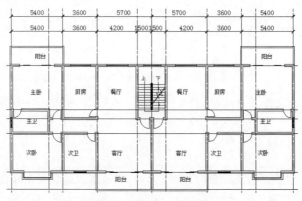

图14-80　创建第二道标注

STEP **04** 使用【线性（DLI）】命令对住宅楼平面进行总尺寸标注，如图14-81所示。

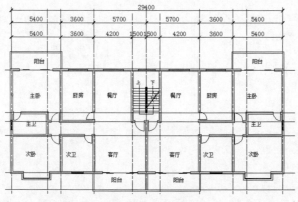

图14-81　总尺寸标注

STEP **05** 使用同样的方法，对住宅楼平面图标注其他尺寸，然后关闭【轴线】图层，效果如图14-82所示。

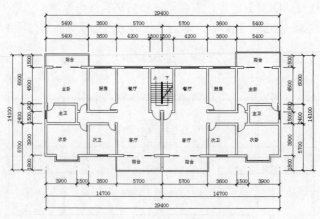

图14-82　完成尺寸标注

STEP **06** 使用【直线（L）】命令在上方尺寸标注界线上绘制一条线段。

STEP **07** 使用【圆（C）】命令在直线上方绘制一个半径为400的圆。

STEP **08** 执行【文字（T）】命令，在圆内创建轴号文字【1】，效果如图14-83所示。

STEP 09 使用【复制（CO）】命令将创建的轴号复制到下一个主轴线上，然后将轴号数值改为 3，效果如图 14-84 所示。

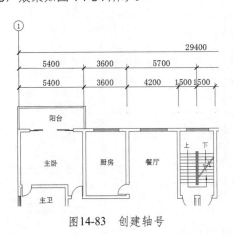

图14-83　创建轴号

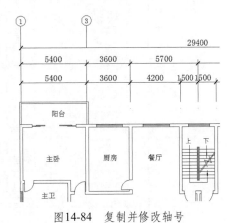

图14-84　复制并修改轴号

STEP 10 使用同样的方法，创建其他的轴号，然后对住宅楼平面图进行文字注释，完成住宅楼平面图的绘制，效果如图 14-85 所示。

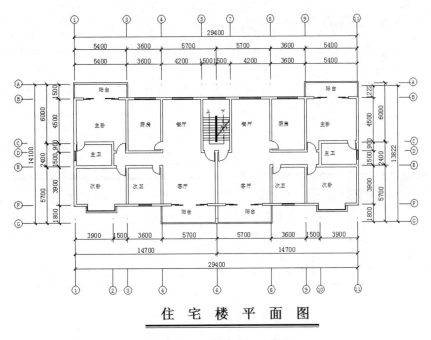

图14-85　住宅楼平面图效果

14.2　绘制住宅楼立面图

住宅楼立面图通常包括南立面图、北立面图、东立面图、西立面图 4 个立面图，本例将绘制住宅楼其中的一个立面，内容包括绘制立面框架、绘制窗户立面图、绘制阳台立面图、绘制正立面墙、绘制屋顶立面图、标注立面图等。请打开本书配套光盘中的【住宅楼建筑设计 .dwg】文件，查看该文件中住宅楼立面图的完成效果，如图 14-86 所示。

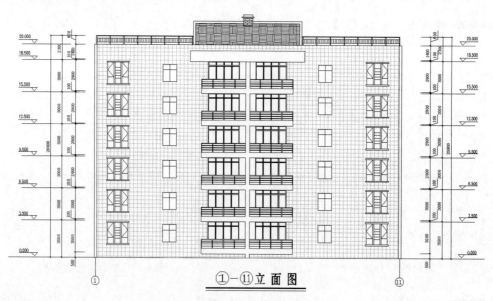

①-⑪立面图

图14-86　绘制住宅楼立面图

练习191　绘制立面框架

STEP 01 执行【复制（CO）】命令，将前面绘制的住宅楼平面图复制一次，并删除标注内容。

STEP 02 将【墙线】图层设置为当前层。

STEP 03 执行【直线（L）】命令，通过住宅楼平面图墙体的端点，绘制6条直线作为立面图的墙体，效果如图14-87所示。

STEP 04 执行【直线（L）】命令，绘制一条水平直线，如图14-88所示。

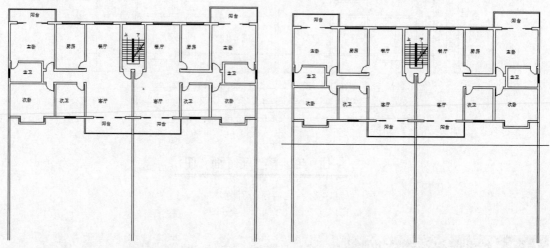

图14-87　绘制立面图墙体   图14-88　绘制一条水平直线

STEP 05 执行【偏移（O）】命令，设置偏移距离为20000，将绘制的水平直线向下偏移一次，效果如图14-89所示。

STEP 06 执行【修剪（TR）】命令，对创建的直线进行修剪，创建立面图墙体框架，如图14-90所示。

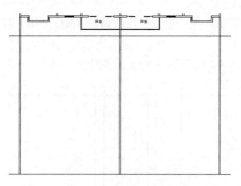

图14-89 偏移水平直线

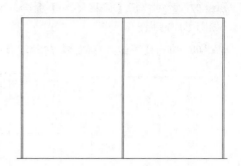

图14-90 修剪图形

练习192 绘制窗户立面图

STEP 01 执行【直线（L）】命令，参照住宅楼平面图的飘窗图形，绘制一条垂直直线作为辅助线，如图14-91所示。

STEP 02 执行【偏移（O）】命令，将下方地平线向上偏移1200，如图14-92所示。

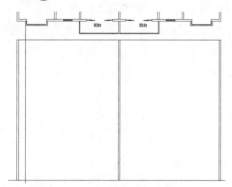

图14-91 绘制辅助线

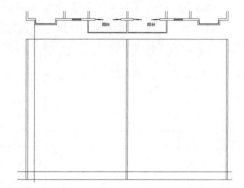

图14-92 偏移地平线

STEP 03 执行【矩形（REC）】命令，以辅助线与偏移地平线的交点为矩形的第一个角点，绘制一个长和宽均为2200的正方形作为窗户立面轮廓，如图14-93所示。

STEP 04 执行【分解（X）】命令，将矩形分解。

STEP 05 执行【删除（E）】命令，将辅助线和偏移地平线删除，如图14-94所示。

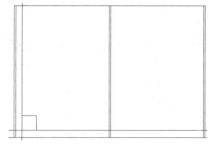

图14-93 绘制矩形

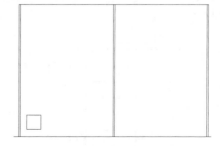

图14-94 删除辅助线和偏移地平线

STEP 06 执行【偏移（O）】命令，将矩形左方垂直线段向右依次偏移100、600、120，如图14-95所示。

STEP **07** 重复执行【偏移（O）】命令，将矩形下方水平线段向上依次偏移 100、600、700、700，如图 14-96 所示。

STEP **08** 执行【多段线（PL）】命令，参照如图 14-97 所示的效果绘制多段线。

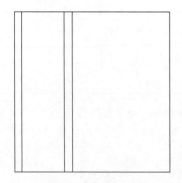
图14-95 偏移垂直线段

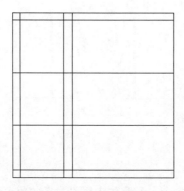
图14-96 偏移水平线段

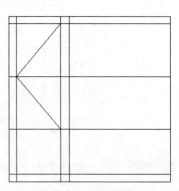
图14-97 绘制多段线

STEP **09** 执行【修剪（TR）】命令，参照如图 14-95 所示的效果修剪图形。

STEP **10** 执行【删除（E）】命令，将中间的水平辅助线删除，效果如图 14-99 所示。

STEP **11** 执行【镜像（MI）】命令，以窗户的水平中点为镜像轴，对左方的图形进行镜像复制，效果如图 14-100 所示。

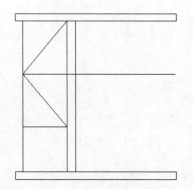
图14-98 修剪图形

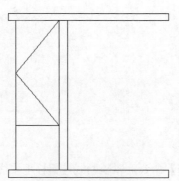
图14-99 删除辅助线

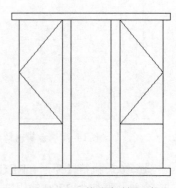
图14-100 镜像复制图形

STEP **12** 执行【直线（L）】命令，在镜像图形中间绘制多条水平线段，如图 14-101 所示。

STEP **13** 执行【直线（L）】命令，通过捕捉平面图中次卫窗户的端点、中点绘制三条辅助线，如图 14-102 所示。

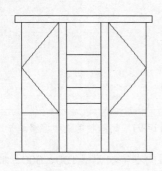
图14-101 绘制水平线段

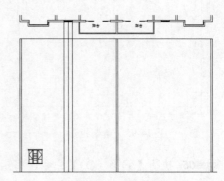
图14-102 绘制辅助线

STEP**14** 执行【偏移（O）】命令，将下方的水平线段向上偏移 3 次，偏移距离依次为 1500、1100、500，如图 14-103 所示。

STEP**15** 执行【修剪（TR）】命令，对图形进行修剪，创建次卫窗户立面图形，如图 14-104 所示。

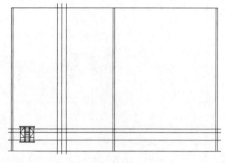

图14-103 偏移水平直线

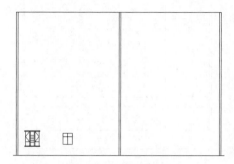

图14-104 修剪图形

练习193 绘制阳台立面图

STEP**01** 执行【直线（L）】命令，通过捕捉平面图中阳台的端点绘制一条辅助线，如图 14-105 所示。

STEP**02** 执行【偏移（O）】命令，将下方的水平线段向上偏移 3 次，偏移距离依次为 500、500、2500，如图 14-106 所示。

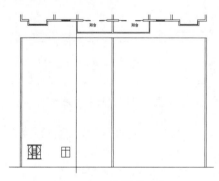

图14-105 绘制辅助线

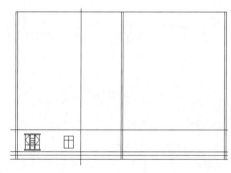

图14-106 偏移水平直线

STEP**03** 执行【修剪（TR）】命令，对图形进行修剪，效果如图 14-107 所示。

STEP**04** 执行【偏移（O）】命令，将左方的垂直线段向右偏移两次，偏移距离依次为 50、1000，如图 14-108 所示。

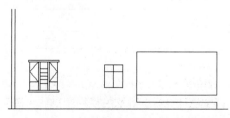

图14-107 修剪图形

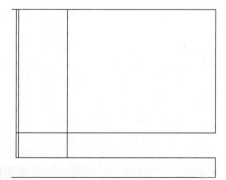

图14-108 偏移垂直线段

STEP 05 执行【偏移（O）】命令，将下方第 3 条水平线段向上偏移两次，偏移距离依次为 200、30，如图 14-109 所示。

STEP 06 执行【修剪（TR）】命令，对偏移线段进行修剪，效果如图 14-110 所示。

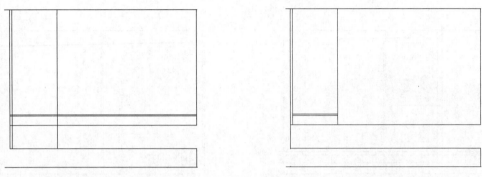

图14-109　偏移水平线段　　　　　　　　　　　图14-110　修剪线段

STEP 07 选择【修改→阵列→矩形阵列】命令，然后选择如图 14-111 所示的两条线段作为阵列的对象，设置阵列的列数为 1、行数为 3，行间距为 200，效果如图 14-112 所示。

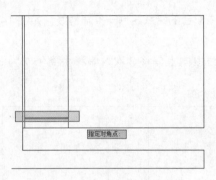

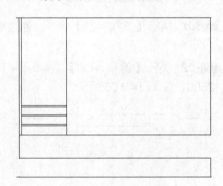

图14-111　选择阵列对象　　　　　　　　　　　图14-112　阵列效果

STEP 08 执行【偏移（O）】命令，将下方第 3 条水平线段向上偏移两次，偏移距离依次为 800、60，如图 14-113 所示。

STEP 09 执行【修剪（TR）】命令，对图形进行修剪，效果如图 14-114 所示。

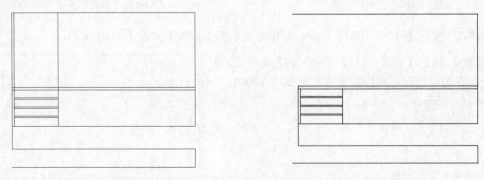

图14-113　偏移线段　　　　　　　　　　　　　图14-114　修剪线段

STEP 10 选择【修改→阵列→矩形阵列】命令，选择如图 14-115 所示的栏杆图形作为阵列的对象，设置阵列的列数为 4，行数为 1，列间距为 1050，效果如图 14-116 所示。

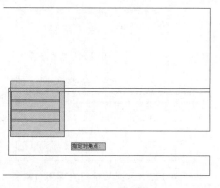

图14-115 选择阵列对象

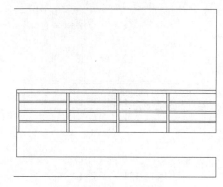

图14-116 阵列栏杆

STEP 11 执行【偏移（O）】命令，选择右方的线段，然后将其向左偏移4次，偏移距离为590、50、640、50，效果如图14-117所示。

STEP 12 执行【修剪（TR）】命令，对偏移线段进行修剪，效果如图14-118所示。

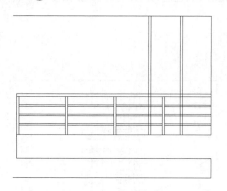

图14-117 偏移线段

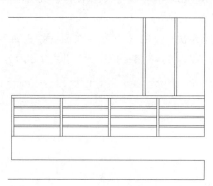

图14-118 修剪线段

STEP 13 执行【偏移（O）】命令，选择栏杆上方的线段，如图14-119所示，然后将其向上偏移4次，偏移距离依次为1190、50、50、300，效果如图14-120所示。

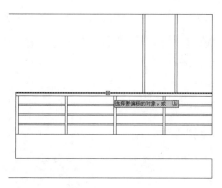

图14-119 选择线段

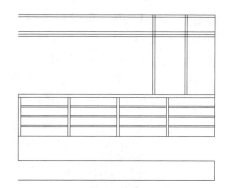

图14-120 偏移线段

STEP 14 执行【修剪（TR）】命令，对偏移线段进行修剪，创建推拉门立面图，效果如图14-121所示。

STEP 15 选择【修改→阵列→矩形阵列】命令，选择推拉门立面图作为阵列的对象，设置阵列的列数为4，行数为1，列间距为740，效果如图14-122所示。

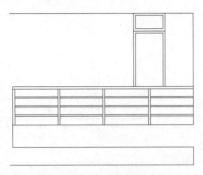

图14-121　修剪线段

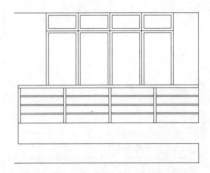

图14-122　阵列推拉门立面图效果

练习194　绘制正立面墙

STEP 01 执行【创建块（B）】命令，将创建的门窗和阳台立面图创建为块对象。

STEP 02 执行【镜像（MI）】命令，对创建的门窗和阳台立面图块进行镜像复制，效果如图14-123所示。

STEP 03 选择【修改→阵列→矩形阵列】命令，选择一楼立面图形作为阵列的对象，设置阵列的列数为1，行数为6，行间距为3000，效果如图14-124所示。

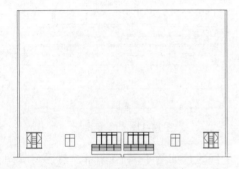

图14-123　镜像复制图形

图14-124　阵列一楼立面

STEP 04 执行【矩形（REC）】命令，在6楼上方绘制一个长为11000、宽为1000的矩形，如图14-125所示。

STEP 05 执行【图案填充（H）】命令，打开【图案填充和渐变色】对话框，设置图案为NET，比例为3000，如图14-126所示。

图14-125　绘制矩形

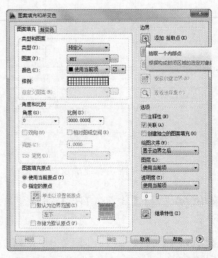

图14-126　设置图案参数

STEP 06 对立面图墙面进行填充，然后将填充图案的颜色修改为浅灰色（索引颜色为9），如图 14-127 所示，图案填充效果如图 14-128 所示。

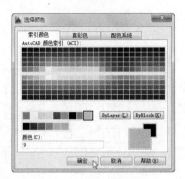

图14-127　设置图案颜色

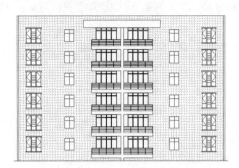

图14-128　图案填充效果

练习195 绘制屋顶立面

STEP 01 执行【矩形（REC）】命令，在立面图上方创建一个长为 10000、宽为 2000 的矩形，如图 14-129 所示。

STEP 02 执行【移动（M）】命令，选择矩形作为移动的对象，然后通过捕捉矩形和立面图上方的中点，将矩形移动到立面图上方中点位置，如图 14-130 所示。

图14-129　绘制矩形

图14-130　移动矩形

STEP 03 执行【分解（X）】命令，选择矩形并将其分解。

STEP 04 使用【偏移（O）】命令将矩形两边和上方的线段向外偏移 200，如图 14-131 所示。

STEP 05 执行【圆角（F）】命令，设置圆角半径为 0，对偏移线段进行圆角，连接偏移后的线段，如图 14-132 示。

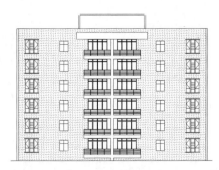

图14-131　偏移矩形

图14-132　圆角偏移线段

STEP 06 执行【图案填充（H）】命令，打开【图案填充和渐变色】对话框，选择【AR-PARQ1】图案，设置图案比例为100，如图14-133所示。

STEP 07 在上方矩形内指定填充的区域，填充效果如图14-134所示。

图14-133 设置图案参数

图14-134 填充效果

STEP 08 参照如图14-135所示的尺寸和效果，使用【直线（L）】、【偏移（O）】和【修剪（TR）】命令绘制楼顶栏杆图形。

STEP 09 选择【修改→阵列→矩形阵列】命令，选择栏杆图形作为阵列的对象，设置阵列的列数为7，行数为1，列间距为1330，阵列效果如图14-136所示。

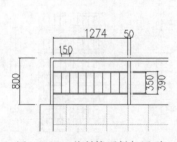

图14-135 绘制楼顶栏杆图形

图14-136 阵列栏杆图形

STEP 10 执行【镜像（MI）】命令，将阵列的栏杆图形镜像复制到楼顶右方，如图14-137所示。

STEP 11 参照如图14-138所示的尺寸和效果，使用【直线（L）】、【偏移（O）】和【修剪（TR）】命令绘制楼顶烟道图形。

图14-137 镜像复制栏杆

图14-138 绘制楼顶烟道图形

STEP 12 执行【修剪（TR）】命令，以烟道图形为边界，对屋顶图形进行修剪，效果如图14-139所示。

STEP 13 执行【图案填充（H）】命令，选择【AR-BRSTD】图案，设置图案比例为50，然后对烟道下半部分图形进行填充，效果如图14-140所示。

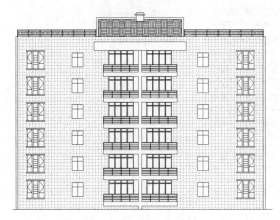
图14-139 修剪屋顶图形

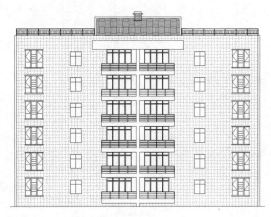
图14-140 填充烟道图形

练习196 标注立面图

STEP 01 将【标注】图层设置为当前层，使用【线性（DLI）】和【连续（DCO）】命令在图形左方进行尺寸标注，效果如图14-141所示。

STEP 02 使用【直线（L）】命令在立面图左下角绘制一条直线，作为标高的引出线，然后绘制一个标高的图形符号。

STEP 03 执行【单行文字（DT）】命令，创建标高文字【0.000】，设置文字高度为300，效果如图14-142所示。

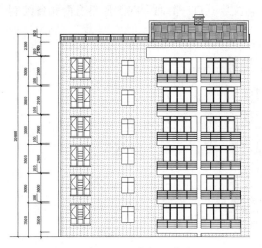
图14-141 尺寸标注效果

图14-142 绘制引出线和标高

STEP 04 使用【直线（L）】和【单行文字（DT）】对其他部分标高进行标注，效果如图14-143所示。

STEP 05 执行【镜像（MI）】命令，对标注和标高图形进行镜像复制，如图14-144所示。

图14-143　创建其他标高

图14-144　镜像复制标注和标高图形

STEP 06 使用【直线（L）】、【圆（C）】和【单行文字（DT）】命令在图形下方两端各绘制一个轴号，如图14-145所示。

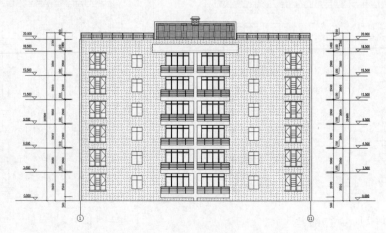

图14-145　绘制轴号

STEP 07 执行【圆（C）】、【直线（L）】和【单行文字（DT）】命令，创建图形文字，然后在文字下方绘制3条横线，完成实例的制作，效果如图14-146所示。

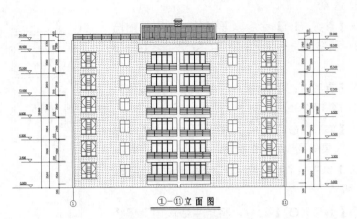

图14-146　实例效果

14.3　绘制住宅楼剖面图

本例将绘制住宅楼剖面图。在本例绘制的住宅楼剖面图中，包括窗户、楼梯和屋顶的剖面图形，具体内容有绘制剖面框架、绘制门窗剖面图、创建楼梯、绘制屋顶、绘制雨篷、标注剖面图等。打开本书配套光盘中的【住宅楼建筑设计.dwg】文件，可以查看该文件中住宅楼剖面图的完成效果，如图14-147所示。

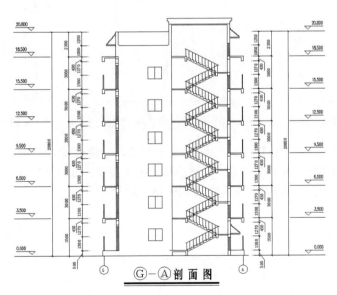

图14-147　绘制住宅楼剖面图

练习197　绘制剖面框架

STEP 01　执行【复制（CO）】命令，将前面绘制的住宅楼平面图复制一次并删除标注内容。

STEP 02　执行【旋转（RO）】命令，将图形顺时针旋转90，将此作为绘制住宅楼剖面图的参照对象。

STEP 03　将【墙线】图层设置为当前层。

STEP **04** 执行【直线（L）】命令，通过住宅楼平面图墙体的端点，绘制8条直线作为剖面图的墙体，效果如图14-148所示。

STEP **05** 执行【直线（L）】命令，绘制一条水平线作为地平线，效果如图14-149所示。

STEP **06** 执行【偏移（O）】命令，将地平线向上依次偏移20800、1020，效果如图14-150所示。

STEP **07** 执行【修剪（TR）】命令，对图形进行修剪，效果如图14-151所示。

STEP **08** 执行【偏移（O）】命令，将地平线段向上偏移4次，偏移距离依次为500、2570、330、100；再将左方垂直线段向右偏移两次，偏移距离依次为7880、200，效果如图14-152所示。

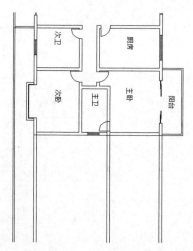

图14-148 绘制剖面墙体

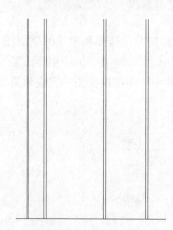

图14-149 绘制地平线

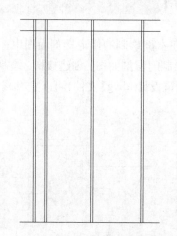

图14-150 偏移地平线

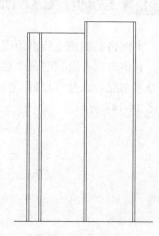

图14-151 修剪图形

STEP **09** 执行【修剪（TR）】命令，对图形进行修剪，创建楼板图形，如图14-153所示。

STEP **10** 执行【阵列（AR）】命令，选择楼板图形并确定，设置阵列方式为【矩形阵列】，然后设置行数为6，行间距为3000，阵列效果如图14-154所示。

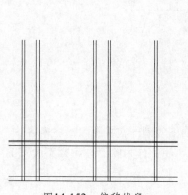

图14-152 偏移线段

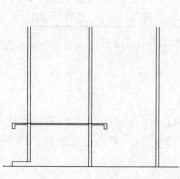

图14-153 修剪线段

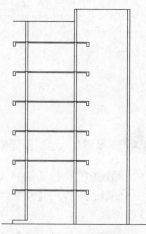

图14-154 阵列效果

STEP**11** 执行【偏移（O）】命令，将地平线段向上偏移3次，偏移距离依次为1670、230、100，将右方垂直线段向左偏移两次，偏移距离依次为1160、1400，如图14-155所示。

STEP**12** 执行【修剪（TR）】命令，对偏移线段进行修剪，绘制另一侧楼板图形，效果如图14-156所示。

STEP**13** 执行【阵列（AR）】命令，选择创建的楼板并确定，设置阵列方式为【矩形阵列】，然后设置行数为6、行间距为3000，阵列效果如图14-157所示。

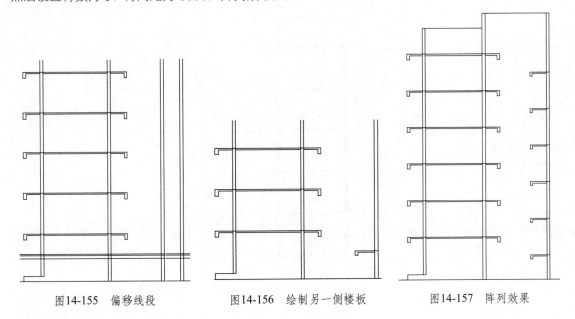

图14-155　偏移线段　　　　图14-156　绘制另一侧楼板　　　　图14-157　阵列效果

练习198　绘制门窗剖面图

STEP**01** 将【门窗】图层设置为当前层。

STEP**02** 执行【矩形（REC）】命令，在图形左下方绘制一个长为80、高为1300的矩形，如图14-158所示。

STEP**03** 执行【矩形（REC）】命令，在左下方墙体中绘制一个长为240、高为2200的矩形，如图14-159所示。

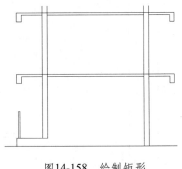

图14-158　绘制矩形

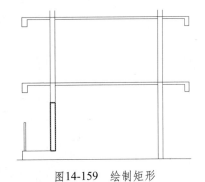

图14-159　绘制矩形

STEP**04** 使用【分解（X）】命令将矩形分解。

STEP**05** 执行【偏移（O）】命令，将矩形的垂直线段向内偏移两次，偏移距离为80，再将矩形上方的水平线段向上偏移两次，偏移距离依次为 180、420，效果如图 14-160 所示。

STEP 06 执行【阵列（AR）】命令，对创建的立面窗户和栏杆图形进行矩形阵列，设置行数为 6，行间距为 3000，阵列效果如图 14-161 所示。

STEP 07 执行【偏移（O）】命令，将中间的墙体线向右依次偏移 1240、200，将地平线段向上依次偏移 400、100，效果如图 14-162 所示。

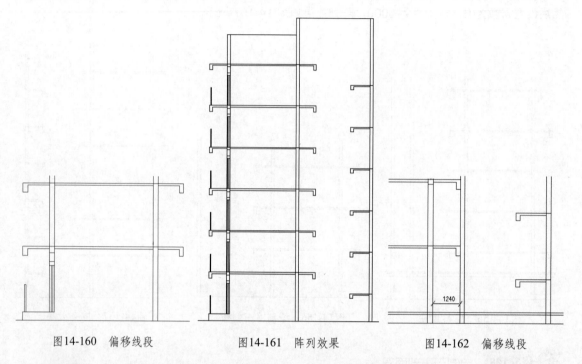

图14-160　偏移线段　　　　图14-161　阵列效果　　　　图14-162　偏移线段

STEP 08 执行【修剪（TR）】命令对偏移后的线段进行修剪，效果如图 14-163 所示。

STEP 09 执行【矩形（REC）】命令，在图形右方墙体中绘制一个长为 1200、宽为 240 的矩形，如图 14-164 所示。

STEP 10 使用【分解（X）】命令将矩形分解。

STEP 11 执行【偏移（O）】命令，将矩形的垂直线段向内偏移两次，偏移距离为 80，再将矩形下方的水平线段向下偏移 180，效果如图 14-165 所示。

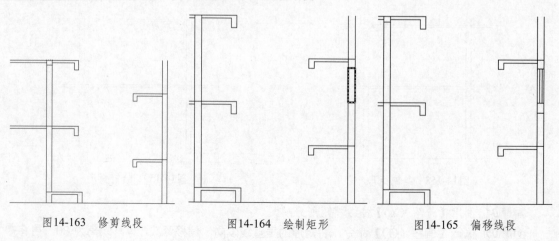

图14-163　修剪线段　　　　图14-164　绘制矩形　　　　图14-165　偏移线段

STEP 12 执行【阵列（AR）】命令，对创建的窗户剖面进行矩形阵列，设置行数为6，行间距为3000，效果如图14-166所示。

STEP 13 执行【分解（X）】命令，将阵列对象分解，然后执行【复制（CO）】命令，将二楼窗户剖面复制到一楼。

STEP 14 执行【镜像（MI）】命令，将左方的阳台剖面镜像复制到图形右方，效果如图14-167所示。

STEP 15 参照如图14-168所示的尺寸和效果，使用【矩形（REC）】和【直线（L）】命令绘制一个窗户图形。

STEP 16 执行【阵列（AR）】命令，对创建的窗户进行矩形阵列，设置行数为6，行间距为3000，效果如图14-169所示。

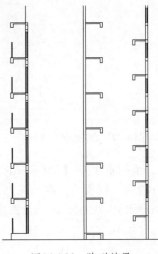

图14-166　阵列效果

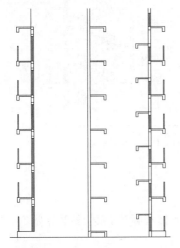

图14-167　镜像复制阳台

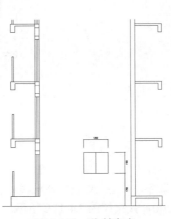

图14-168　绘制窗户

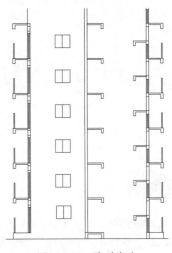

图14-169　阵列窗户

练习199　创建楼梯

STEP 01 执行【直线（L）】命令，在楼梯间绘制一条长为300的水平线和一条长为150的垂直线，如图14-170所示。

STEP 02 执行【复制（CO）】命令，选择绘制的两条线段并确定，然后指定基点，再输入A并确定，选择【阵列（A）】选项，以【阵列（A）】的复制方式复制楼梯的梯步，设置项目数量为9，效果如图14-171所示。

STEP 03 使用类似的方法，绘制楼梯的栏杆图形，效果如图14-172所示。

STEP 04 执行【直线（L）】命令，在楼梯下方绘制一条斜线，然后在栏杆上方绘制扶手图形，效果如图14-173所示。

STEP 05 执行【镜像（MI）】命令，对绘制楼梯进行镜像复制，并对接头处进行适当修改，效果如图14-174所示。

图14-170　绘制线段

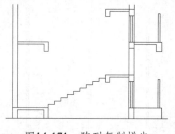

图14-171　阵列复制梯步

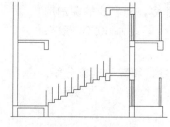

图14-172　绘制栏杆

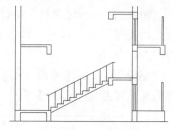

图14-173　绘制扶手

STEP 06 执行【阵列（AR）】命令，选择楼梯图形并确定，设置阵列的方式为【矩形阵列】，行数为6，行间距为3000，阵列效果如图14-175所示。

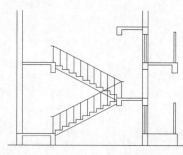

图14-174　镜像复制楼梯

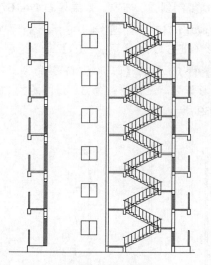

图14-175　阵列楼梯

练习200　绘制屋顶

STEP 01 执行【偏移（O）】命令，将左上方的水平线段向下偏移两次，偏移距离依次为1000，再将左方垂直线向右偏移240，效果如图14-176所示。

STEP 02 执行【圆角（F）】命令，设置圆角半径为150，对偏移的线段进行圆角，效果如图14-177所示。

图14-176　偏移线段

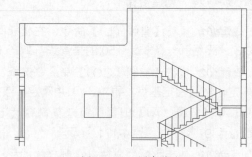

图14-177　圆角线段

STEP 03 执行【偏移（O）】命令，将右上方水平线段向上依次偏移100、200，再将该线段两边的垂直线向外偏移两次，偏移距离均为100，效果如图14-178所示。

STEP 04 执行【圆角（F）】命令，设置圆角半径为0，对外面偏移的线段进行圆角连接，效果如图14-179所示。

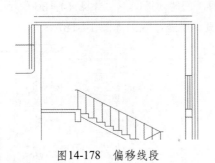

图14-178　偏移线段

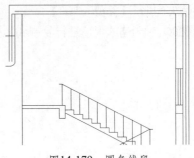

图14-179　圆角线段

STEP 05 执行【延伸（EX）】命令，对偏移的线段进行延伸，效果如图14-180所示。

STEP 06 执行【修剪（TR）】命令，对图形进行修剪，完成屋顶造型的绘制，效果如图14-181所示。

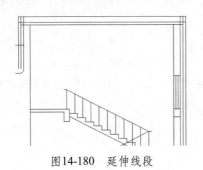

图14-180　延伸线段

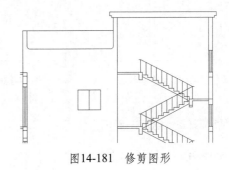

图14-181　修剪图形

 练习201 **绘制雨蓬**

STEP 01 执行【直线（L）】命令，绘制一条长为900的线段，如图14-182所示。

STEP 02 执行【偏移（O）】命令，将绘制的线段向上偏移5次，偏移距离依次为80、50、615、65、90，效果如图14-183所示。

STEP 03 执行【偏移（O）】命令，将右侧垂直线段向右偏移3次，偏移距离依次为80、740、80，效果如图14-184所示。

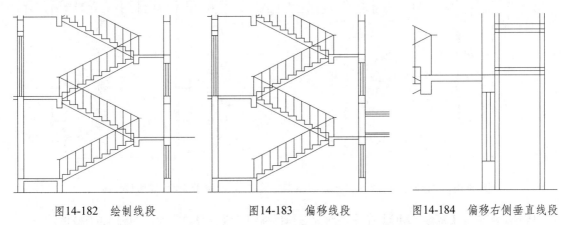

图14-182　绘制线段　　　　　图14-183　偏移线段　　　　　图14-184　偏移右侧垂直线段

STEP 04 执行【直线（L）】命令，通过捕捉端点的方式绘制两条的线段，效果如图14-185所示。

STEP 05 执行【修剪（TR）】命令，对线段进行修剪，创建雨蓬图形，如图 14-186 所示。

STEP 06 对创建的雨蓬进行复制和镜像复制，绘制其他雨蓬，效果如图 14-187 所示。

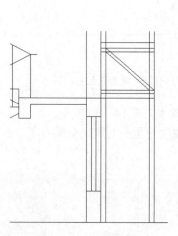

图14-185　绘制线段

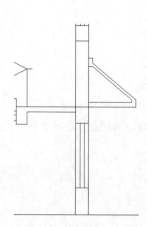

图14-186　绘制雨蓬图形

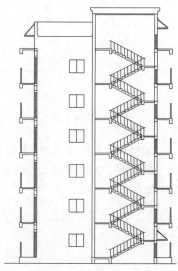

图14-187　绘制其他雨蓬

练习202 **标注剖面图**

STEP 01 将【标注】图层设置为当前层。

STEP 02 使用【线性标注（DLI）】和【连续标注（DCO）】命令对图形进行尺寸标注，并调整尺寸线的起点，效果如图 14-188 所示。

STEP 03 使用【直线（L）】和【文字（T）】命令创建图形标高，如图 14-189 所示。

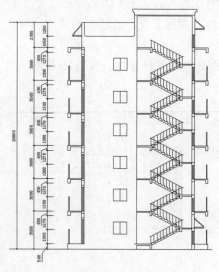

图14-188　标注图形尺寸

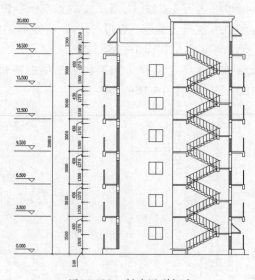

图14-189　创建图形标高

STEP 04 执行【镜像（MI）】命令，对标注和标高图形进行镜像复制，如图 14-190 所示。

STEP 05 使用【直线（L）】、【圆（C）】和【单行文字（DT）】命令在图形下方两端各绘制一个轴号。

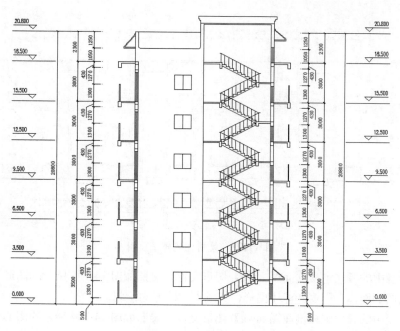

图14-190　镜像复制标注和标高

STEP 06　执行【圆（C）】、【直线（L）】和【单行文字（DT）】命令，创建图形文字，然后在文字下方绘制三条横线，完成本例的制作，如图 14-191 所示。

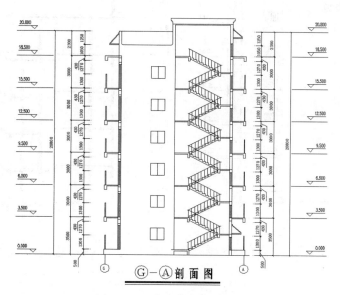

G—A 剖面图

图14-191　住宅楼剖面图效果

14.4　课后习题

1. 打开光盘中的【住宅楼平面图 .dwg】图形文件，参照如图 14-192 所示的图形效果，依次绘制住宅楼平面图的轴线、墙体、门窗和标注图形，完成本例图形的绘制。

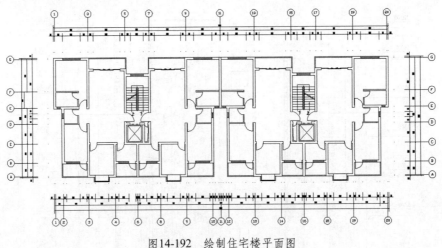

图14-192　绘制住宅楼平面图

2. 打开光盘中的【住宅楼立面图 .dwg】图形文件，参照如图 14-193 所示的图形效果，依次绘制住宅楼立面图的墙体、门窗和标注图形，完成本例图形的绘制。

3. 打开光盘中的【住宅楼剖面图 .dwg】图形文件，参照如图 14-194 所示的图形效果，依次绘制住宅楼剖面图的墙体、门窗、雨篷和标注图形，完成本例图形的绘制。

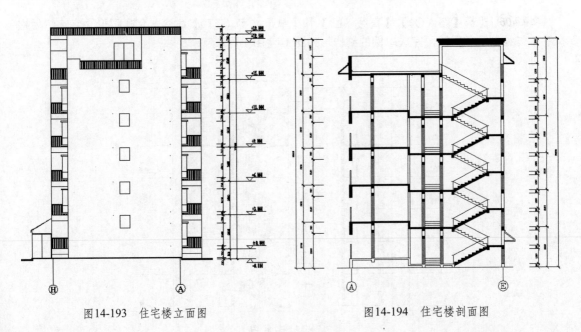

图14-193　住宅楼立面图　　　　　图14-194　住宅楼剖面图

第 15 章 办公楼建筑设计

内容提要

➢ 办公楼指机关、企业、事业单位行政管理人员、业务技术人员等办公的业务用房，现代办公楼正向综合化、一体化方向发展。办公楼按规模有小型、中型和大型之分；按层数有低层、多层和高层之分。本章将介绍小型多层办公楼的绘制方法，包括绘制办公楼平面图、立面图和剖面图等。

15.1 绘制办公楼平面图

本例将绘制办公楼平面图，具体内容包括绘制办公楼墙体、绘制门窗图形、绘制楼梯图形、标注办公楼平面图等。打开本书配套光盘中的【办公楼设计图 .dwg】文件，可以查看该文件中办公楼平面图的完成效果，如图 15-1 所示。

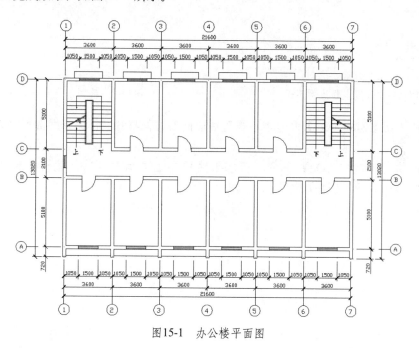

图15-1 办公楼平面图

练习203 绘制办公楼墙体

STEP 01 执行【文件→新建】命令，打开【选择样板】对话框，在该对话框中选择 acadiso 样板文件，然后单击【打开】按钮新建一个样板文件，如图 15-2 所示。

STEP 02 执行【图层（LA）】命令，打开【图层特性管理器】对话框，然后参照如图 15-3 所示的内容创建所需要的图层，并将【轴线】图层设置为当前图层。

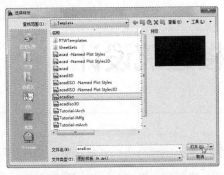

图15-2　新建样板文件

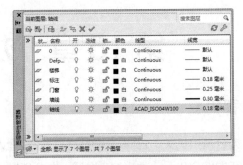

图15-3　创建图层

STEP 03 选择【格式→线型】命令，打开【线型管理器】对话框，设置【全局比例因子】为30，如图 15-4 所示。

STEP 04 执行【直线（L）】命令，绘制一条长为 21600 的水平线段和一条长为 13020 的垂直线段，如图 15-5 所示。

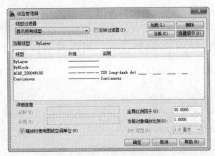

图15-4　设置全局比例因子

图15-5　绘制水平和垂直线段

STEP 05 执行【偏移（O）】命令，将垂直线段向右方偏移 6 次，偏移距离均为 3600，如图 15-6 所示。

STEP 06 执行【偏移（O）】命令，将水平线段向上方偏移 4 次，偏移距离依次为 720、5100、2100、5100，如图 15-7 所示。

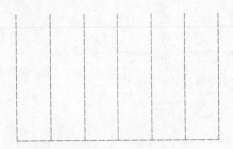

图15-6　偏移垂直线段

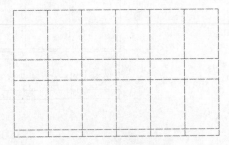

图15-7　偏移水平线段

STEP 07 将【墙线】图层设置为当前层，执行【多线（ML）】命令，设置多线的比例为 240，然后绘制一条如图 15-8 所示的多线作为墙体。

STEP 08 执行【多线（ML）】命令，继续绘制其他多线段作为墙体线，如图 15-9 所示。

STEP 09 关闭【轴线】图层。然后选择【修改→对象→多线】命令，打开【多线编辑工具】对话框，单击其中的【T形打开】选项，如图 15-10 所示。

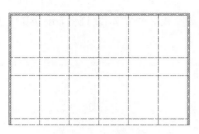

图15-8 绘制多线

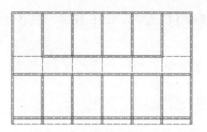

图15-9 绘制其他多线

STEP 10 根据系统提示，选择如图 15-11 所示的多线作为第 1 条编辑多线。

图15-10 单击【T形打开】选项

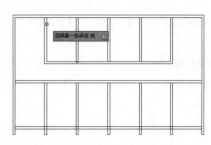

图15-11 选择第一条多线

STEP 11 选择如图 15-12 所示的多线作为第 2 条编辑多线，得到如图 15-13 所示的 T 形打开效果。

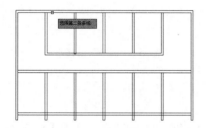

图15-12 选择第二条多线

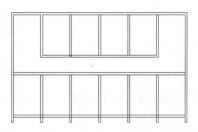

图15-13 T形打开多线效果

STEP 12 选择【修改→对象→多线】命令，打开【多线编辑工具】对话框，单击其中的【十字打开】选项，如图 15-14 所示。

STEP 13 根据系统提示，选择如图 15-15 所示的多线作为第 1 条编辑多线。

图15-14 单击【十字打开】选项

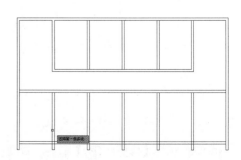

图15-15 选择第1条编辑多线

STEP 14 选择如图 15-16 所示的多线作为第 2 条编辑多线，得到如图 15-17 所示的 T 形打开效果。

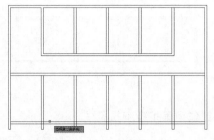

图15-16 选择第2条编辑多线

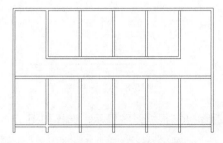

图15-17 T形打开多线

STEP 15 使用【T 形打开】和【十字打开】功能，编辑其他的多线，得到如图 15-18 所示的效果。

STEP 16 执行【分解（X）】命令，将多线对象分解开。

STEP 17 执行【偏移（O）】命令，设置偏移距离为 480，将下方的各个墙线向下偏移，得到如图 15-19 所示的效果。

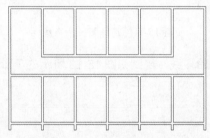

图15-18 打开其他多线

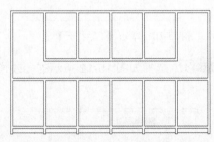

图15-19 向下偏移墙线

练习204 **绘制门窗图形**

STEP 01 将【门窗】图层设置为当前层。参照如图 15-20 所示的效果，使用【直线（L）】命令在右方水平墙体处绘制一条垂直线段。

STEP 02 执行【偏移（O）】命令，设置偏移距离为 1000，将绘制的线段向右偏移一次，得到如图 15-21 所示的效果。

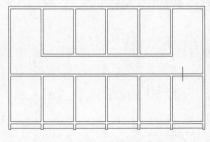

图15-20 绘制垂直线段

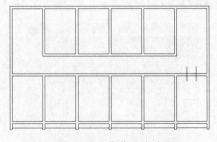

图15-21 偏移垂直线段

STEP 03 执行【修剪（TR）】命令，对刚创建的垂直线和水平墙体线进行修剪，效果如图 15-22 所示。

STEP 04 使用【直线（L）】和【圆弧（C）】命令绘制一条长为1000的直线和一条圆弧作为平开门图形，效果如图15-23所示。

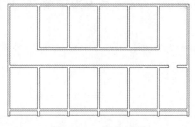

图15-22　修剪图形

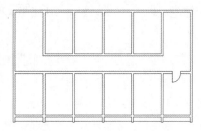

图15-23　绘制平开门图形

STEP 05 执行【复制（CO）】命令，将绘制好的平开门复制到下方的各个房间中，如图15-24所示。

STEP 06 执行【修剪（TR）】命令，以平开门为修剪边界，对墙体线进行修剪，效果如图15-25所示。

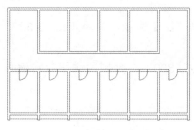

图15-24　复制平开门图形

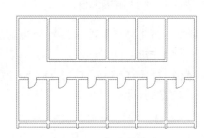

图15-25　修剪墙体线

STEP 07 执行【镜像（MI）】命令，将绘制好的平开门镜像复制到上方的各个房间中，如图15-26所示。

STEP 08 执行【修剪（TR）】命令，以上方平开门为修剪边界，对墙体线进行修剪，如图15-27所示。

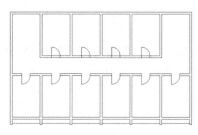

图15-26　镜像复制平开门

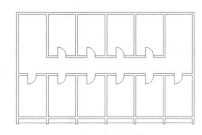

图15-27　修剪墙体线

STEP 09 执行【矩形（REC）】命令，绘制一个长为1500、宽为240的矩形，如图15-28所示。

STEP 10 执行【分解（X）】命令，将矩形分解开。然后执行【偏移（O）】命令，将水平线段向内偏移80，效果如图15-29所示。

图15-28　绘制矩形

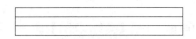

图15-29　偏移线段

STEP **11** 执行【复制（CO）】命令，参照如图 15-30 所示的效果，将绘制好的窗户图形复制到各个房间中墙体中点处的窗户的位置。

STEP **12** 使用同样的方法，在平面图两方的墙体中各绘制一个长度为 900 的窗户，效果如图 15-31 所示。

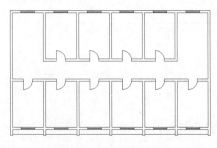

图15-30　复制窗户图形

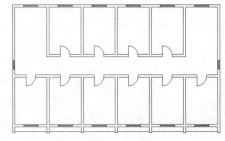

图15-31　绘制两方的窗户

练习205　绘制楼梯图形

STEP **01** 将【楼梯】图层设置为当前层。执行【直线（L）】命令，参照如图 15-32 所示的效果绘制一条水平线。

STEP **02** 执行【偏移（O）】命令，设置偏移的距离为 300，将绘制的线段向右偏移 10 次，效果如图 15-33 所示。

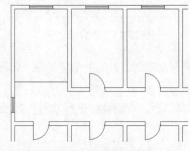

图15-32　绘制水平线

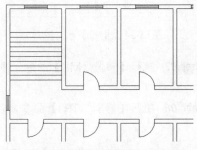

图15-33　偏移线段

STEP **03** 使用【矩形（REC）】命令，绘制一个长为 560、宽为 3200 矩形，如图 15-34 所示。

STEP **04** 使用【偏移（O）】命令，将矩形向内偏移 50，表示楼梯的扶手，如图 15-35 所示。

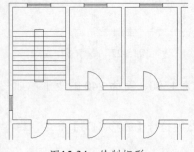

图15-34　绘制矩形

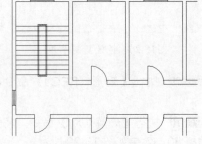

图15-35　偏移矩形

STEP **05** 使用【修剪（TR）】命令，对矩形中间部分的线段进行修剪，效果如图 15-36 所示。

STEP **06** 使用【多段线（L）】命令，在楼梯处绘制一条折断线，效果如图 15-37 所示。

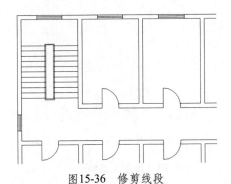

图15-36　修剪线段

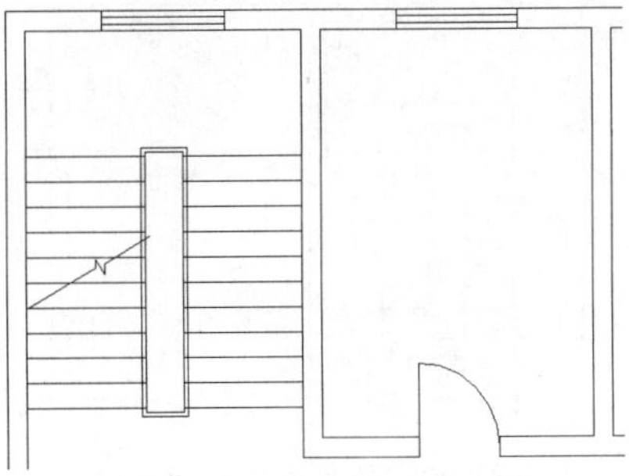

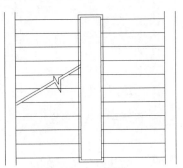

图15-37　绘制一条折断线

STEP 07 使用【偏移（O）】命令，将多段线向下偏移50，如图15-38所示。

STEP 08 使用【修剪（TR）】命令，对楼梯图形进行修剪，效果如图15-39所示。

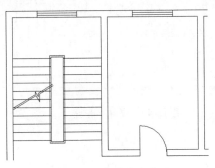

图15-38　偏移多段线

图15-39　修剪楼梯

STEP 09 执行【多段线（PL）】命令，参照如图15-40所示的效果绘制一条带箭头的多段线。

STEP 10 执行【文字（T）】命令，对楼梯走向进行文字注释，设置文字的高度为300，效果如图15-41所示。

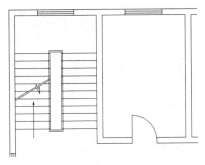

图15-40　绘制箭头线段

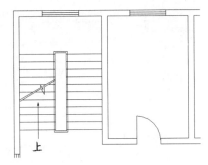

图15-41　创建文字注释

STEP 11 使用【多段线（PL）】和【文字（T）】命令创建楼梯另一个方向的走向标识，效果如图15-42所示。

STEP 12 使用【镜像（MI）】命令将绘制好的楼梯图形镜像复制到平面图的另一方，效果如图15-43所示。

STEP 13 参照如图15-44所示的效果和尺寸，使用【多段线（PL）】命令绘制一条多段线作为雨蓬图形。

STEP 14 执行【复制（CO）】命令，对多段线进行复制，效果如图15-45所示。

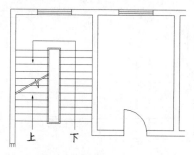

图15-42 绘制楼梯走向标识

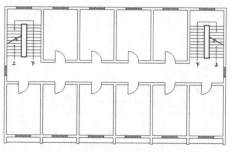

图15-43 镜像复制楼梯

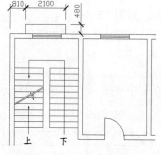

图15-44 绘制多段线

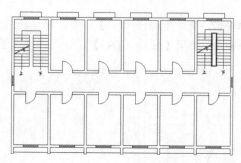

图15-45 复制多段线

练习206 标注办公楼平面图

STEP 01 将【标注】图层设置为当前层。执行【标注样式（D）】命令，打开【标注样式管理器】对话框，如图 15-46 所示。

STEP 02 单击【新建】按钮，打开【创建新标注样式】对话框，在【新样式名】文本框中输入样式名【办公楼】，如图 15-47 所示。

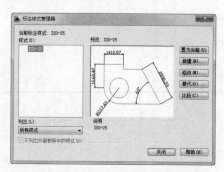

图15-46 【标注样式管理器】对话框

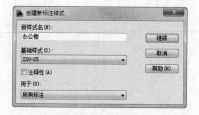

图15-47 【创建新标注样式】对话框

STEP 03 单击【继续】按钮，打开【新建标注样式】对话框，在【调整】选项卡中设置【使用全局比例】的值为 100，如图 15-48 所示。

STEP 04 选择【主单位】选项卡，设置【精度】值为 0，然后进行确定，如图 15-49 所示。

STEP 05 打开【轴线】图层，然后执行【线性标注（DLI）】命令，对图形进行线性标注，如图 15-50 所示。

STEP 06 执行【连续标注（DCO）】命令对图形上方尺寸进行连续标注，效果如图 15-51 所示。

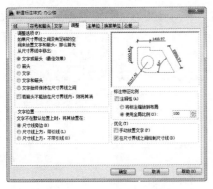

图15-48　设置全局比例

图15-49　设置精度

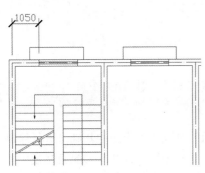

图15-50　线性标注图形

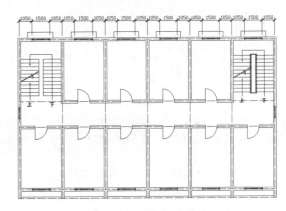

图15-51　连续标注图形

STEP 07 使用【线性标注（DLI）】和【连续标注（DCO）】命令标注图形的其他尺寸，并适当调整标注线的起点，效果如图 15-52 所示。

STEP 08 使用【圆（C）】和【直线（L）】命令绘制一个半径为 400 的圆和一条直线，作为详图编号对象，如图 15-53 所示。

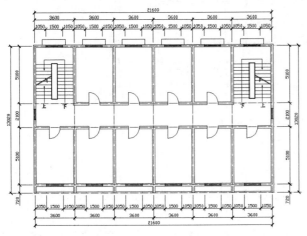

图15-52　标注图形尺寸

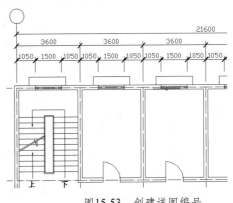

图15-53　创建详图编号

STEP 09 执行【文字（T）】命令，在圆内输入编号文字【1】，设置文字的高度为 400，效果如图 15-54 所示。

STEP⑩ 使用同样的方法创建其他的详图编号对象，再隐藏【轴线】图层，完成办公楼平面图的创建，效果如图 15-55 所示。

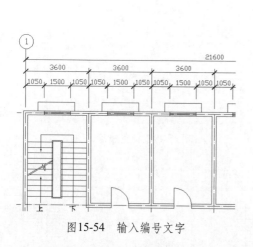

图15-54　输入编号文字

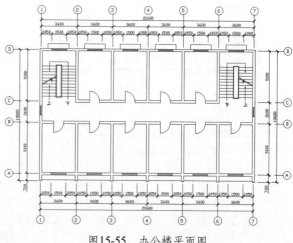

图15-55　办公楼平面图

15.2　绘制办公楼立面图

本实例将介绍绘制办公楼立面图的方法，办公楼立面图可以在平面图的基础上进行绘制，具体内容包括绘制立面墙体、绘制窗户立面图、标注办公楼立面图等。打开本书配套光盘中的【办公楼设计图 .dwg】文件，可以查看该文件中办公楼立面图的完成效果，如图 15-56 所示。

图15-56　办公楼立面图

练习207　绘制立面墙体

STEP① 打开【轴线】图层，执行【复制（CO）】命令，将绘制好的办公楼平面图复制一次，然后锁定【轴线】图层，如图 15-57 所示。

STEP② 将【墙线】图层设置为当前层。使用【直线（L）】命令在办公楼平面图中绘制一条直线，效果如图 15-58 所示。

STEP③ 使用【修剪（TR）】命令以绘制的直线为边界，对平面图进行修剪，然后删除多余的图形，效果如图 15-59 所示。

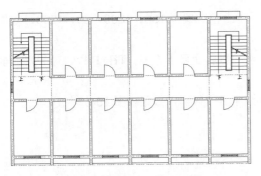

图15-57　复制办公楼平面图

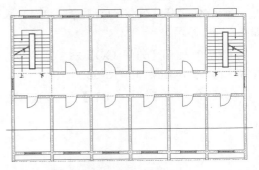

图15-58　绘制直线

STEP 04 使用【偏移（O）】命令将线段向上偏移 2000，效果如图 15-60 所示。

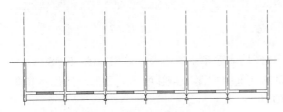

图15-59　修剪并删除多余图形

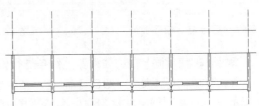

图15-60　偏移绘制的线段

STEP 05 执行【多线（ML）】命令，设置比例为 240，参照如图 15-61 所示的效果绘制一条多线。

STEP 06 执行【多线（ML）】命令，继续绘制其他几条多线，效果如图 15-62 所示。

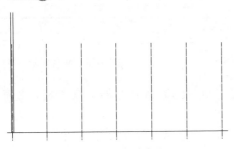

图15-61　绘制多线

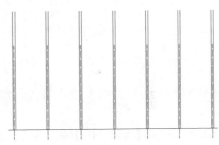

图15-62　绘制其他多线

STEP 07 关闭【轴线】图层，并删除多余的图形，效果如图 15-63 所示。

STEP 08 执行【偏移（O）】命令，设置偏移距离为 600，将水平线段向上偏移两次，效果如图 15-64 所示。

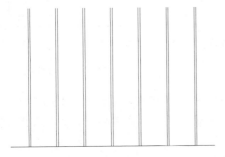

图15-63　关闭轴线图层

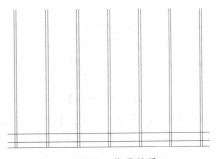

图15-64　偏移效果

STEP 09 使用【偏移（O）】命令将上方水平线段向上依次偏移150、1800、60、1290，效果如图 15-65 所示。

STEP 10 使用【分解（X）】命令对多线进行分解，然后使用【修剪（TR）】命令对下方的垂直线进行修剪，效果如图 15-66 所示。

STEP 11 使用【修剪（TR）】命令对左方的水平线条进行修剪，效果如图 15-67 所示。

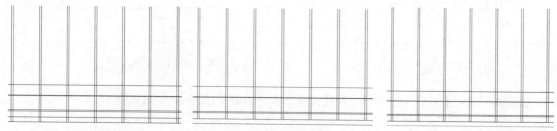

图15-65　偏移效果　　　　　　图15-66　修剪垂直线　　　　　　图15-67　修剪水平线

STEP 12 使用同样的方法对其他线条进行修剪，然后删除多余的线条，效果如图 15-68 所示。

STEP 13 执行【复制（CO）】命令，使用窗口方式选择如图 15-69 所示的图形，然后将其向上复制 3 次，复制的距离为 3300，效果如图 15-70 所示。

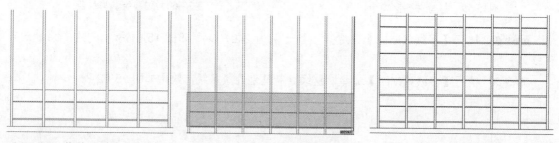

图15-68　修剪并删除多余线条　　图15-69　窗口选择图形　　　　图15-70　复制图形

STEP 14 将上方的水平线段删除，然后使用【直线（L）】命令绘制一条直线，效果如图 15-71 所示。

STEP 15 使用【直线（L）】命令在立面图的左方绘制一条直线，效果如图 15-72 所示。

STEP 16 使用【偏移（O）】命令将绘制的线段向上偏移300，效果如图 15-73 所示。

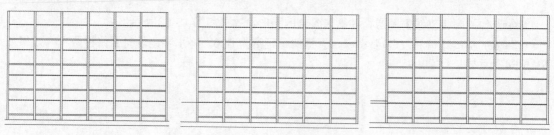

图15-71　绘制直线　　　　　　图15-72　绘制直线　　　　　　图15-73　偏移线段

STEP 17 使用【偏移（O）】命令将左方的垂直墙线向左偏移1200，效果如图 15-74 所示。

STEP 18 使用【修剪（TR）】命令对创建的线段进行修剪，作为雨蓬图形，效果如图 15-75 所示。

STEP 19 使用相同的方法，创建另一方的雨蓬图形，效果如图 15-76 所示。

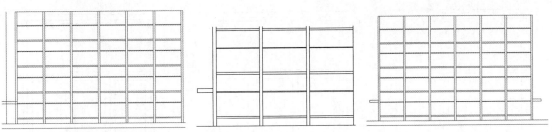

图15-74　偏移线段　　　　　图15-75　创建雨蓬图形　　　　　图15-76　创建另一方雨蓬

练习208　绘制窗户立面图

STEP 01　将【门窗】图层设置为当前层。使用【矩形（REC）】命令在绘图区绘制一个长为1500、宽为1800的矩形，效果如图15-77所示。

STEP 02　使用【移动（M）】命令，将矩形移到该图形单元的中间，效果如图15-78所示。

STEP 03　使用【偏移（O）】命令，将矩形向内偏移40，效果如图15-79所示。

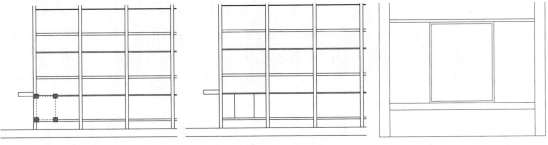

图15-77　创建矩形　　　　　图15-78　移动矩形　　　　　图15-79　偏移矩形

STEP 04　参照如图15-80所示的效果，使用【矩形（REC）】命令，绘制一个长为1140、宽为460的矩形。

STEP 05　使用【偏移（O）】命令，将矩形向内偏移60，效果如图15-81所示。

STEP 06　使用【复制（CO）】命令，对创建的矩形进行复制，效果如图15-82所示。

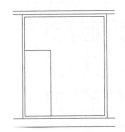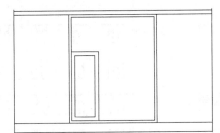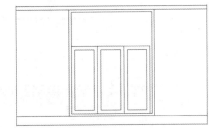

图15-80　绘制矩形　　　　　图15-81　偏移矩形　　　　　图15-82　复制效果

STEP 07　使用【移动（M）】命令将右方的矩形向右移动，效果如图15-83所示。

STEP 08　使用【矩形（REC）】命令绘制一个长为920、宽为540的矩形，效果如图15-84所示。

STEP 09　继续执行【矩形（REC）】命令，参照如图15-85所示的位置指点矩形的第一个角点，然后绘制一个长为460、宽为540的矩形，效果如图15-86所示。

STEP 10　选择如图15-87所示的矩形，然后使用【删除（E）】命令将其删除。

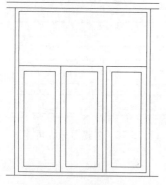

图15-83　移动矩形

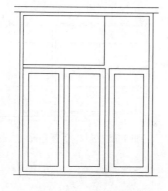

图15-84　绘制矩形

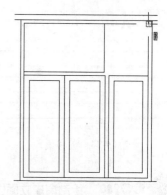

图15-85　指定第一个角点

STEP 11 使用【偏移（O）】命令将最后创建的两个矩形向内偏移60，创建立面窗户图形，效果如图15-88所示。

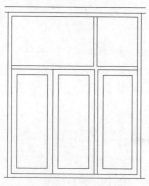

图15-86　绘制矩形

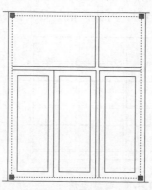

图15-87　删除选择对象

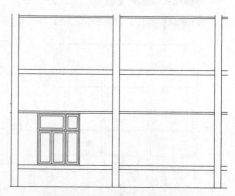

图15-88　创建立面窗户图形

STEP 12 执行【阵列（AR）】命令，选择创建好的立面窗户，在弹出的菜单中选择【矩形】选项，如图15-89所示，然后设置阵列的行数为4，列数为6，行间距为3300，列间距为3600，阵列效果如图15-90所示。

图15-89　选择【矩形】选项

图15-90　阵列窗户立面

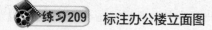

练习209 标注办公楼立面图

STEP 01 将【标注】图层设置为当前层。执行【线性标注（DLI）】命令，对图形进行线性标注，效果如图15-91所示。

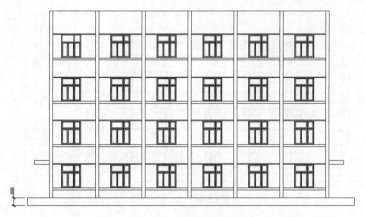

图15-91　线性标注图形

STEP 02 执行【连续标注（DCO）】命令，对图形尺寸进行连续标注，效果如图 15-92 所示。

图15-92　连续标注图形

STEP 03 使用【线性标注（DLI）】和【连续标注（DCO）】命令对立面图进行其他标注，效果如图 15-93 所示。

图15-93　标注立面图

STEP 04 使用【直线（L）】命令在立面图右下角绘制一条水平直线，作为标高的引出线，效果如图 15-94 所示。

图15-94　绘制直线

STEP 05 使用【直线（L）】命令绘制标高的图形符号，效果如图 15-95 所示。

图15-95　绘制标高符号

STEP 06 使用【文字（T）】命令创建标高文字说明，效果如图 15-96 所示。

图15-96　创建文字说明

> **提示**
> 由于这里所标注的位置处于地平线以下，所以标高值为负数，地平线的标高为 0，地平线以上的标高为正数，标高的单位为米。

STEP 07 使用同样的方法，结合【直线（L）】和【文字（T）】命令对其他部分标高进行标注，完成立面图的绘制，效果如图 15-97 所示。

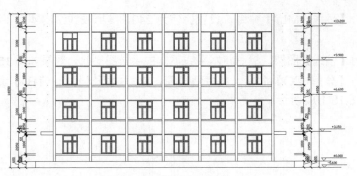

图15-97　立面图效果

15.3　绘制办公楼剖面图

本实例将介绍绘制办公楼剖面图的方法，具体内容包括绘制剖面墙体、绘制剖面楼梯、创建窗户图形、创建窗户图形、创建雨蓬图形、标注办公楼剖面图。打开本书配套光盘中的【办公楼设计图 .dwg】文件，可以查看该文件中办公楼剖面图的完成效果，如图 15-98 所示。

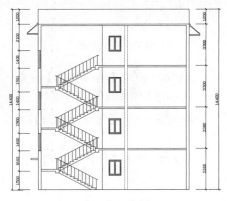

图15-98　办公楼剖面图

练习210　创建剖面墙体

STEP 01 打开【轴线】图层，执行【复制（CO）】命令，将绘制好的办公楼平面图复制一次，然后使用【旋转（RO）】命令，将平面图沿逆时针旋转 90 度，如图 15-99 所示。

STEP 02 将【墙线】图层设置为当前层。使用【直线（L）】命令，在如图 15-100 所示的位置绘制一条水平线。

STEP 03 锁定【轴线】图层，执行【修剪（TR）】命令，以水平线为修剪边界，对上方的图形进行修剪，再将上方图形删除，效果如图 15-101 所示。

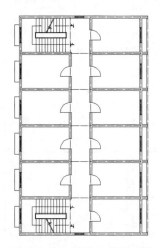

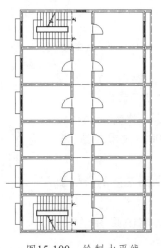

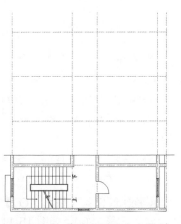

图15-99　复制并旋转平面图　　　　图15-100　绘制水平线　　　　图15-101　修剪并删除上方图形

STEP 04 执行【多线（ML）】命令，设置比例为 240，参照轴线绘制 4 条多线，效果如图 15-102 所示。

STEP 05 关闭【轴线】图层，然后将水平线下方的平面图删除，效果如图 15-103 所示。

STEP 06 执行【分解（X）】命令，将多线分解，然后执行【修剪（TR）】命令，对水平线进行修剪，效果如图 15-104 所示，

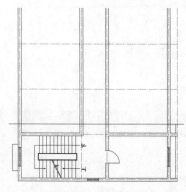

图15-102 绘制多线

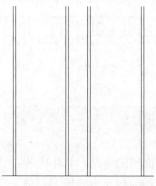

图15-103 删除平面图

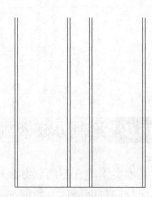

图15-104 修剪水平线

STEP 07 使用【偏移（O）】命令，将水平线段向上偏移两次，偏移距离依次为 3200、100，如图 15-105 所示。

STEP 08 使用【复制（CO）】命令，对图形进行复制，复制的距离为 3300，效果如图 15-106 所示。

STEP 09 使用【修剪（TR）】命令，对线段进行修剪，效果如图 15-107 所示。

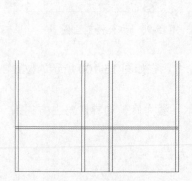

图15-105 偏移线段

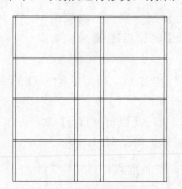

图15-106 复制楼板

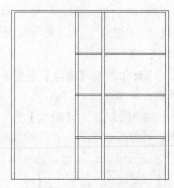

图15-107 修剪线段

STEP 10 参照如图 15-108 所示的效果和尺寸，对图形中的线段进行偏移和修剪，绘制楼梯处的楼板图。

STEP 11 使用【复制（CO）】命令，将绘制的楼板图形向上复制两次，复制的距离 3300，效果如图 15-109 所示。

STEP 12 使用同样的方法绘制剖面图左方的楼板图形，其尺寸和效果如图 15-110 所示。

STEP 13 使用【偏移（O）】命令，将剖面图上方的线段向上偏移 1200，如图 15-111 所示。

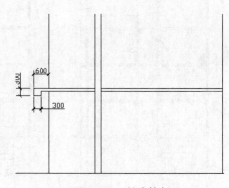

图15-108 创建楼板

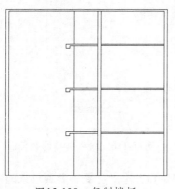

图15-109　复制楼板

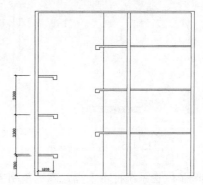

图15-110　创建其他楼板

STEP 14 使用【延伸（EX）】命令，将两方的垂直线段向上延伸，完成剖面墙体的绘制，如图 15-112 所示。

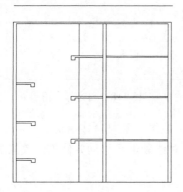

图15-111　偏移上方水平线

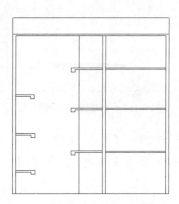

图15-112　创建屋顶图形

练习211 创建剖面楼梯

STEP 01 执行【多段线（PL）】命令，以图形左下方的楼板中点为起点，绘制一条垂直方向长为 150、水平方向长为 300 的多段线作为一个梯步，效果如图 15-113 所示。

STEP 02 执行 NCOPY【复制嵌套对象（NCOPY）】命令，选择绘制的梯步，然后在梯步的起点处指定复制的基点，如图 15-114 所示。

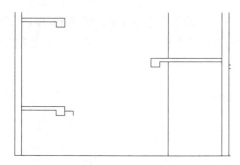

图15-113　绘制一个梯步

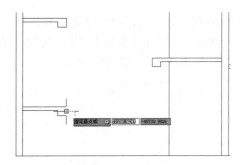

图15-114　指定复制基点

STEP 03 在系统提示下输入 a 并确定，启用【阵列（A）】功能，如图 15-115 所示。然后在系统提示下输入阵列的数目为 10，如图 15-116 所示。

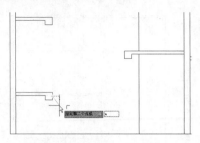

图15-115 输入a并确定

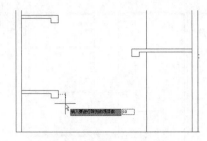

图15-116 输入阵列的数目

STEP 04 在系统提示下指定阵列复制的第二点，如图 15-117 所示，复制嵌套对象的效果如图 15-118 所示，创建出一系列的梯步图形。

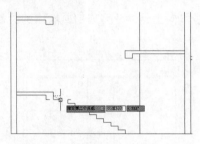

图15-117 指定复制的第二点

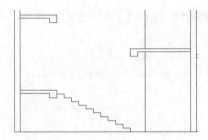

图15-118 创建梯步图形

STEP 05 使用【直线（L）】在梯步下方绘制一条线段，效果如图 15-119 所示。

STEP 06 使用【移动（M）】和【修剪（TR）】命令，对线段进行移动并修剪，效果如图 15-120 所示。

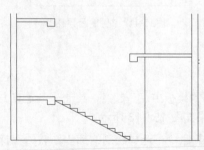

图15-119 绘制线段

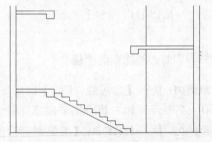

图15-120 移动并修剪线段

STEP 07 使用【直线（L）】在一楼的梯步右方绘制一条线段作为栏杆图形，如图 15-121 所示。

STEP 08 执行【复制嵌套对象（NCOPY）】命令，选择绘制的栏杆，然后在下方梯步的起点处指定复制的基点，如图 15-122 所示。

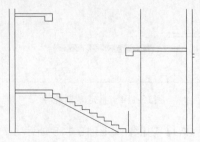

图15-121 绘制线段

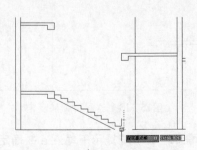

图15-122 指定复制的基点

STEP 09 在系统提示下输入 a 并确定，启用【阵列（A）】功能，如图 15-123 所示。然后在系统提示下输入阵列的数目为 12，如图 15-124 所示。

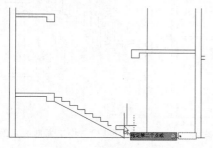

图15-123 输入a并确定

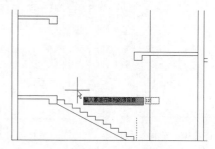

图15-124 输入阵列的数目

STEP 10 在系统提示下指定阵列复制的第 2 点，如图 15-125 所示，复制嵌套对象的效果如图 15-126 所示，创建出一系列的栏杆图形。

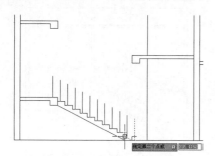

图15-125 指定复制的第2点

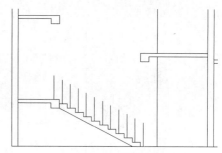

图15-126 创建栏杆图形

STEP 11 使用【多段线（PL）】命令，绘制一条多段线作为楼梯的扶手，如图 15-127 所示。

STEP 12 使用【镜像（MI）】命令，对绘制楼梯进行镜像复制操作，效果如图 15-128 所示。

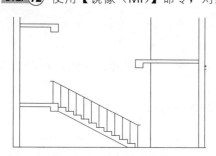

图15-127 绘制扶手线条

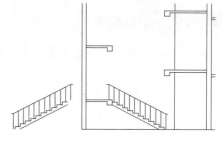

图15-128 镜像复制楼梯

STEP 13 使用【移动（M）】命令，对楼梯进行移动，效果如图 15-129 所示。

STEP 14 使用【延伸（EX）】命令，对镜像复制的楼板线条进行延伸，效果如图 15-130 所示。

STEP 15 执行【复制（CO）】命令，选择创建的两个楼梯对象，然后在如图 15-131 所示的中点处指定复制的基点，在如图 15-132 所示的中点处指定复制的第 2 点。

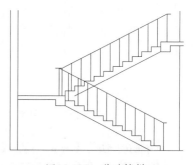

图15-129 移动楼梯

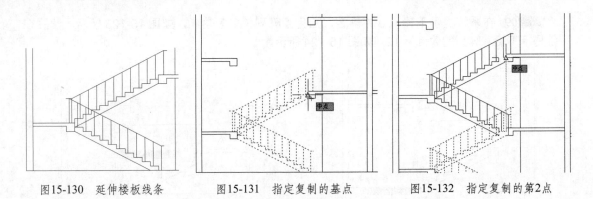

图15-130　延伸楼板线条　　　　图15-131　指定复制的基点　　　　图15-132　指定复制的第2点

STEP 16 将楼梯图形向上复制到第 3 楼与第 4 楼之间，如图 15-133 所示。

STEP 17 使用【延伸（EX）】命令，对复制的楼板线条进行延伸，完成楼梯的绘制，效果如图 15-134 所示。

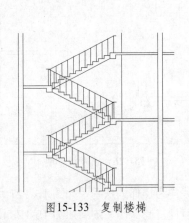

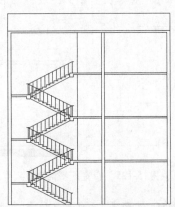

图15-133　复制楼梯　　　　　　　　　图15-134　延伸楼板线条

练习212　创建窗户图形

STEP 01 使用【矩形（REC）】命令，在一楼中绘制一个长度为 460、宽度为 1140 的矩形，如图 15-135 所示。

STEP 02 使用【偏移（O）】命令，将刚绘制的矩形向内偏移 60，效果如图 15-136 所示。

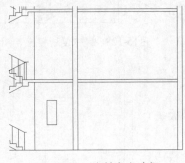

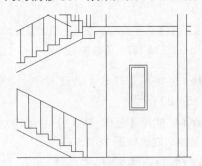

图15-135　绘制窗户边框　　　　　　　　图15-136　偏移矩形

STEP 03 使用【复制（CO）】命令，对创建好的两个矩形进行复制，效果如图 15-137 所示。

STEP 04 使用【矩形（REC）】命令，沿着创建好的窗户边缘绘制一个矩形，然后使用【偏移

（O）】命令将绘制的矩形向外偏移40作为窗户边框，效果如图15-138所示。

STEP 05 执行【阵列（AR）】命令，选择窗户图形作为阵列对象，设置阵列方式为【矩形】阵列，设置行数为4，行间距为3300，阵列效果如图15-139所示。

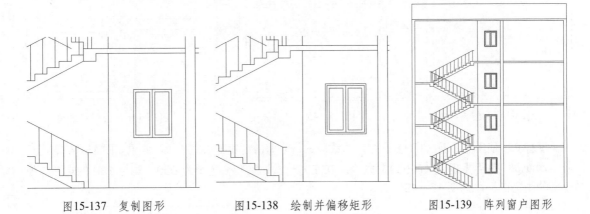

图15-137 复制图形　　　　图15-138 绘制并偏移矩形　　　　图15-139 阵列窗户图形

STEP 06 使用【矩形（REC）】命令，在左方墙体中绘制一个长度为240、宽度为1400的矩形，如图15-140所示。

STEP 07 使用【分解（X）】命令，将矩形分解，然后使用【偏移（O）】命令，将矩形两方的线段向内偏移80，绘制窗户的剖面图形，如图15-141所示。

STEP 08 使用【复制（CO）】命令，将创建好的窗户剖面图向上复制两次，复制的距离为3300，效果如图15-142所示。

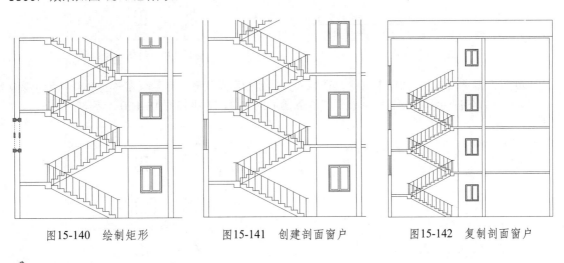

图15-140 绘制矩形　　　　图15-141 创建剖面窗户　　　　图15-142 复制剖面窗户

练习213　创建雨蓬图形

STEP 01 使用【直线（L）】命令，在图形右上方绘制一条长为900的线段，如图15-143所示。

STEP 02 使用【偏移（O）】命令，将绘制的线段向下偏移5次，偏移距离依次为90、60、610、60、80，如图15-144所示。

STEP 03 使用【偏移（O）】命令，将右方垂直线段向右偏移3次，偏移距离依次为80、740、80，如图15-145所示。

图15-143 绘制线段

STEP 04 执行【直线（L）】命令，通过捕捉端点的方式绘制两条的斜线段，如图 15-146 所示。

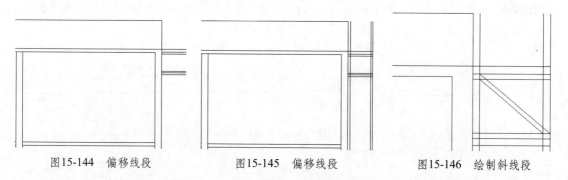

图15-144　偏移线段　　　　　图15-145　偏移线段　　　　　图15-146　绘制斜线段

STEP 05 使用【修剪（TR）】命令，对线段进行修剪，创建出雨蓬图形，效果如图 15-147 所示。

STEP 06 使用【矩形（REC）】命令，在左方一楼处绘制一个长为 600、宽为 130 的矩形作为一楼的雨蓬图形，如图 15-148 所示。

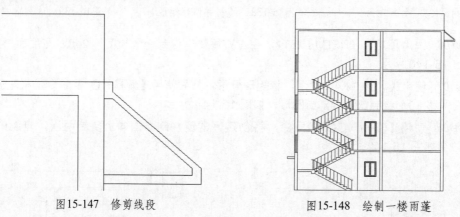

图15-147　修剪线段　　　　　　　　　图15-148　绘制一楼雨蓬

STEP 07 执行【镜像（MI）】命令，选择右方屋顶的雨蓬图形，然后以图形的水平中点为镜像线，如图 15-149 所示，将雨蓬图形镜像复制到图形的左方，效果如图 15-150 所示。

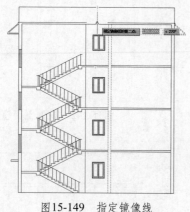
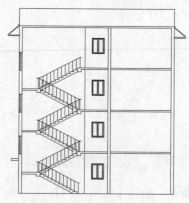

图15-149　指定镜像线　　　　　　　　图15-150　镜像复制雨蓬

练习214　标注办公楼剖面图

STEP 01 执行【线性标注（DLI）】命令，参照如图 15-151 所示的效果对剖面图进行线性标注。

STEP 02 执行【连续标注（DCO）】命令，对其余尺寸进行连续标注，效果如图 15-152 所示。

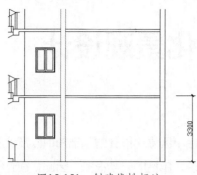

图15-151　创建线性标注

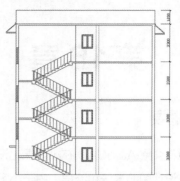

图15-152　连续标注尺寸

STEP 03 使用【线性标注（DLI）】标注命令，对剖面图的总高度进行标注，如图 15-153 所示。

STEP 04 使用【线性标注（DLI）】和【连续标注（DCO）】命令，对剖面图左方的尺寸进行标注，完成实例的制作，效果如图 15-154 所示。

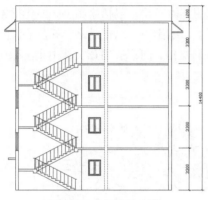

图15-153　标注总高度

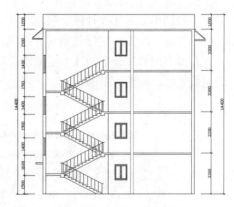

图15-154　办公楼剖面图

15.4　课后习题

打开光盘中的【商务写字楼立面图 .dwg】图形文件，参照如图 15-155 所示的商务写字楼立面图效果绘制该图形。

图15-155　绘制商务写字楼立面图

第16章 小区绿化景观设计

内容提要

➢ 本章将介绍 AutoCAD 在小区绿化设计中的应用，包括小区绿化设计的基础知识以及绘制小区绿化设计图的方法和流程。由于小区绿化制图比较复杂，包括的元素很多，因此，在介绍小区绿化设计图的绘制操作中，需要使用小区绿化设计图块。

16.1 绘制小区绿化设计图

本例将绘制小区绿化设计图，展现小区绿化设计图的整体布局，包括绘制小区绿化框架、绘制小区绿化建筑、绘制小区绿化景观、绘制小区绿化环境、绘制小区绿化道路和标注小区绿化图形等。打开本书配套光盘中的【小区绿化景观设计.dwg】文件，可以查看该文件中小区绿化景观设计的完成效果，如图 16-1 所示。

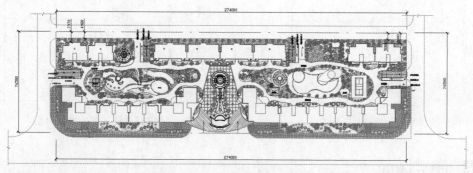

图16-1 小区绿化景观设计图

练习215 绘制小区绿化框架

STEP 01 执行【图层（LA）】命令，打开【图层特性管理器】对话框，创建并设置所需图层，然后将【用地】图层设置为当前层，如图 16-2 所示。

STEP 02 选择【工具→绘图设置】命令，打开【草图设置】对话框，选择【对象捕捉】选项卡，设置对象捕捉选项，如图 16-3 所示。

STEP 03 执行【矩形（REC）】命令，绘制一条长为 274000、宽为 76470 的矩形，并将线型设置为 ACAD_ISO04W100，如图 16-4 所示。

STEP 04 执行【分解（X）】命令将矩形分解。

STEP 05 执行【圆角（F）】命令，设置半径为 15000，对矩形下方两个直角进行圆角处理，如图 16-5 所示。

图16-2 创建图层

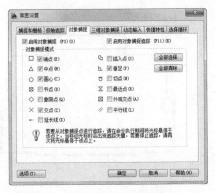

图16-3　设置对象捕捉

图16-4　绘制矩形

图16-5　圆角图形

STEP 06 将【道路】图层设置为当前层。

STEP 07 执行【直线（L）】命令，在距离左边垂直线段 5000 处绘制一条长为 75000 的垂直线段，如图 16-6 所示。

STEP 08 执行【偏移（O）】命令，将垂直线段依次向右偏移，偏移距离依次为 2390、48180、7400、31280、45460、31630、7550、64780、22320，效果如图 16-7 所示。

图16-6　绘制直线

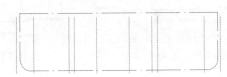

图16-7　偏移线段

STEP 09 执行【直线（L）】命令，连接偏移线段上端的两个端点，如图 16-8 所示。

STEP 10 执行【偏移（O）】命令，将水平线段依次向下偏移，偏移距离依次为 23680、7100、44220，效果如图 16-9 所示。

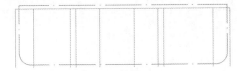

图16-8　连接线段

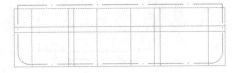

图16-9　偏移水平线段

STEP 11 执行【修剪（TR）】命令，对多余的线段进行修剪，效果如图 16-10 所示。

STEP 12 执行【圆角（F）】命令，对图形作圆角处理，除 3 大圆角半径为 55560 外，其余圆角半径均为 20180，效果如图 16-11 所示。

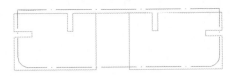

图16-10　修剪图形

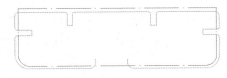

图16-11　圆角处理线段

 练习216 绘制小区绿化建筑

STEP 01 将【建筑】图层设置为当前层。

STEP 02 执行【多段线（PL）】命令，绘制建筑平面，并设置多段线宽度为 240，其尺寸和效果如图 16-12 所示。

STEP 03 重复执行【多段线（PL）】命令，绘制阳台平面，并设置多段线宽度为 240，其尺寸和效果如图 16-13 所示。

STEP 04 执行【镜像（MI）】命令，将绘制的阳台镜像复制到右边，效果如图 16-14 所示

STEP 05 执行【移动（M）】命令，参照如图 16-15 所示的位置和尺寸，对建筑进行移动。

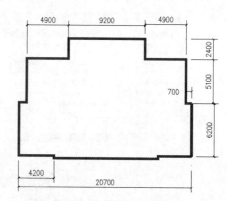

图16-12 绘制建筑平面

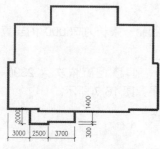

图16-13 绘制阳台平面

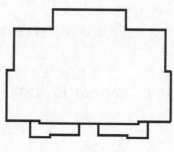

图16-14 镜像复制图形

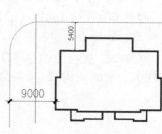

图16-15 移动建筑图形

STEP 06 执行【多段线（PL）】命令，绘制楼道平面，如图 16-16 所示。

STEP 07 执行【镜像（MI）】命令，参照如图 16-17 所示的效果，对建筑图形进行镜像复制。

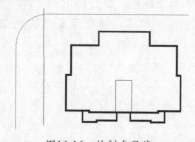

图16-16 绘制多段线

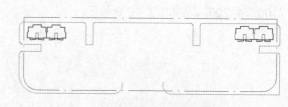

图16-17 镜像复制图形

STEP 08 执行【多段线（PL）】命令，在如图 16-18 所示的位置绘制另一个建筑图形。

STEP 09 使用【复制（CO）】命令，对绘制的建筑图形进行多次复制，如图 16-19 所示。

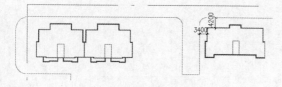

图16-18 绘制另一图形

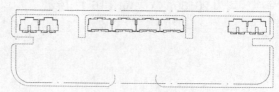

图16-19 复制图形

STEP 10 执行【多段线（PL）】命令，在如图 16-20 所示的位置绘制建筑图形。

STEP 11 使用【复制（CO）】和【镜像（MI）】命令，对绘制的建筑图形进行复制和镜像复制，效果如图 16-21 所示。

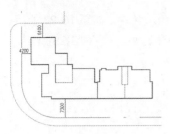

图16-20　绘制建筑图形

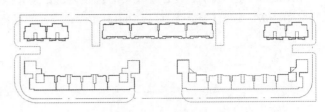

图16-21　复制和镜像复制图形

练习217　**绘制小区绿化景观**

STEP 01 执行【样条曲线（SPL）】命令，绘制花池图形线条，如图16-22所示。

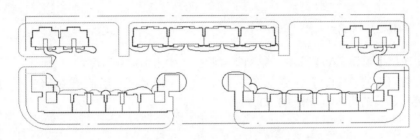

图16-22　绘制花池轮廓

STEP 02 执行【矩形（REC）】命令，在如图16-23所示的位置绘制一个长为6000的正方形作为小区绿化采光井。

STEP 03 使用【多段线（PL）】命令，在正方形中绘制如图16-24所示的折线，设置线段的线型为DASH。

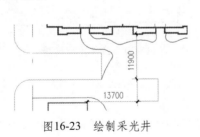

图16-23　绘制采光井

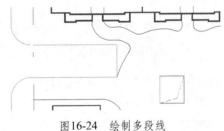

图16-24　绘制多段线

STEP 04 使用【矩形（REC）】命令，绘制一个长为83000、旋转角度为45的正方形，如图16-25所示。

STEP 05 使用【偏移（O）】命令，将刚绘制的正方形向内偏移4次，偏移距离均为800，如图16-26所示。

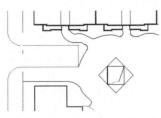

图16-25　绘制正方形

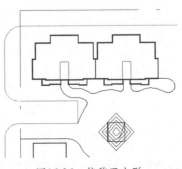

图16-26　偏移正方形

STEP 06 使用【直线（L）】命令，绘制矩形的对角线，绘制采光井，如图16-27所示。

STEP 07 使用【样条曲线（SPL）】命令，绘制小区绿化绿化轮廓，如图16-28所示。

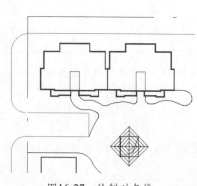

图16-27 绘制对角线

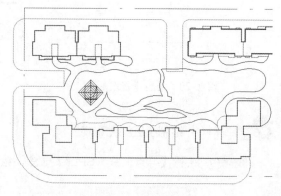

图16-28 绘制绿化轮廓

STEP 08 使用【圆弧（A）】命令，绘制花架圆弧，如图16-29所示。

STEP 09 使用【偏移（O）】命令，将圆弧向上偏移1200，然后使用【直线（L）】命令，绘制两条线段连接圆弧的两端，如图16-30所示。

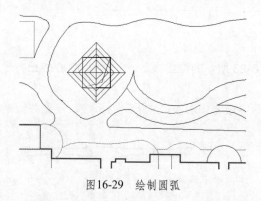

图16-29 绘制圆弧

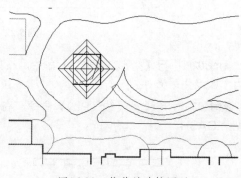

图16-30 偏移并连接圆弧

STEP 10 使用【矩形（REC）】命令，绘制一个长为160、宽为2000、旋转角度为15的矩形，如图16-31所示。

STEP 11 使用【阵列（AR）】命令，对创建的矩形进行环形阵列，设置阵列的数量为16，创建花架图形，效果如图16-32所示。

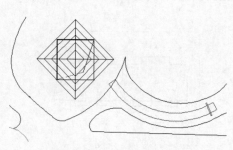

图16-31 绘制旋转矩形

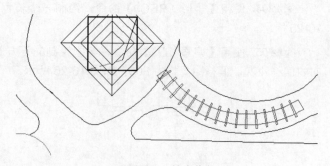

图16-32 创建花架

STEP 12 参照如图16-33所示的效果，使用【样条曲线（SPL）】命令，绘制水池的轮廓。

STEP 13 使用【偏移（O）】命令，将水池轮廓向外偏移200，效果如图16-34所示。

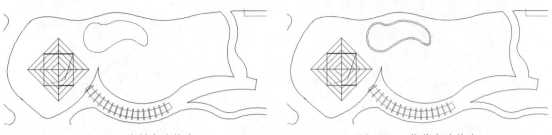

图16-33　绘制水池轮廓　　　　　　　　　　　　图16-34　偏移水池轮廓

STEP 14 使用【椭圆（EL）】命令，绘制另一个水池轮廓，并使用【偏移（O）】命令，将水池轮廓向外偏移200，如图16-35所示。

STEP 15 使用【样条曲线（SPL）】命令，绘制其他异形水池轮廓，并使用【移（O）】命令，将水池轮廓向外偏移200，如图16-36所示。

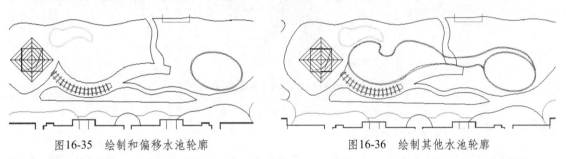

图16-35　绘制和偏移水池轮廓　　　　　　　　　图16-36　绘制其他水池轮廓

STEP 16 使用【圆（C）】命令，绘制一个半径为1800的圆，并使用【偏移（O）】命令，将圆向外偏移200，创建凉亭图形，如图16-37所示。

STEP 17 在水池较窄的位置，使用【圆弧（A）】命令，绘制两条圆弧，然后使用【圆（C）】命令，在圆弧两端分别绘制一个半径为120的圆，如图16-38所示。

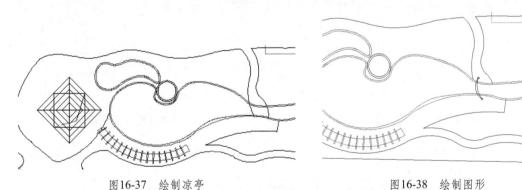

图16-37　绘制凉亭　　　　　　　　　　　　　　图16-38　绘制图形

STEP 18 使用【镜像（MI）】命令，将圆和圆弧镜像复制到右边，作为小桥图形，如图16-39所示。

STEP 19 使用【圆（C）】、【样条曲线（SPL）】和【圆弧（A）】命令，绘制小区绿化轮廓，效果如图16-40所示。

STEP 20 使用类似的方法，完成小区绿化景观轮廓图的绘制，然后打开配套光盘中的【小区景观.dwg】素材文件，将其中的景观图形复制到当前图形中，效果如图16-41所示。

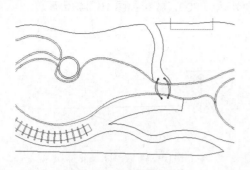

图16-39　镜像复制图形

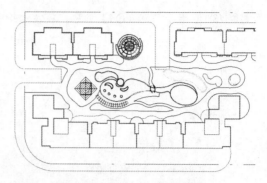

图16-40　绘制小区绿化轮廓

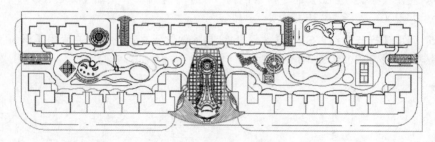

图16-41　小区绿化景观效果

练习218　绘制小区绿化环境

STEP01　将【草坪】层设置为当前层，使用【样条曲线（SPL）】命令，绘制填充范围，如图16-42所示。

STEP02　执行【图案填充（H）】命令，选择AR-SAND图案，设置图案比例为400，然后参照如图16-43所示的填充效果，指定填充图案的区域，对草坪进行填充。

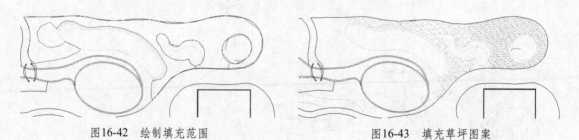

图16-42　绘制填充范围　　　　　　　　　　　图16-43　填充草坪图案

STEP03　使用同样的方法对其他草坪区域进行填充，效果如图16-44所示。

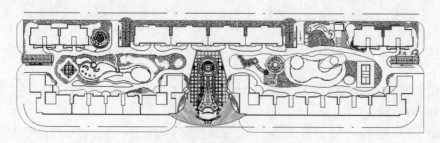

图16-44　填充其他草坪

STEP **04** 打开配套光盘中的【小区植被.dwg】素材文件，将其中的植物图形复制到当前图形中，并通过对植物素材进行复制、缩放和移动操作，完成植被图形的配备，如图16-45所示。

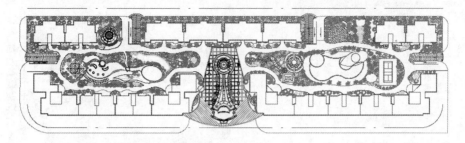

图16-45 添加植被图形

练习219 绘制小区绿化道路

STEP **01** 将【道路】图层设置为当前层，然后参照如图16-46所示的效果，使用【矩形（REC）】、【直线（L）】、【偏移（O）】和【圆弧（A）】命令绘制道路轮廓。

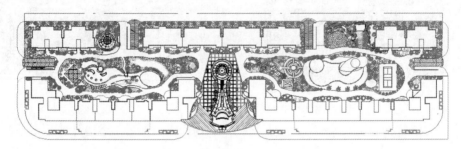

图16-46 绘制道路轮廓

STEP **02** 将【小区植被.dwg】素材文件中的植物复制到当前图形中，然后参照如图16-47所示的效果在道路中添加所需的植物图形。

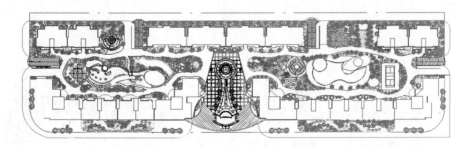

图16-47 添加道路中的植物

STEP **03** 执行【图案填充（H）】命令，打开【图案填充和渐变色】对话框，设置图案类型为【用户定义】，选中【双向】选项，设置间距为500，如图16-48所示。

STEP **04** 使用设置好的图案对道路进行填充，然后使用【分解（X）】命令将填充图案分解，并对道路图形进行适当调整，效果如图16-49所示。

STEP **05** 使用【偏移（O）】命令，将下边的水平线段向下偏移20000，然后将左边的垂直线段向左偏移10200，效果如图16-50所示。

图16-48　设置图案参数

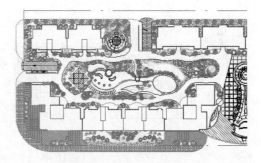

图16-49　填充并调整道路图形

STEP 06 选择偏移的线段，并拖动线段的夹点，修改线段的长度，效果如图 16-51 所示。

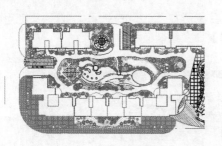

图16-50　偏移线段

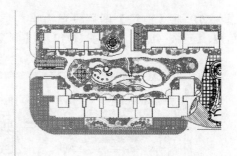

图16-51　修改线段长度

STEP 07 使用【偏移（O）】命令，将下边的水平线段向上偏移 20000，然后将左边的垂直线段向左偏移 22000，效果如图 16-52 所示。

STEP 08 执行【圆角（F）】命令，设置圆角半径为 20000，对偏移线段进行圆角，效果如图 16-53 所示。

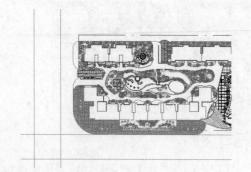

图16-52　偏移线段

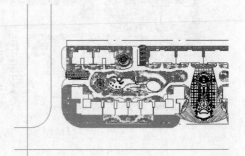

图16-53　圆角线段

STEP 09 使用【修剪（TR）】命令，对图形线段进行修剪，并适当调整左方垂直线段的长度，效果如图 16-54 所示。

STEP 10 使用【直线（L）】命令，在左方的线段上绘制 3 条线段，并对线段进行修剪，创建出折断线图形，效果如图 16-55 所示。

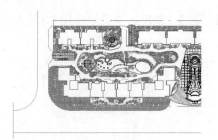

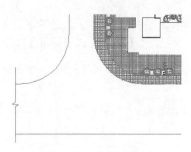

图16-54　修剪线段　　　　　　　　　　　图16-55　绘制折断线

STEP 11 使用同样的方法绘制其他方向的主干道路，效果如图 16-56 所示。

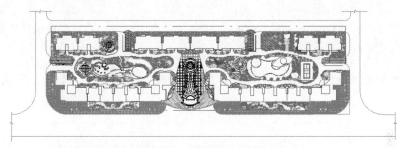

图16-56　绘制主干道路

练习220　标注小区绿化图形

STEP 01 将【标注】层设置为当前层，然后使用【文字（T）】命令，对图形进行文字注释，如图 16-57 和图 16-58 所示。

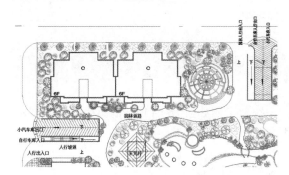

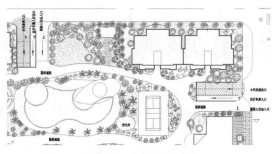

图16-57　书写文字注释　　　　　　　图16-58　书写文字注释

STEP 02 执行【标注样式（D）】命令，新建一个【小区绿化设计】样式，在【新建标注样式：小区绿化设计】对话框中设置超出尺寸线为 1250，起点偏移量为 1500，如图 16-59 所示。

STEP 03 选择【符号和箭头】选项卡，设置箭头和引线为【建筑标记】，箭头大小为 500，如图 16-60 所示。

STEP 04 选择【文字】选项卡，设置文字高度为 1500，从尺寸线偏移为 750，文字对齐方式为【与尺寸线对齐】，如图 16-61 所示。

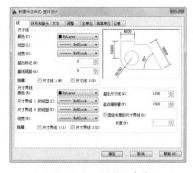

图16-59　设置尺寸线

STEP 05 选择【主单位】选项卡，设置单位为【小数】，精度为 0，如图 16-62 所示。然后进行确定，并关闭【标注样式管理器】对话框。

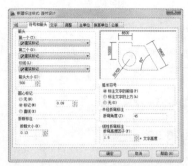
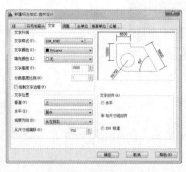

图16-60 设置箭头和引线为【建筑标记】　　　图16-61 设置尺寸线　　　图16-62 设置主单位

STEP 06 执行【线性标注（DLI）】命令，对图形中的重要尺寸进行标注，完成本例的绘制，效果如图 16-63 所示。

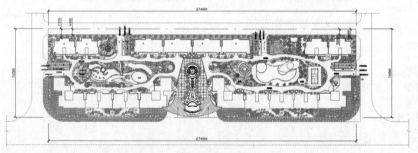

图16-63 实例效果

16.2 课后习题

打开光盘中的【园林西南角绿化设计 .dwg】图形文件，参照如图 16-64 所示的园林绿化设计图，结合【园林植被 .dwg】素材，绘制园林一角绿化设计图。

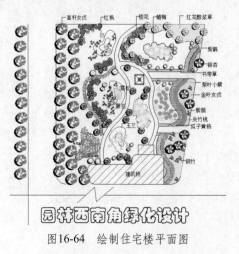

图16-64 绘制住宅楼平面图

课后习题答案

第1章

（1）方案设计　初步设计　施工图设计

（2）M-1　M-2　C-1　C-2

（3）欧式古典风格　新古典主义风格　自然风格　现代风格　后现代风格

（4）室内色彩的搭配　照明设计　符合人体工学　室内设计的材料安排　室内空间的构图

第2章

（1）【草图与注释】【三维基础】【三维建模】【AutoCAD 经典】

（2）【命令：】

（3）空格

（4）@△X　△Y　△Z

（5）【F8】　正交

第3章

（1）F　圆角

（2）A

（3）MLINE

（4）写块（W）

（5）图案填充　渐变色

第4章

（1）圆角（F）

（2）阵列（AR）

（3）修剪（TR）

（4）百分数（P）

第5章

（1）DT

（2）T

（3）D

（4）DLI

（5）DCO

（6）QL

第6章

（1）西南　西北　东南和东北

（2）方向和距离

（3）轴

（4）倒角

（5）圆角半径值